数据科学与大数据技术专业系列规划教材

Big Data Analysis and Mining with Python

# Python 大数据
## 分析与挖掘实战

微课版

黄恒秋 莫洁安 谢东津 张良均 苏颖 / 编著

人民邮电出版社

北 京

**图书在版编目（CIP）数据**

Python大数据分析与挖掘实战：微课版 / 黄恒秋等
编著. -- 北京：人民邮电出版社，2020.11（2023.12重印）
数据科学与大数据技术专业系列规划教材
ISBN 978-7-115-54240-3

Ⅰ．①P… Ⅱ．①黄… Ⅲ．①软件工具－程序设计－
教材 Ⅳ．①TP311.561

中国版本图书馆CIP数据核字(2020)第098760号

## 内 容 提 要

本书以应用为导向，将理论与实践相结合，深入浅出地介绍了利用 Python 进行大数据分析与挖掘的基本知识，以及如何将其应用到具体领域的方法。

本书分为基础篇、案例篇和附录三个部分。基础篇（第 1 章～第 6 章）主要介绍 Python 基础知识及应用于科学计算、数据处理、数据可视化、机器学习、深度学习等方面的基础知识；案例篇（第 7章～第 12 章）主要介绍利用 Python 进行金融、地理信息、交通、文本分析、图像识别等领域大数据分析与挖掘的案例，以及图形用户界面可视化应用开发的案例；附录提供了 6 个综合实训课题，以帮助读者提高实践应用能力。同时，本书还提供了详细的实训指导、数据源和程序代码等配套资源。

本书作为普通高等院校数据科学与大数据技术、数学、计算机、经济管理等专业相关课程的教材，也可作为数据分析从业人员及数据挖掘爱好者的参考书。

◆ 编　著　黄恒秋　莫洁安　谢东津　张良均　苏　颖
责任编辑　许金霞
责任印制　王　郁　陈　犇

◆ 人民邮电出版社出版发行　　北京市丰台区成寿寺路 11 号
邮编　100164　电子邮件　315@ptpress.com.cn
网址　https://www.ptpress.com.cn
固安县铭成印刷有限公司印刷

◆ 开本：787×1092　1/16
印张：18　　　　　　　　2020 年 11 月第 1 版
字数：437 千字　　　　　2023 年 12 月河北第 9 次印刷

定价：59.80 元

读者服务热线：(010)81055256　印装质量热线：(010)81055316
反盗版热线：(010)81055315
广告经营许可证：京东市监广登字 20170147 号

随着人工智能、大数据时代的到来，Python 以其丰富的资源库、超强的可移植性和可扩展性成为数据科学与机器学习工具及语言的首选。如何学习利用 Python 进行大数据分析与挖掘，是广大初学者或者对数据挖掘技术感兴趣的读者非常关心的问题，也是高校众多专业学生需要学习和掌握的专业技能。本书以应用为导向，在介绍了 Python 的基础及数据分析和数据可视化的包、机器学习和深度学习等基本知识之后，通过金融、地理信息、交通、文本分析、图像识别、用户图形界面可视化应用开发等具体领域的实践案例，帮助广大读者较好地掌握相关知识和技能，建立数据分析与挖掘的思维。同时为了使读者能够系统地学习相关知识并掌握实际应用能力，将本书分为基础篇、案例篇和附录三个部分。

基础篇为第 1 章～第 6 章。第 1 章介绍 Python 的基本知识，使读者掌握 Python 发行版 Anaconda 的安装方法、Spyder 的界面和使用方法、Python 的基本数据类型及使用方法、条件语句、循环语句、函数定义等基本编程方法；第 2 章、第 3 章介绍了 Python 用于科学计算与数据处理非常有用的两个包，即 NumPy 和 Pandas，利用这两个包，可以对数据进行读取、加工、清洗、集成及相关的计算，为后续的数据分析与挖掘做准备；第 4 章介绍 Python 用于数据可视化的包 Matplotlib，主要介绍常用的图形，包括散点图、线性图、柱状图、直方图、饼图、箱线图和子图；第 5 章介绍 Python 用于机器学习的包 scikit-learn 的相关模型及实现方法，主要包括数据预处理、线性回归、逻辑回归、神经网络、支持向量机、K-均值聚类，由于 scikit-learn 包中没有关联规则挖掘算法，因此我们给出了其基本原理、算法、应用及 Python 实现；第 6 章介绍深度学习的基本知识，包括深度学习基本原理、多层神经网络、卷积神经网络、循环神经网络，以及 TensorFlow 2.x 的安装、案例实现等。

案例篇为第 7 章～第 12 章。第 7 章～第 11 章每章对应一个综合案例，提供了覆盖金融、地理信息、交通、文本分析、图像识别 5 个领域的典型应用案例，即基于财务与交易数据的量化投资分析、众包任务定价优化方案、地铁站点日客流量预测、微博文本情感分析、基于水色图像的水质评价。为了与实战应用紧密结合，每个综合案例均给出了具体的案例背景、实现思路、计算流程、数据挖掘模型和程序实现等。在每章后也给出了练习题或者基于案例的拓展练习。通过对案例的学习，读者可以全面地掌握应用 Python 进行具体领域的数据分析与挖掘的方法。第 12 章为图形用户界面可视化应用开发，本章以应用为导向，通过 2 个具体案例，即水色图像水质评价系统、上市公司综合评价系统，详细地介绍了图形用户界面可视化应用开发的环境安装及配置、界面设计、程序逻辑编写、生成 exe 文件等基本知识，希望

1

起到"抛砖引玉"的作用。

附录提供了 6 个综合实训课题，即上市公司财务风险预警模型、基于 GPS 行车数据的常规运输线路识别、基于聚类分析的地铁站点功能分类研究、上市公司新闻标题情感识别、基于卷积神经网络的岩石图像分类识别、基于财务与交易数据的量化投资分析系统设计与实现，这些实训课题的内容与案例篇中的主要内容对应，供学生课程设计或课程实训使用，其他读者也可以进行实践操作检验，从而达到巩固所学的目的。本书只给出具体的实训课题内容，关于实训课题的详细指导、数据、参考程序代码等作为本书的电子配套资源提供。

关于本书的教学建议为：基础篇主要介绍的是 Python 基本知识及利用 Python 进行科学计算、数据预处理、数据可视化、机器学习和深度学习的相关知识，可作为 Python 数据分析基础课程的教学内容；案例篇中的第 7 章～第 11 章内容相对独立，学习顺序不受影响；第 12 章的内容与第 7 章、第 11 章有关联，希望读者在学习第 7 章和第 11 章之后再学习第 12 章的内容；对于附录的综合实训课题，建议读者通过课程设计或者课程实训的方式完成，以提高实际应用能力。

本书的出版得到了广西高等教育本科教学改革工程项目（编号：2019JB378）的资助。本书的所有程序，均采用 Anaconda 3.5.0.1（32 位或者 64 位，Python 3.6）进行编写，且全部编译通过。书中所有案例数据、程序代码、课件、实训课题指导、视频，读者可登录人邮教育社区（www.ryjiaoyu.com）下载。虽然我们力求尽善尽美，但书中难免会有错漏之处，还请广大读者批评指正，将意见反馈至作者邮箱：hengqiu0417@163.com。

作者

2020 年 8 月 2 日于崇左

# 目录

## 基础篇

# 案 例 篇

# 基 础 篇

# 第 1 章  Python 基础

如果您之前没有学习过 Python 或者对 Python 了解甚少，或者想再复习一遍 Python 的基础知识，请认真学习本章内容。本章首先介绍 Python 及其发行版 Anaconda 的安装与启动、Spyder 开发工具的使用方法和 Python 扩展包的安装方法，然后对 Python 基本语法和数据结构进行概括介绍，最后简要介绍函数的定义与调用。

## 1.1  Python 简介

Python 是一种面向对象的脚本语言，是由荷兰研究员 Guido van Rossum 于 1989 年发明的，并于 1991 年公开发行第一个版本。由于其功能强大和采用开源方式发行，Python 发展迅猛，用户越来越多，逐渐形成了一个强大的社区。如今，Python 已经成为最受欢迎的程序设计语言之一。2011 年 1 月，它被 TIOBE 编程语言排行榜评为 2010 年度语言。随着人工智能与大数据技术的不断发展，Python 的使用率正在高速增长。

Python 具有简单易学、开源、解释性、面向对象、可扩展性和丰富的支撑库等特点，其应用也非常广泛，可用于科学计算、数据处理与分析、图形图像与文本处理、数据库与网络编程、网络爬虫、机器学习、多媒体应用、图形用户界面（GUI）、系统开发等。目前 Python 有两个版本，即 Python 2 和 Python 3，但是它们之间不完全兼容。Python 3 功能更加强大，代表了 Python 的未来，建议学习 Python 3。

Python 开发环境众多，不同的开发环境的配置难度与复杂度也不尽相同，最常用的有 PyCharm、Spyder。特别是 Spyder，它在成功安装 Python 的集成发行版 Anaconda 之后也被附带安装上了，而且界面友好。对初学者或者不想在环境配置方面花太多时间的读者，可以选择安装 Anaconda，本书也采用 Anaconda。

## 1.2　Python 安装及启动

### 1.2.1　Python 安装

本书推荐使用 Python 的发行版 Anaconda，它集成了众多 Python 常用包，并自带简单易学且界面友好的集成开发环境 Spyder。Anaconda 安装包可以从官网或者清华大学开源软件镜像站下载。下面介绍如何从清华大学开源软件镜像站获取安装包并进行安装。首先登录清华大学开源软件镜像站，如图 1-1 所示。

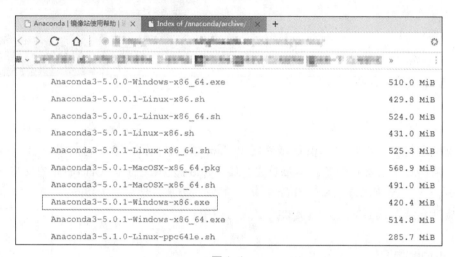

图 1-1

从图 1-1 可以看出 Anaconda 有众多版本，也支持常见的操作系统。这里以 Anaconda3-5.0.1-Windows-x86.exe（32 位操作系统）为例介绍其安装方法。双击成功下载的安装包，在弹出的安装向导界面单击"Next"按钮，如图 1-2 所示。

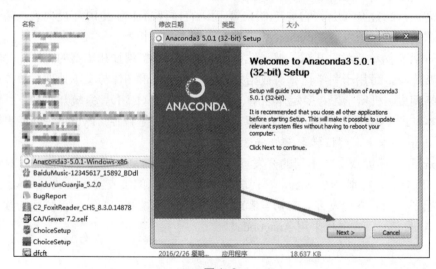

图 1-2

根据安装向导，单击"I Agree"按钮选择同意安装协议，选择安装类型"All Users"，单击"Next"按钮，然后设置安装路径，继续单击"Next"按钮，进入图1-3所示界面。

该界面有两个选项，安装向导默认选择第二个选项，即选择向 Anaconda 系统中安装 Python 的版本（图1-3显示的是3.6版本）。第一个选项为可选项，即向安装的计算机系统路径环境变量中添加 Anaconda，也建议读者选择该选项。设置好这两个选项后，单击"Intsall"按钮即可进入图1-3所示界面。

图1-3所示界面可动态显示目前的安装进度。单击"Finish"按钮，关闭安装向导相关窗口即可完成 Anaconda 安装，可以在计算机"开始"菜单栏中查看，如图1-4所示。

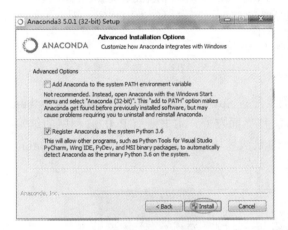

图1-3

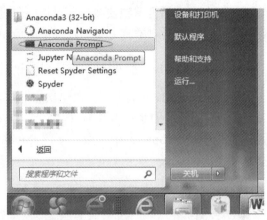

图1-4

图1-4 显示计算机成功安装了 Anaconda3（32 bit），它类似一个文件夹，其下有两个常用的包：Anaconda Prompt 和 Spyder。其中 Anaconda Prompt 是安装 Anaconda 需要的包或者查看系统集成包经常会用到的包；Spyder 则为 Anaconda 的集成开发环境，1.2.2 小节将详细介绍如何使用 Spyder 编写 Python 程序。前面已经提到，Anaconda3 集成了大部分的 Python 常用包，可以通过打开 Anaconda Prompt 窗口，输入命令 conda list 查看。其中 Anaconda Prompt 界面类似于计算机 DOS 界面，而 conda list 命令也类似于 DOS 命令，如图1-5所示。

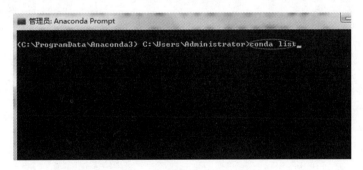

图1-5

输入命令 conda list 后按 Enter 键，即可查看 Anaconda 集成了哪些 Python 包以及这些包对应的版本号，如图1-6所示。

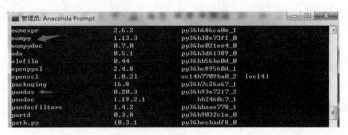

图 1-6

通过拖曳图 1-6 中的滚动条，可以发现 NumPy、Pandas、Matplotlib、scikit-learn 这些包均已经存在，无须再单独安装，而且这些包也是数据分析与挖掘中经常用到的。本书主要介绍这些包及其在金融数据分析与挖掘中的应用。

## 1.2.2　Python 启动及界面认识

完成 Anaconda 安装之后，第一次启动前需要配置 Spyder 的默认环境。Spyder 为 Python 发行版 Anaconda 的集成开发环境，它简单易学且界面友好。本书所有 Python 程序的编写及执行操作均在 Spyder 中完成。配置 Spyder 的默认环境，首先找到 Anaconda Navigator，如图 1-7 所示。

Python 启动及
界面认识

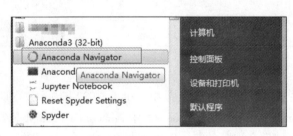

图 1-7

单击图标，打开 Anaconda Navigator，进入其主界面，如图 1-8 所示。

图 1-8

单击 Spyder 图标下面的"Launch"按钮，完成第一次启动 Spyder。

Spyder 完成了第一次启动之后，后续就可以在"开始"菜单栏中的 Anaconda 下直接启动 Spyder 了，单击 Spyder 图标即可，如图 1-9 所示。

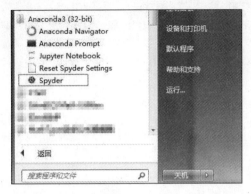

图 1-9

Spyder 启动完成后，即可进入默认的开发界面，如图 1-10 所示。

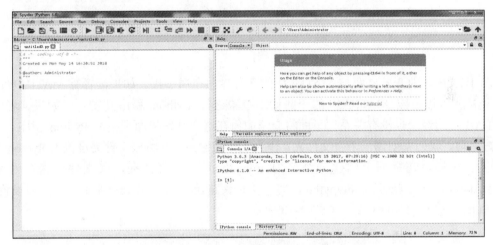

图 1-10

熟悉 Matlab 或 R 语言开发界面的读者，可以将 Python 开发界面的风格设置为 MATLAB 或 R 语言系统的开发界面风格。例如，按照 MATLAB 开发界面进行布局，可以在默认开发界面的任务栏中单击"View"，并在弹出的菜单中选择"Window layouts"下的"Matlab layout"选项，如图 1-11 所示。

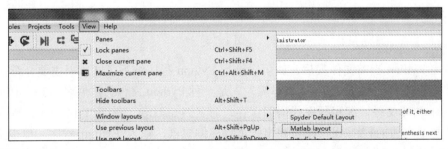

图 1-11

最终得到类似于 MATLAB 的开发界面布局，如图 1-12 所示。

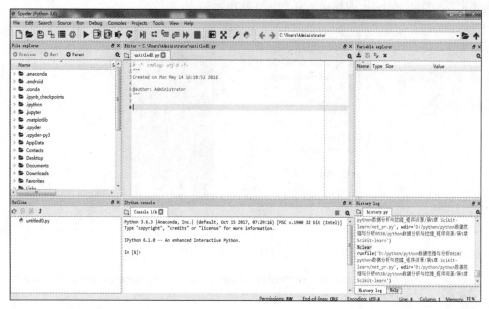

图 1-12

图 1-13 所示的开发界面与 MATLAB 的开发界面布局一致。如果读者有 MATLAB 的使用经验，就可以按照 MATLAB 的一些使用经验进行 Python 程序开发了。如果读者没有 MATLAB 使用经验也没有关系，下面将介绍如何在这个开发界面上编写 Python 程序。在编写程序之前，我们先创建一个空文件夹，作为工作文件夹，并将该文件夹设置为 Python 当前文件夹。例如，在桌面上创建一个名为 mypython 的空文件夹，其文件夹路径为 C:\Users\Administrator\Desktop\mypython，将该文件夹路径复制至 Spyder 中的文件路径设置框，并按 Enter 键，即可完成设置，如图 1-13 所示。

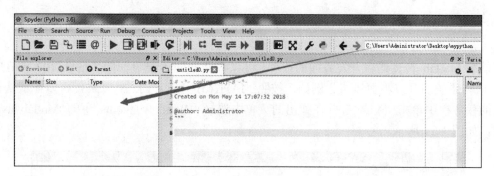

图 1-13

设置完 Python 当前文件夹后，就可以进行 Python 程序编写了（本书主要介绍在 Python 脚本中编写程序）。什么是 Python 脚本呢？它是一种 Python 文件，扩展名为.py。例如，创建一个 Python 脚本文件，编写程序代码并保存，命名为 test1.py，如图 1-14 所示。单击 Spyder 界面菜单栏最左边的 按钮，即可弹出脚本程序编辑器，输入 Python 程序，单击菜单栏中的保存 按钮，在弹出的保存文件（Save file）对话框中输入文件名 test1 并保存，即可完成

Python 脚本文件的创建和保存。

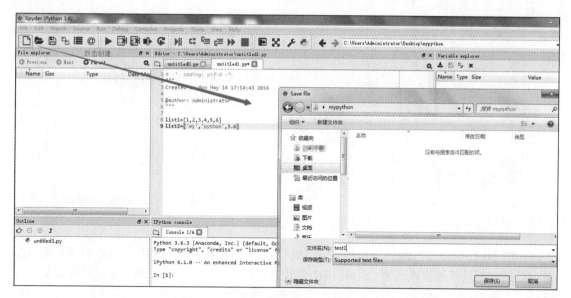

图 1-14

　　保存完成后，Python 的当前文件夹中就会显示刚才创建的脚本文件 test1.py。那么如何执行该脚本呢？有两种方法：一种是在脚本文件上右击，在弹出的快捷菜单中单击"Run"；另一种是双击并打开脚本文件，这时打开的脚本文件的文件名及内容在右边以高亮状态显示，单击菜单栏中的 ▶ 按钮即可运行。这两种方法如图 1-15 所示。

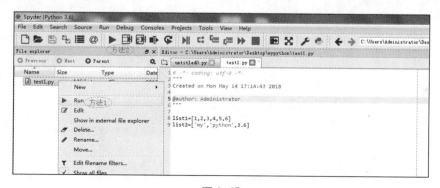

图 1-15

　　任选一种方法执行完成后，可以在 Spyder 最右边的变量资源管理器（Variable explorer）窗口中查看脚本文件中定义的相关变量结果，包括变量名称、数据类型及详细信息，如图 1-16 所示。

　　Spyder 变量资源管理器窗口一般只给出变量的名称（Name）、类型（Type）、尺寸（Size）、部分结果值（Value）。如果变量数据较大，需要了解数据的详细信息，可以双击变量名，其结果值将会以表格的形式详细展示出来，如图 1-16 所示。同时，这些变量属于全局变量，可以在 Python 控制台中对这些变量进行操作。当然，也可以在 Python 控制台中定义变量，并在变量资源管理器窗口中显示出来。这些功能及应用技巧在程序开发过程中往往会起到很重要的作用。例如，程序计算逻辑是否正确、变量结果测试等，都可以通过 Python 控制台查看。

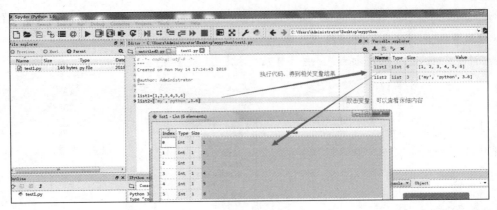

图 1-16

如图 1-17 所示，IPython console 所在的区域就是 Python 控制台窗口，In[11]所在的程序命令就是对变量资源管理器窗口中的 list1 变量进行求和操作，并将求和结果赋给变量 s1，按Enter 键即可执行，执行完成后可以在变量资源管理器窗口中看到变量 s1 的结果。In[12]和In[13]则分别定义一个元组 t 和一个字符串 str1，执行完成后也可以在变量资源管理器窗口中查看。

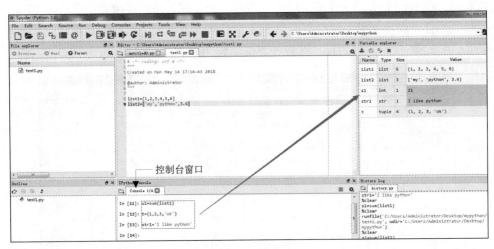

图 1-17

## 1.3  Python 扩展包安装

Python 扩展包安装

事实上，作为 Python 的发行版，Anaconda 已经集成了众多的 Python包，基本能满足大部分的应用需求，但是仍然有部分专用包没有集成进来。如果在应用中需要用到某个 Python 包，但是 Anaconda 又没有集成进来，这时就需要安装其扩展包了。查看 Andconda 中是否集成了所需的扩展包，可以参考 1.2.1 小节中的内容。本节将介绍常见的安装扩展包的方法，包括在线安装与离线安装。

### 1.3.1 在线安装

单击打开 Anaconda Prompt 命令窗口，并在打开的 Anaconda Prompt 命令窗口中输入安装命令 pip install +安装包名称，按 Enter 键。下面以安装文本挖掘专用包 jieba 为例，介绍安装 Python 扩展包的方法。首先单击并打开 Anaconda Prompt 命令窗口，如图 1-18所示。然后，在打开的 Anaconda Prompt 命令窗口中输入命令 pip install jieba，如图 1-19所示。

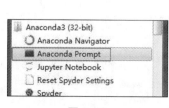

图 1-18

图 1-19

图 1-19 中椭圆圈起来的内容就是安装 jieba 包的命令，按 Enter 键就将开始安装 jieba 包。图 1-20 所示椭圆圈起来的内容显示成功安装了 jieba 包，其版本号为 0.39。

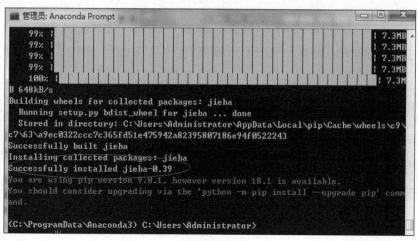

图 1-20

### 1.3.2 离线安装

所谓离线安装，就是将所需安装的扩展包下载到本地再进行安装的一种方式。这种安装方式一般用于网络环境较差或者在线安装过程中没有找到扩展包下载资源的情形。扩展包的文件格式是.whl，可以通过网络下载所需的安装扩展包，如图 1-21 所示。

下面我们以词云扩展包为例，说明具体安装过程，其中下载好的词云扩展包存储在以下文件夹 D:\wordcolud 中，如图 1-22 所示。

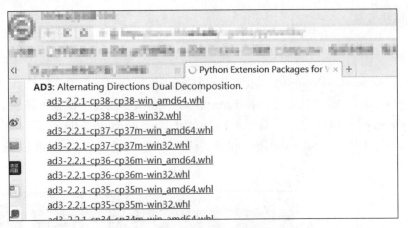

图 1-21

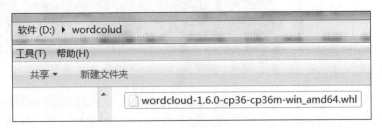

图 1-22

打开 Anaconda Prompt 命令窗口，切换至扩展包所在的文件夹路径，通过 pip install +扩展包名称，按 Enter 键即可安装。如图 1-23 所示。

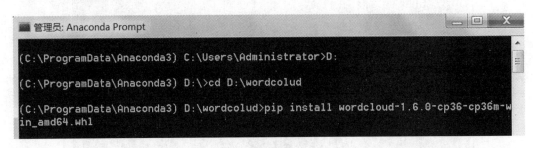

图 1-23

## 1.4 Python 基本数据类型

Python 基本
数据类型

Python 基本数据类型包括数值、字符串、列表、元组、集合、字典。其中列表、元组、集合、字典有时候也称为数据容器或者数据结构，通过数据容器或者数据结构可以把数据按照一定的规则存储起来。程序的编写或者应用，就是通过操作数据容器中的数据来实现的，如利用条件、循环语句，或者程序块、函数等形式，实现数据的处理、计算，最终达到应用的目的。本节将主要介绍这些数据类型的定义,其相关的公有方法和特定数据类型的私有方法,将在 1.5 节～1.6 节分别介绍。

### 1.4.1　数值的定义

数值在现实中应用最为广泛，常见的数值包括整型数据和浮点型数据。整型数据常用来表示整数，如 0、1、2、3、1002 等；浮点型数据用来表示实数，如 1.01、1.2、1.3 等。布尔型数据可以看成一种特殊的整型数据，只有 True 和 False，分别对应整型数据的 1 和 0。示例代码如下：

```
n1=2                    #整型
n2=1.3                  #浮点型
n3=float(2)             #转换为浮点型
t=True                  #布尔真
f=False                 #布尔假
n4=t==1
n5=f==0
```
执行结果如图 1-24 所示。

### 1.4.2　字符串的定义

字符串主要用来表示文本数据类型。字符串中的字符可以是数值、ASCII 等各种符号。字符串的定义可以用一对单引号或者一对三引号标注。示例代码如下：

```
s1='1234'
s2='''hello word!'''
s3='I Like python'
```
执行结果如图 1-25 所示。

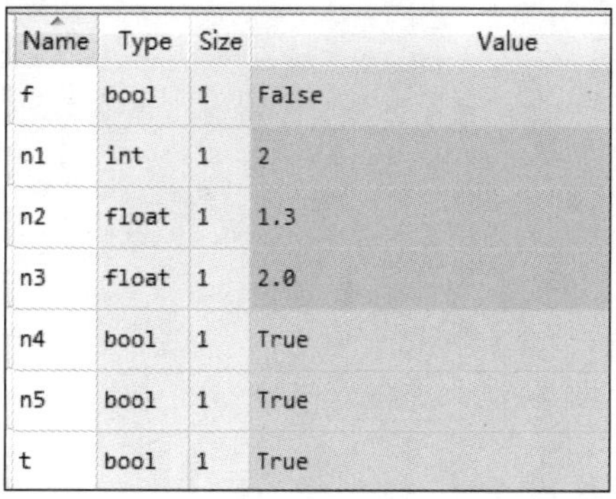

| Name | Type | Size | Value |
|------|------|------|-------|
| f | bool | 1 | False |
| n1 | int | 1 | 2 |
| n2 | float | 1 | 1.3 |
| n3 | float | 1 | 2.0 |
| n4 | bool | 1 | True |
| n5 | bool | 1 | True |
| t | bool | 1 | True |

图 1-24

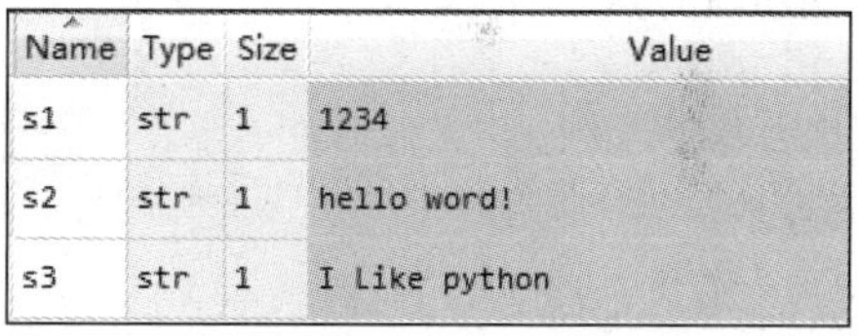

| Name | Type | Size | Value |
|------|------|------|-------|
| s1 | str | 1 | 1234 |
| s2 | str | 1 | hello word! |
| s3 | str | 1 | I Like python |

图 1-25

### 1.4.3　列表的定义

列表作为 Python 中的一种数据结构，可以存放不同类型的数据，用方括号标注进行定义。示例代码如下：

```
L1=[1,2,3,4,5,6]
L2=[1,2,'HE',3,5]
L3=['KJ','CK','HELLO']
```
执行结果如图 1-26 所示。

### 1.4.4　元组的定义

元组与列表类似，也是一种 Python 中常用的数据结构，不同之处在于元组中的元素不能修改，元组用圆括号标注进行定义。示例代码如下：

```
t1=(1,2,3,4,6)
t2=(1,2,'kl')
t3=('h1','h2','h3')
```

执行结果如图 1-27 所示。

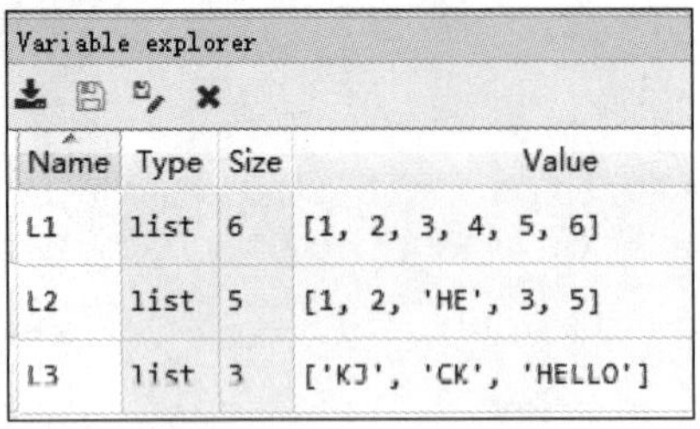

| Variable explorer | | | |
|---|---|---|---|
| Name | Type | Size | Value |
| L1 | list | 6 | [1, 2, 3, 4, 5, 6] |
| L2 | list | 5 | [1, 2, 'HE', 3, 5] |
| L3 | list | 3 | ['KJ', 'CK', 'HELLO'] |

图 1-26

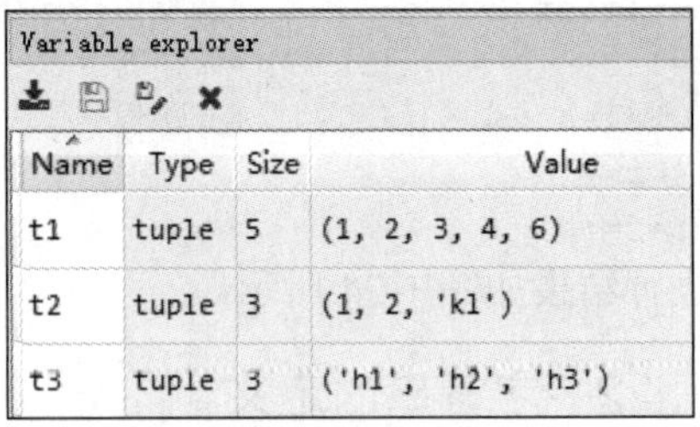

| Variable explorer | | | |
|---|---|---|---|
| Name | Type | Size | Value |
| t1 | tuple | 5 | (1, 2, 3, 4, 6) |
| t2 | tuple | 3 | (1, 2, 'kl') |
| t3 | tuple | 3 | ('h1', 'h2', 'h3') |

图 1-27

### 1.4.5　集合的定义

集合也是 Python 中的数据结构，它是一种不重复元素的序列，用花括号标注进行定义。示例代码如下：

```
J1={1,'h',2,3,9}
J2={1,'h',2,3,9,2}
J3={'KR','LY','SE'}
J4={'KR','LY','SE','SE'}
print(J1)
print(J2)
print(J3)
print(J4)
```

执行结果如下：

```
{1, 2, 3, 'h', 9}
{1, 2, 3, 'h', 9}
{'LY', 'SE', 'KR'}
{'LY', 'SE', 'KR'}
```

从执行结果可以看出，集合保持了元素的唯一性，对于重复的元素只取一个。

### 1.4.6　字典的定义

字典是 Python 中一种按键值定义的数据结构，其中键必须唯一，但值不必。字典用花括号标注进行定义。字典中的元素由键和值两部分组成，键在前值在后，键和值之间用 ":" 来区分，元素之间用 "，" 隔开。键可以是数值、字符，值可以是数值、字符或者其他 Python 数据结构（比如列表、元组等）。示例代码如下：

```
d1={1:'h',2:[1,2,'k'],3:9}
d2={'a':2,'b':'ky'}
d3={'q1':[90,100],'k2':'kkk'}
```

执行结果如图 1-28 所示。

| Name | Type | Size | Value |
|------|------|------|-------|
| d1 | dict | 3 | {1:'h', 2:[1, 2, 'k'], 3:9} |
| d2 | dict | 2 | {'a':2, 'b':'ky'} |
| d3 | dict | 2 | {'q1':[90, 100], 'k2':'kkk'} |

图 1-28

## 1.5 Python 的公有方法

Python 的公有方法是指 Python 中大部分数据结构均可以通用的一种数据操作方法。下面主要介绍索引、切片、长度、统计、确认成员身份、删除变量等常用的数据操作方法。由于这些操作方法在程序编写过程中将经常被使用，本节将对其进行统一介绍，方便后续的学习和使用。

Python 的
公有方法

### 1.5.1 索引

索引是指通过定位下标位置来访问指定数据类型变量的值。示例代码如下：

```
s3='I Like python'
L1=[1,2,3,4,5,6]
t2=(1,2,'kl')
d1={1:'h',2:[1,2,'k'],3:9}
d3={'q1':[90,100],'k2':'kkk'}
print(s3[0],s3[1],L1[0],t2[2],d1[3],d3['k2'])
print('-'*40)
```

执行结果如下：

```
I   1 kl 9 kkk
----------------------------------------
```

事实上，字符串、列表、元组均可以通过定位其下标的位置访问元素，注意下标从 0 开始。字典则是通过其键值来访问元素。print('-'*40)表示输出 40 个 "-" 符号，注意 print()函数输出的内容要用圆括号标注。需要说明的是，集合类型的数据结构，不支持索引访问。

### 1.5.2 切片

切片是指定索引位置，对数据实现分块访问或提取的一种数据操作方式，在数据处理中具有广泛的应用。下面简单介绍字符串、列表、元组的切片方法。示例代码如下：

```
s2='''hello word!'''
L2=[1,2,'HE',3,5]
t2=(1,2,'kl')
s21=s2[0:]
s22=s2[0:4]
s23=s2[:]
s24=s2[1:6:2]
L21=L2[1:3]
```

```
L22=L2[2:]
L23=L2[:]
t21=t2[0:2]
t22=t2[:]
print(s21)
print(s22)
print(s23)
print(s24)
print(L21)
print(L22)
print(L23)
print(t21)
print(t22)
```

执行结果如下：

```
hello word!
hell
hello word!
el
[2, 'HE']
['HE', 3, 5]
[1, 2, 'HE', 3, 5]
(1, 2)
(1, 2, 'kl')
```

字符串的切片，是针对字符串中的每个字符进行操作；列表、元组的切片，则是针对其中的元素。切片的方式为开始索引位置→结束索引位置+1。注意开始索引位置从 0 开始，如果省掉开始索引位置或结束索引位置，则默认为 0 或者最后的索引位置。

### 1.5.3　长度

字符串的长度为字符串中所有字符的个数，空格也算作一个字符；列表、元组、集合的长度，即为元素的个数；字典的长度为键的个数。求变量的长度在程序编写中经常用到，Python中提供了一个 len()函数来实现。示例代码如下：

```
s3='I Like python'
L1=[1,2,3,4,5,6]
t2=(1,2,'kl')
J2={1,'h',2,3,9}
d1={1:'h',2:[1,2,'k'],3:9}
k1=len(s3)
k2=len(L1)
k3=len(t2)
k4=len(J2)
k5=len(d1)
```

执行结果如图 1-29 所示。

### 1.5.4　统计

统计包括求最大值、最小值、求和等，统计对象可以是列表、元组、字符串。示例代码如下：

```
L1=[1,2,3,4,5,6]
```

```
t1=(1,2,3,4,6)
s2='''hello word!'''
m1=max(L1)
m2=max(t1)
m3=min(L1)
m4=sum(t1)
m5=max(s2)
```

执行结果如图 1-30 所示。

| k1 | int | 1 | 13 |
|----|-----|---|----|
| k2 | int | 1 | 6 |
| k3 | int | 1 | 3 |
| k4 | int | 1 | 5 |
| k5 | int | 1 | 3 |

图 1-29

| m1 | int | 1 | 6 |
|----|-----|---|----|
| m2 | int | 1 | 6 |
| m3 | int | 1 | 1 |
| m4 | int | 1 | 16 |
| m5 | str | 1 | w |

图 1-30

其中，字符串求最大值时，返回排序靠后的字符。

### 1.5.5 确认成员身份

确认成员身份，即使用 in 命令，判断某个元素是否属于指定的数据结构变量。示例代码如下：

```
L1=[1,2,3,4,5,6]
t1=(1,2,3,4,6)
s2='''hello word!'''
J2={1,'h',2,3,9,'SE'}
z1='I' in s2
z2='kj' in L1
z3=2 in t1
z4='SE' in J2
```

执行结果如图 1-31 所示。

返回结果用 True、False 表示，其中 False 表示假，True 表示真。

| z1 | bool | 1 | False |
|----|------|---|-------|
| z2 | bool | 1 | False |
| z3 | bool | 1 | True |
| z4 | bool | 1 | True |

图 1-31

### 1.5.6 删除变量

程序运行过程中，存在大量的中间变量。这些变量不但占用空间，而且影响可读性。可以使用 del 命令删除不必要的中间变量。示例代码如下：

```
a=[1,2,3,4];
b='srt'
c={1:4,2:7,3:8,4:9}
del a,b
```

执行该程序代码，删除了 a、b 两个变量，而保留了变量 c。

## 1.6 列表、元组、字符串与字典方法

### 1.6.1 列表方法

列表、元组、字符串
与字典方法

这里主要介绍列表中一些常用的方法，包括创建空列表、添加元素、扩展列表、元素计数、返回下标、删除元素、元素排序等。为方便说明相关方法的应用，下面定义几个列表，示例代码如下：

```
L1=[1,2,3,4,5,6]
L2=[1,2,'HE',3,5]
L3=['KJ','CK','HELLO']
L4=[1,4,2,3,8,4,7]
```

**1．创建空列表：list()**

在 Python 中，可以用 list()函数创建空的列表，也可以用"[]"来创建。在程序编写过程中，预定义变量是常见的，列表就是其中一种常见的方式。示例代码如下：

```
L=list()      #创建空列表 L
L=[]          #也可以用[]来创建空列表
```

执行结果如图 1-32 所示。

| Name | Type | Size | Value |
|------|------|------|-------|
| L | list | 0 | [] |

图 1-32

**2．添加元素：append()**

通过 append()函数，可以依次向列表中添加元素。示例代码如下：

```
L1.append('H')        #向 L1 列表添加元素<H>
print(L1)
for t in L2:          #利用循环，将 L2 中的元素，按顺序添加到前面新建的空列表 L 中
    L.append(t)
print(L)
```

执行结果如下：

```
[1, 2, 3, 4, 5, 6, 'H']
[1, 2, 'HE', 3, 5]
```

**3．扩展列表：extend()**

与 append 函数不同，extend()函数是扩展整个列表。示例代码如下：

```
L1.extend(L2)  # 在 L1 的基础上,把整个 L2 扩展至其后面
print(L1)
```

执行结果如下：

```
[1, 2, 3, 4, 5, 6, 'H', 1, 2, 'HE', 3, 5]
```

**4．元素计数：count()**

通过 count()函数，可以统计列表中某个元素出现的次数。示例代码如下：

```
print('元素 2 出现的次数为：',L1.count(2))
```

执行结果如下：

```
元素 2 出现的次数为：2
```

需要说明的是，这里的 L1 是在添加了 L2 列表之后更新的列表。

### 5．返回下标：index()

在列表中，通过 index()函数，可以返回元素的下标。示例代码如下：

```
print('H 的下标为: ',L1.index('H'))
```

执行结果如下：

```
H 的下标为: 6
```

### 6．删除元素：remove()

在列表中，通过 remove()函数，可以删除某个元素。示例代码如下：

```
L1.remove('HE')  #删除 HE 元素
print(L1)
```

执行结果如下：

```
[1, 2, 3, 4, 5, 6, 'H', 1, 2, 3, 5]
```

### 7．元素排序：sort()

通过 sort()函数，可以对列表元素进行排序。按升序排序的示例代码如下：

```
L4.sort()
print(L4)
```

执行结果如下：

```
[1, 2, 3, 4, 4, 7, 8]
```

特别说明的是，列表中的元素可以修改，但是元组中的元素不能修改。示例代码如下：

```
L4[2]=10
print(L4)
```

执行结果如下：

```
[1, 2, 10, 4, 4, 7, 8]
```

而以下示例代码则会报错：

```
t=(1,2,3,4)
t[2]=10        #报错
```

## 1.6.2　元组方法

元组作为 Python 的一种数据结构，与列表有相似之处。它们最大的区别是，列表的元素可以修改，而元组中的元素不能修改。本小节主要介绍几个元组中常用的方法，包括创建空元组、元素计数、返回下标和元组连接。下面通过定义两个元组 T1 和 T2，对元组中的常用方法进行说明。

```
T1=(1,2,2,4,5)
T2=('H2',3,'KL')
```

### 1．创建空元组：tuple()

通过 tuple()函数，可以创建空元组。示例代码如下：

```
t1=tuple()     #创建空元组
t=()           #创建空元组
```

执行结果如图 1-33 所示。

| Name | Type | Size | Value |
|------|------|------|-------|
| t | tuple | 0 | () |
| t1 | tuple | 0 | () |

图 1-33

### 2．元素计数：count()

通过 count()函数，可以统计元组中某个元素出现的次数。示例代码如下：

```
print('元素 2 出现的次数为: ',T1.count(2))
```

执行结果如下：

```
元素 2 出现的次数为: 2
```

### 3．返回下标：index()

与列表类似，通过 index()函数，可以返回元组中某个元素的索引下标。示例代码如下：

```
print('KL 的下标为: ',T2.index('KL'))
```

执行结果如下：

```
KL 的下标为: 2
```

### 4．元组连接

两个元组的连接，可以直接用"+"来完成。示例代码如下：

```
T3=T1+T2
print(T3)
```

执行结果如下：

```
(1, 2, 2, 4, 5, 'H2', 3, 'KL')
```

## 1.6.3　字符串方法

字符串作为基本的数据类型，也可以被看作是一种特殊的数据结构。对字符串的操作，是数据处理、编程过程中必不可少的环节。下面介绍几种常见的字符串处理方法，包括创建空字符串、查找子串、替换子串、字符串连接和字符串比较。

### 1．创建空字符串：str()

通过 str()函数，可以创建空字符串。示例代码如下：

```
S=str()        #创建空字符串
```

执行结果如图 1-34 所示。

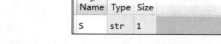

| Name | Type | Size | Value |
|------|------|------|-------|
| S | str | 1 | |

图 1-34

### 2．查找子串：find()

通过 find()函数，可以查找子串出现的开始索引位置，如果没有找到则返回-1。示例代码如下：

```
st='hello word!'
z1=st.find('he',0,len(st)) #返回包含子串的开始索引位置，否则返回-1
z2=st.find('he',1,len(st))
print(z1,z2)
```

执行结果为：

```
0 -1
```

其中 find()函数的第一个参数为需要查找的子串,第二个参数为指定待查字符串的开始位置,第三个参数为指定待查字符串的长度。

### 3．替换子串：replace()

通过 replace()函数，可以替换指定的子串。示例代码如下：

```
stt=st.replace('or','kl') #原来的 st 不变
print(stt)
print(st)
```

执行结果如下：

```
hello wkld!
hello word!
```

其中 replace()函数的第一参数为被替换子串，第二个参数为替换子串。

### 4．字符串连接

两个字符串的连接，可以通过"+"来实现。示例代码如下：

```
st1='joh'
st2=st1+' '+st
print(st2)
```

执行结果如下：

```
joh hello word!
```

### 5．字符串比较

字符串的比较也很简单，可以直接通过"=="""!="来进行判断。示例代码如下：

```
str1='jo'
str2='qb'
str3='qb'
s1=str1!=str2
s2=str2==str3
print(s1,s2)
```

执行结果如下：

```
True True
```

## 1.6.4　字典方法

字典作为 Python 中非常重要的一种数据结构，在编程中的应用极为广泛，与第 3 章介绍的数据框结合进行灵活转换并实现数据处理是一种非常重要的编程技能。本小节主要介绍字典中几个常用的方法，包括创建字典、获取字典值、字典赋值。

### 1．创建字典：dict()

通过 dict()函数，可以创建字典，也可以将嵌套元素转换为字典。示例代码如下：

```
d=dict()  #创建空字典
D={}      #创建空字典
list1=[('a','ok'),('1','lk'),('001','lk')]    #嵌套元素为元组
list2=[['a','ok'],['b','lk'],[3,'lk']]         #嵌套元素为列表
d1=dict(list1)
d2=dict(list2)
print('d=: ',d)
```

```
print('D=: ',D)
print('d1=: ',d1)
print('d2=: ',d2)
```
执行结果如下：
```
d=  {}
D=  {}
d1=  {'a': 'ok', '1': 'lk', '001': 'lk'}
d2=  {'a': 'ok', 'b': 'lk', 3: 'lk'}
```

### 2．获取字典值：get()

通过 get()方法，可以获取对应键的值。示例代码如下：
```
print(d2.get('b'))
```
执行结果如下：
```
lk
```

### 3．字典赋值：setdefault()

通过 setdefault()方法，可以对预定义的空字典进行赋值。示例代码如下：
```
d.setdefault('a',0)
D.setdefault('b',[1,2,3,4,5])
print(d)
print(D)
```
执行结果如下：
```
{'a': 0}
{'b': [1, 2, 3, 4, 5]}
```

## 1.7　条件语句

条件语句，是指满足某些条件，才能执行某段代码，而不满足条件时是不允许执行的。条件语句在各类编程语言中均作为基本的语法或者基本语句使用，Python 也不例外。这里主要介绍 if…、if…else…、if…elif…else…3 种条件语句形式。

条件语句

### 1.7.1　if…语句

条件语句 if…，其使用方式如下：
```
if 条件：
    执行代码块
```
注意条件后面的冒号（以英文格式输入），同时执行代码块均需要缩进并对齐。示例代码如下：
```
x=10
import math                          #导入数学函数库
if x>0:                              #注意冒号
    s=math.sqrt(x)                   #求平方根，缩进
    print('s= ',s)                   #输出结果，缩进
```
执行结果如下：

```
s= 3.1622776601683795
```

### 1.7.2 if…else…语句

条件分支语句 if…else…，其使用方式如下：

```
if 条件:
    执行语句块
else:
    执行语句块
```

同样需要注意冒号及缩进对齐。示例代码如下：

```
x=-10
import math                    #导入数学函数库
if x>0:                        #注意冒号
    s=math.sqrt(x)             #求平方根，注意缩进
    print('s= ',s)            #输出结果，注意缩进
else:
    s='负数不能求平方根'        #提示语，注意缩进
    print('s= ',s)            #输出结果，注意缩进
```

执行结果如下：

```
s=负数不能求平方根
```

### 1.7.3 if…elif…else…语句

条件分支语句 if…elif…else…，其使用方式如下：

```
if 条件:
    执行语句块
elif 条件:
    执行语句块
else:
    执行语句块
```

还是需要注意冒号及缩进对齐。示例代码如下：

```
weather = 'sunny'
if weather =='sunny':
    print ("shopping")
elif weather =='cloudy':
    print ("playing football")
else:
    print ("do nothing")
```

执行结果如下：

```
shopping
```

## 1.8 循环语句

循环语句，即循环地执行某一个过程或者一段程序代码的语句。与其他编程语言类似，Python 主要有 while 和 for 两种循环语句。与其他编程语言不同的是，Python 中的循环语句通过缩进并对齐的形式来区分执行的循环语句块。

循环语句

### 1.8.1　while 语句

循环语句 while，其使用方式如下：

```
while 条件：
    执行语句块
```

注意执行语句块中的程序全部都要缩进并对齐。一般 while 循环需要预定义条件变量，当满足条件的时候，循环执行语句块的内容。以求 1～100 的和为例，采用 while 循环实现，示例代码如下：

```
t = 100
s = 0
while t:
    s=s+t
    t=t-1
print ('s= ',s)
```

执行结果如下：

```
s= 5050
```

### 1.8.2　for 语句

循环语句 for，其使用方式如下：

```
for 变量 in 序列：
    执行语句块
```

注意执行语句块中的程序全部需要缩进并对齐，其中序列为任意序列，可以是数组、列表、元组等。示例代码如下：

```
list1=list()
list2=list()
list3=list()
for a in range(10):
    list1.append(a)
for t in ['a','b','c','d']:
    list2.append(t)
for q in ('k','j','p'):
    list3.append(q)
print(list1)
print(list2)
print(list3)
```

执行结果如下：

```
[0, 1, 2, 3, 4, 5, 6, 7, 8, 9]
['a', 'b', 'c', 'd']
['k', 'j', 'p']
```

示例代码首先创建了 3 个空列表 list1、list2 和 list3，通过 for 循环的方式，依次将循环序列中的元素添加到预定义的空列表中。

## 1.9　函数

在实际开发应用中，如果若干段程序代码实现逻辑相同，那么可以考虑将这些代码定义

为函数的形式。下面我们介绍无返回值函数、有一个返回值函数和有多个
返回值函数的定义与调用方法。

函数

### 1.9.1　无返回值函数的定义与调用

无返回值函数的定义格式如下：

```
def 函数名(输入参数):
    函数体
```

注意冒号，以及函数体中的程序均需要缩进并对齐。示例代码如下：

```
#定义函数
def sumt(t):
    s = 0
    while t:
        s=s+t
        t=t-1
#调用函数并输出结果
s=sumt(50)
print(s)
```

执行结果如下：

```
None
```

执行结果为 None，表示没有任何结果，因为该函数没有任何返回值。

### 1.9.2　有一个返回值函数的定义与调用

有一个返回值函数的定义格式如下：

```
def 函数名称(输入参数):
    函数体
    return 返回变量
```

示例代码如下：

```
#定义函数
def sumt(t):
    s = 0
    while t:
        s=s+t
        t=t-1
    return s
#调用函数并输出结果
s=sumt(50)
print(s)
```

执行结果如下：

```
1275
```

该示例程序仅是在 1.9.1 小节无返回值函数定义的基础上，增加了返回值。

### 1.9.3　有多返回值函数的定义与调用

有多返回值函数，可以用一个元组来存放返回结果，元组中的元素数据类型可以不相同，
其定义格式如下：

```
def 函数名称(输入参数):
```

```
    函数体
    return (返回变量1,返回变量2,…)
```

示例代码如下：

```
#定义函数
def test(r):
    import math
    s=math.pi*r**2
    c=2*math.pi*r
    L=(s,c)
    D=[s,c,L]
    return (s,c,L,D)
#调用函数并输出结果
v=test(10)
s=v[0]
c=v[1]
L=v[2]
D-v[3]
print(s)
print(c)
print(L)
print(D)
```

执行结果如下：

```
314.1592653589793
62.83185307179586
(314.1592653589793, 62.83185307179586)
[314.1592653589793, 62.83185307179586, (314.1592653589793, 62.83185307179586)]
```

## 本章小结

本章作为 Python 的基础知识部分，首先介绍了 Python 及其发行版 Anaconda 的安装与启动、集成开发工具 Spyder 的基本使用方法、查看 Anaconda 集成的 Python 包及安装新扩展包的方法；其次介绍了 Python 基本语法，包括数值、字符串、列表、元组、字典和集合等 Python 基本数据类型，以及其公有方法和私有方法；在流程控制语句方面，介绍了条件语句和循环语句；在 Python 自定义函数方面，介绍了无返回值函数、有一个返回值和有多个返回值函数的定义与调用方法。

## 本章练习

1. 创建一个 Python 脚本，命名为 test1.py，实现以下功能。

（1）定义一个元组 t1=(1,2, 'R', 'py', 'Matlab')和一个空列表 list1。

（2）以 while 循环的方式，用 append()函数依次向 list1 中添加 t1 中的元素。

（3）定义一个空字典，命名为 dict1。

（4）定义一个嵌套列表 Li=['k',[3,4,5],(1,2,6),18,50]，采用 for 循环的方式，用 setdefault() 函数依次将 Li 中的元素添加到 dict1 中，其中 Li 元素对应的键依次为 a、b、c、d、e。

2. 创建一个 Python 脚本，命名为 test2.py，实现以下功能。

（1）定义一个函数，用于计算圆柱体的表面积、体积，函数名为 comput，输入参数为底半径（$r$）、高（$h$），返回值为表面积（$S$）、体积（$V$），返回多值的函数，可以用元组来表示。

（2）调用定义的函数 comput()，计算底半径（$r$）=10、高（$h$）=11 的圆柱体表面积和体积，并输出其结果。

# 第2章 科学计算包 NumPy

第 1 章主要介绍了 Python 的基本知识，对于从事数据分析工作的人员来说，这些知识是远远不够的，需要引入第三方 Python 数据分析包，这些包专门为某种特定的数据分析而开发，能够极大地提高开发效率。本章主要介绍用于科学计算和数据分析的基础包 NumPy（Numerical Python），它是绝大部分数据分析包的基础。下面介绍 NumPy 的主要内容。

## 2.1 NumPy 简介

NumPy 是 Python 中用于科学计算的基础包，也是大量 Python 数学和科学计算包的基础，不少数据分析与挖掘包都是在 NumPy 基础上开发的，如后文介绍的 Pandas 包。NumPy 的核心基础是 $N$ 维数组（N-dimensional array，ndarray），即由数据类型相同的元素组成的 $N$ 维数组。本章主要介绍一维数组和二维数组，包括数组的创建、运算、切片、连接、数据存取和矩阵及线性代数运算等，它与 MATLAB 的向量与矩阵使用非常相似。

在 Anaconda 中，NumPy 包已集成在系统中，无须另外安装。那么如何使用该包呢？下面介绍如何在 Python 脚本文件中导入该包并使用。首先在打开的 Spyder 界面中新建一个脚本文件，如图 2-1 所示。

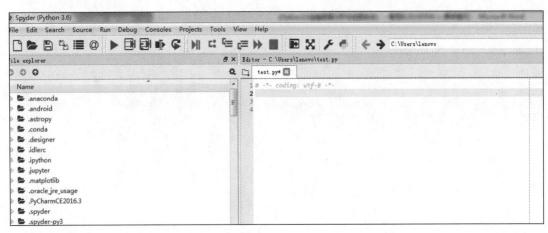

图 2-1

如图 2-1 所示，新建的一个 Python 脚本文件名为 test.py，并且处于编辑状态（文件名后

面带 "*" 表示可编辑）。使用 import numpy 命令，即可将该包导入脚本文件中并使用。作为一个例子，下面介绍如何利用 NumPy 包提供的数组定义 array() 函数，将嵌套列表 L=[[1,2],[3,4]] 转化为二维数组。在 test.py 脚本文件中，输入以下示例代码：

```
L=[[1,2],[3,4]]        #定义待转化的嵌套列表 L
import numpy           #导入 Numpy 包
A=numpy.array(L)       #调用 Numpy 包中提供的 array() 函数,将 L 转化为二维数组并赋给 A
```

执行 test.py 脚本文件，在 Spyder 变量资源管理器窗口双击变量 A，即可查看其执行结果，如图 2-2 所示。

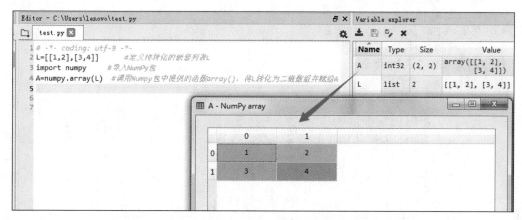

图 2-2

如图 2-2 所示，A 的尺寸为 2×2，即 2 行 2 列。数组中元素的数据类型为整型（int32）。双击 A 弹出详细的表格形式，表格标题也显示了 A 为 NumPy array。

有时候，Python 包的名称字符较长，在使用过程中不太方便，所以 Python 也提供了简写机制。例如，常见的是将 NumPy 包简写为 np，使用方法为：import numpy as np，即用关键词 as 对 NumPy 进行重命名。以上的示例代码可以修改如下：

```
L=[[1,2],[3,4]]        #定义待转化的嵌套列表 L
import numpy as np     #导入 NumPy 包
A=np.array(L)          #调用 NumPy 包中提供的 array() 函数，将 L 转化为二维数组并赋给 A
```

更多的 NumPy 使用方法可以参考后文。

## 2.2　创建数组

本节主要介绍两种创建数组的方法，一种是利用 NumPy 中的 array() 函数将特定的数据类型转换为数组，另一种是利用内置函数创建指定尺寸的数组。下面分别给予介绍。

创建数组

### 2.2.1　利用 array() 函数创建数组

基于 array() 函数，可以将列表、元组、嵌套列表、嵌套元组等给定的数据结构转化为数组。值得注意的是，利用 array() 函数之前，要导入 NumPy。示例代码如下：

```
#1.先预定义列表 d1，元组 d2，嵌套列表 d3、d4 和嵌套元组 d5
d1=[1,2,3,4,0.1,7]      #列表
```

```
d2=(1,2,3,4,2.3)                    #元组
d3=[[1,2,3,4],[5,6,7,8]]            #嵌套列表，元素为列表
d4=[(1,2,3,4),(5,6,7,8)]            #嵌套列表，元素为元组
d5=((1,2,3,4),(5,6,7,8))            #嵌套元组
#2.导入NumPy，并调用其中的array()函数，创建数组
import numpy as np
d11=np.array(d1)
d21=np.array(d2)
d31=np.array(d3)
d41=np.array(d4)
d51=np.array(d5)
#3. 删除d1、d2、d3、d4、d5 变量
del d1,d2,d3,d4,d5
```

执行结果如图 2-3 所示。

| Name | Type | Size | Value |
|------|------|------|-------|
| d11 | float64 | (6,) | array([ 1. , 2. , 3. , 4. , 0.1, 7. ]) |
| d21 | float64 | (5,) | array([ 1. , 2. , 3. , 4. , 2.3]) |
| d31 | int32 | (2, 4) | array([[1, 2, 3, 4],<br>       [5, 6, 7, 8]]) |
| d41 | int32 | (2, 4) | array([[1, 2, 3, 4],<br>       [5, 6, 7, 8]]) |
| d51 | int32 | (2, 4) | array([[1, 2, 3, 4],<br>       [5, 6, 7, 8]]) |

图 2-3

## 2.2.2 利用内置函数创建数组

利用内置函数，可以创建一些特殊的数组。例如，可以利用 ones(n,m)函数创建 $n$ 行 $m$ 列元素全为 1 的数组，利用 zeros(n,m)函数创建 $n$ 行 $m$ 列元素全为 0 的数组，利用 arange(a,b,c)创建以 a 为初始值，b–1 为末值，c 为步长的一维数组。其中参数 a 和 c 可省，这时 a 取默认值为 0，c 取默认值为 1。示例代码如下：

```
z1=np.ones((3,3))          #创建3行3列元素全为1的数组
z2=np.zeros((3,4))         #创建3行4列元素全为0的数组
z3=np.arange(10)           #创建默认初始值为0，默认步长为1，末值为9的一维数组
z4= np.arange(2,10)        #创建默认初始值为2，默认步长为1，末值为9的一维数组
z5= np.arange(2,10,2)      #创建默认初始值为2，步长为2，末值为9的一维数组
```

执行结果如图 2-4 所示。

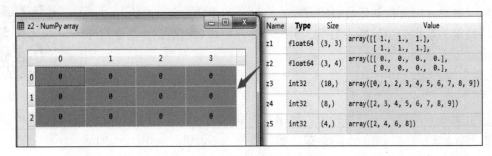

图 2-4

## 2.3 数组尺寸

数组尺寸，也称为数组的大小，通过行数和列数来表现。通过数组中的 shape 属性，可以返回数组的尺寸，其返回值为元组。如果是一维数组，返回的元组中仅一个元素，代表这个数组的长度。如果是二维数组，元组中有两个值，第一个值代表数组的行数，第二个值代表数组的列数。示例代码如下：

数组常见操作

```
d1=[1,2,3,4,0.1,7]            #列表
d3=[[1,2,3,4],[5,6,7,8]]      #嵌套列表，元素为列表
import numpy as np
d11=np.array(d1)             #将 d1 列表转换为一维数组，结果赋给变量 d11
d31=np.array(d3)             #将 d3 嵌套列表转换为二维数组，结果赋给变量 d31
del d1,d3                    #删除 d1、d3
s11=d11.shape               #返回一维数组 d11 的尺寸，结果赋给变量 s11
s31=d31.shape               #返回二维数组 d31 的尺寸，结果赋给变量 s31
```

执行结果如图 2-5 所示。

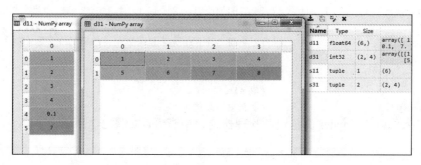

图 2-5

从结果可以看出一维数组 d11 的长度为 6，二维数组 d31 的行数为 2，列数为 4。在程序应用过程中，有时候需要将数组进行重排，可以通过 reshape() 函数来实现。示例代码如下：

```
r=np.array(range(9))   #一维数组
r1=r.reshape((3,3))    #重排为 3 行 3 列
```

执行结果如图 2-6 所示。

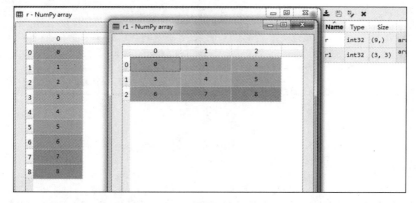

图 2-6

图 2-6 显示了通过 reshape()函数，将一维数组 r 转换为了 3 行 3 列的二维数组 r1。

## 2.4 数组运算

数组的运算主要包括数组之间的加、减、乘、除、乘方运算，以及数组的数学函数运算。
示例代码如下：

```
import numpy as np
A=np.array([[1,2],[3,4]])          #定义二维数组 A
B=np.array([[5,6],[7,8]])          #定义二维数组 B
C1=A-B                             #A、B 两个数组元素之间相减，结果赋给变量 C1
C2=A+B                             #A、B 两个数组元素之间相加，结果赋给变量 C2
C3=A*B                             #A、B 两个数组元素之间相乘，结果赋给变量 C3
C4=A/B                             #A、B 两个数组元素之间相除，结果赋给变量 C4
C5=A/3                             #A 数组所有元素除以 3，结果赋给变量 C5
C6=1/A                             #1 除以 A 数组所有元素，结果赋给变量 C6
C7=A**2                            #A 数组所有元素取平方，结果赋给变量 C7
C8=np.array([1,2,3,3.1,4.5,6,7,8,9])    #定义数组 C8
C9=(C8-min(C8))/(max(C8)-min(C8))       #对 C8 中的元素做极差化处理，结果赋给变量 C9
D=np.array([[1,2,3,4],[5,6,7,8],[9,10,11,12],[13,14,15,16]])   #定义数组 D
#数学运算
E1=np.sqrt(D)                      #对数组 D 中所有元素取平方根，结果赋给变量 E1
E2=np.abs([1,-2,-100])             #取绝对值
E3=np.cos([1,2,3])                 #取 cos 值
E4=np.sin(D)                       #取 sin 值
E5=np.exp(D)                       #取指数函数值
```

执行结果可以在 Spyder 变量资源管理器窗口中查看，如图 2-7 所示。

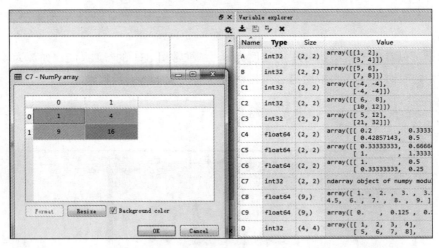

图 2-7

## 2.5 数组切片

数组切片即抽取数组中的部分元素构成新的数组，那么如何抽取呢？通过指定数组中的行下

标和列下标来抽取元素，从而组成新的数组。下面介绍直接利用数组本身的索引机制来切片和利用 ix_()函数构建索引器进行切片这两种方法，第一种方法称为常见的数组切片方法。

### 2.5.1　常见的数组切片方法

一般地，假设 D 为待访问或切片的数据变量，则访问或者切片的数据为 D[①,②]。其中①为对 D 的行下标控制，②为对 D 的列下标控制，行和列下标控制通过整数列表来实现。但是需要注意①整数列表中的元素不能超出 D 中的最大行数，而②不能超过 D 中的最大列数。为了更灵活地操作数据，取所有的行或者列，可以用"："来实现。同时，行控制还可以通过逻辑列表来实现。示例代码如下：

```
import numpy as np
D=np.array([[1,2,3,4],[5,6,7,8],[9,10,11,12],[13,14,15,16]])  #定义数组 D
#访问 D 中行为 1，列为 2 的数据，注意下标是从 0 开始的
D12=D[1,2]
#访问 D 中第 1、3 列数据
D1=D[:,[1,3]]
#访问 D 中第 1、3 行数据
D2=D[[1,3],:]
#取 D 中满足第 0 列大于 5 的所有列数据，本质上行控制为逻辑列表
Dt1=D[D[:,0]>5,:]
#取 D 中满足第 0 列大于 5 的 2、3 列数据，本质上行控制为逻辑列表
#Dt2=D[D[:,0]>5,[2,3]]
TF=[True,False,False,True]
#取 D 中第 0、3 行的所有列数据，本质上行控制为逻辑列表，取逻辑值为真的行
Dt3=D[TF,:]
#取 D 中第 0、3 行的 2、3 列数据
#Dt4=D[TF,[2,3]]
#取 D 中大于 4 的所有元素
D5=D[D>4]
```

执行结果可以通过 Spyder 变量资源管理器窗口查看，如图 2-8 所示。

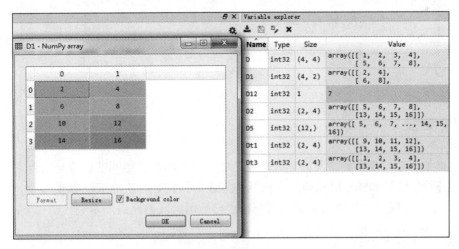

图 2-8

31

### 2.5.2 利用 ix_()函数进行数组切片

数组的切片也可以通过 ix_()函数构造行、列下标索引器来实现。示例代码如下：

```
import numpy as np
D=np.array([[1,2,3,4],[5,6,7,8],[9,10,11,12],[13,14,15,16]])  #定义数组 D
#提取 D 中行数为 1、2，列数为 1、3 的所有元素
D3=D[np.ix_([1,2],[1,3])]
#提取 D 中行数为 0、1，列数为 1、3 的所有元素
D4=D[np.ix_(np.arange(2),[1,3])]
#提取以 D 中第 1 列小于 11 得到的逻辑数组作为行索引，列数为 1、2 的所有元素
D6=D[np.ix_(D[:,1]<11,[1,2])]
#提取以 D 中第 1 列小于 11 得到的逻辑数组作为行索引，列数为 2 的所有元素
D7=D[np.ix_(D[:,1]<11,[2])]
#提取以 2.5.1 小节中的 TF=[True,False,False,True]逻辑列表为行索引，列数为 2 的所有元素
TF=[True,False,False,True]
D8=D[np.ix_(TF,[2])]
#提取以 2.5.1 小节中的 TF=[True,False,False,True]逻辑列表为行索引，列数为 1、3 的所有元素
D9=D[np.ix_(TF,[1,3])]
```

执行结果可以通过 Spyder 变量资源管理器窗口查看，如图 2-9 所示。

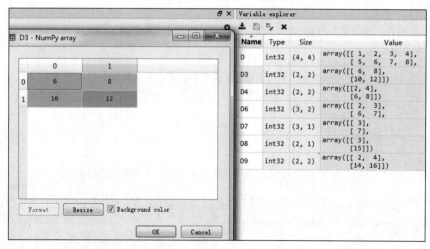

图 2-9

## 2.6 数组连接

在数据处理中，多个数据源的集成整合是经常发生的。数组间的集成与整合主要体现在数组间的连接，包括水平连接和垂直连接两种方式。水平连接用 hstack()函数实现，垂直连接用 vstack()函数实现。注意输入参数为两个待连接数组组成的元组。示例代码如下：

```
import numpy as np
A=np.array([[1,2],[3,4]])          #定义二维数组 A
B=np.array([[5,6],[7,8]])          #定义二维数组 B
C_s=np.hstack((A,B))               #水平连接要求行数相同
C_v=np.vstack((A,B))               #垂直连接要求列数相同
```

执行结果如图 2-10 所示。

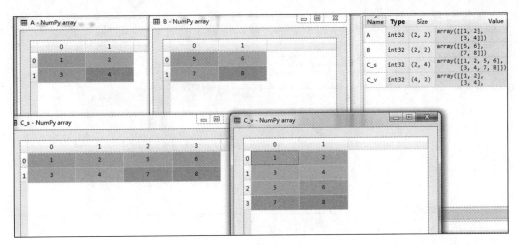

图 2-10

## 2.7 数据存取

利用 NumPy 包中的 save()函数，可以将数据集保存为二进制数据文件，数据文件扩展名为.npy。示例代码如下：

```
import numpy as np
A=np.array([[1,2],[3,4]])        #定义二维数组 A
B=np.array([[5,6],[7,8]])        #定义二维数组 B
C_s=np.hstack((A,B))             #水平连接
np.save('data',C_s)
```

执行结果如图 2-11 所示。

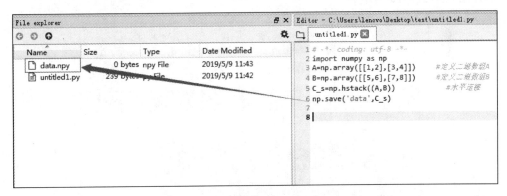

图 2-11

图 2-11 显示了将 C_s 数据集保存为二进制数据文件 data.npy。load()函数，可以加载该数据集。示例代码如下：

```
import numpy as np
C_s=np.load('data.npy')
```

执行结果如图 2-12 所示。

33

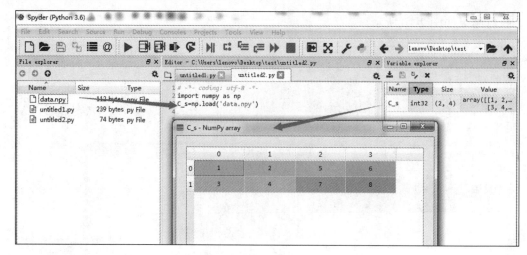

图 2-12

图 2-12 显示了加载 data.npy 数据文件，并通过 Spyder 变量资源管理器窗口查看其结果的过程。数据的存取机制，提供了数据传递及使用的便利，特别是在有些程序运行结果需要花费大量时间的时候，保存其结果以便后续使用是非常有必要的。

## 2.8　数组形态变换

NumPy 包提供了 reshape() 函数用于改变数组的形状，reshape() 函数仅改变原始数据的形状，不改变原始数据的值。示例代码如下：

```
import numpy as np
arr = np.arange(12)          # 创建一维数组 ndarray
arr1 = arr.reshape(3, 4)     # 设置 ndarray 的维度，改变其形态
```

执行结果如图 2-13 所示。

| Name | Type | Size | Value |
| --- | --- | --- | --- |
| arr | int32 | (12,) | array([ 0, 1, 2, ..., 9, 10, 11]) |
| arr1 | int32 | (3, 4) | array([[ 0, 1, 2, 3], [ 4, 5, 6, 7], |

图 2-13

以上示例代码将一维数组变换为二维数组，事实上也可以将二维数组变换为一维数组，通过 ravel() 函数即可实现。示例代码如下：

```
import numpy as np
arr = np.arange(12).reshape(3, 4)
```

```
arr1=arr.ravel()
```
执行结果如图 2-14 所示。

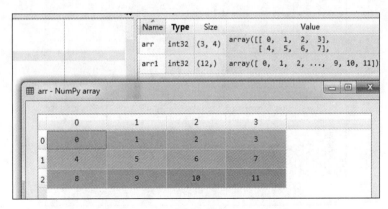

图 2-14

## 2.9　数组排序与搜索

通过 NumPy 包提供的 sort()函数，可以将数组元素值按从小到大的顺序进行直接排序。示例代码如下：

```
import numpy as np
arr = np.array([5,2,3,3,1,9,8,6,7])
arr1=np.sort(arr)
```
执行结果如图 2-15 所示。

| Name | Type | Size | Value |
|------|------|------|-------|
| arr | int32 | (9,) | array([5, 2, 3, 3, 1, 9, 8, 6, 7]) |
| arr1 | int32 | (9,) | array([1, 2, 3, 3, 5, 6, 7, 8, 9]) |

图 2-15

通过 NumPy 包提供的 argmax()和 argmin()函数，可以返回待搜索数组最大值和最小值元素的索引值。如果存在多个最大值或最小值，则返回第一次出现的索引值。对于二维数组，可以通过设置 axis=0 或 axis=1 返回各列或各行最大值或最小值的索引值。需要注意的是索引值从 0 开始。示例代码如下：

```
import numpy as np
arr = np.array([5,2,3,3,1,1,9,8,6,7,8,8])
arr1=arr.reshape(3,4)
maxindex=np.argmax(arr)
minindex=np.argmin(arr)
maxindex1=np.argmax(arr1,axis=0)#返回各列最大值的索引值
minindex1=np.argmin(arr1,axis=1)#返回各行最小值的索引值
```
执行结果如图 2-16 所示。

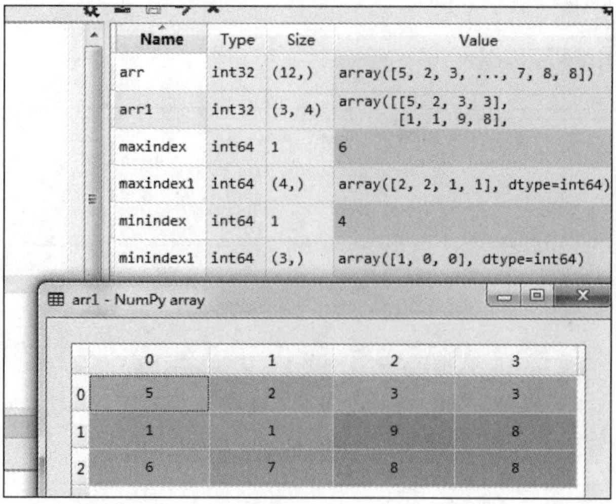

图 2-16

## 2.10　矩阵与线性代数运算

NumPy 包的 matrix()函数继承自 NumPy 的二维 ndarray 对象，不仅拥有二维 ndarray 的属性、方法与函数，还拥有诸多特有的属性与方法。同时，NumPy 包中的 matrix()函数和线性代数中的矩阵概念几乎完全相同，同样含有转置矩阵、共轭矩阵、逆矩阵等概念。

### 2.10.1　创建 NumPy 矩阵

在 NumPy 中可使用 mat()、matrix()或 bmat()函数来创建矩阵。使用 mat()函数创建矩阵时，若输入 matrix 或 ndarray 对象，则不会为它们创建副本。因此，调用 mat()函数与调用 matrix(data, copy=False)等价。示例代码如下：

```
import numpy as np
mat1 = np.mat("1 2 3; 4 5 6; 7 8 9")
mat2 = np.matrix([[1, 2, 3], [4, 5, 6], [7, 8, 9]])
```

执行结果如图 2-17 所示。

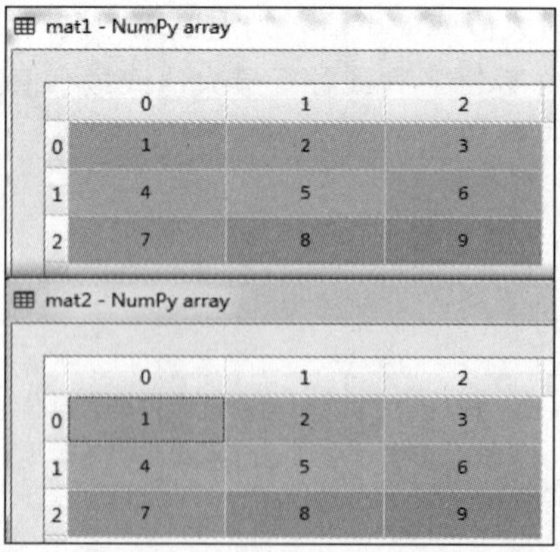

图 2-17

在矩阵的日常使用过程中，将小矩阵组合成大矩阵是一种频率极高的操作。在 NumPy 中可以使用 bmat()分块矩阵函数实现，示例代码如下：

```
import numpy as np
arr1 = np.eye(3)
arr2 = 3*arr1
mat = np.bmat("arr1 arr2; arr1 arr2")
```

执行结果如图 2-18 所示。

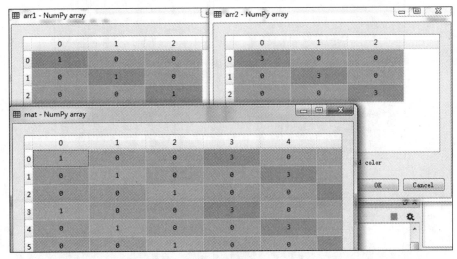

图 2-18

## 2.10.2　矩阵的属性和基本运算

矩阵的特有属性及其说明，如表 2-1 所示。

表 2-1　　　　　　　　　　　　矩阵的特有属性及其说明

| 特有属性 | 说明 |
| --- | --- |
| T | 返回自身的转置 |
| H | 返回自身的共轭转置 |
| I | 返回自身的逆矩阵 |

矩阵属性的具体查看方法，示例代码如下：

```
import numpy as np
mat = np.matrix(np.arange(4).reshape(2, 2))
mT=mat.T
mH=mat.H
mI=mat.I
```

执行结果如图 2-19 所示。

在 NumPy 中，矩阵计算和 ndarray 计算类似，都能够作用于每个元素，比起使用 for 循环进行计算，矩阵计算更加高效，示例代码如下：

```
import numpy as np
mat1 = np.mat("1 2 3; 4 5 6; 7 8 9")
mat2 = mat1*3
```

```
mat3=mat1+mat2
mat4=mat1-mat2
mat5=mat1*mat2
mat6=np.multiply(mat1, mat2) #点乘
```
执行结果如图 2-20 所示。

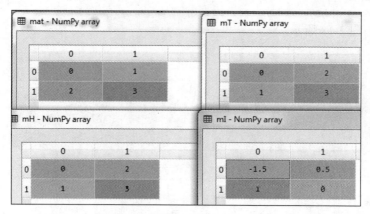

图 2-19

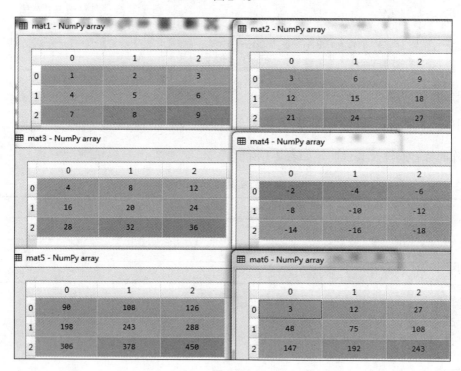

图 2-20

## 2.10.3　线性代数运算

　　线性代数是数学的一个重要分支。NumPy 包含 numpy.linalg 模块，提供线性代数所需的功能，如矩阵相乘、计算逆矩阵、求解线性方程组、求解特征值与特征向量、奇异值分解以及计算矩阵行列式的值等。numpy.linalg 模块中的一些常用函数如表 2-2 所示。

表 2-2                                                常用的 numpy.linalg 函数

| 函数名称 | 说明 |
| --- | --- |
| inv | 计算逆矩阵 |
| solve | 求解线性方程组 $Ax=b$ |
| eig | 求解特征值和特征向量 |
| eigvals | 求解特征值 |
| svd | 奇异值分解 |
| det | 计算矩阵行列式的值 |

### 1. 计算逆矩阵

在线性代数中，矩阵 $A$ 与其逆矩阵 $A^{-1}$ 相乘得到一个单位矩阵 $I$，即 $A×A^{-1}=I$。使用 numpy.linalg 模块中的 inv()函数可以计算逆矩阵。示例代码如下：

```
import numpy as np
mat = np.mat('1 1 1; 1 2 3; 1 3 6')
inverse = np.linalg.inv(mat)
A=np.dot(mat, inverse)
```

执行结果如图 2-21 所示。

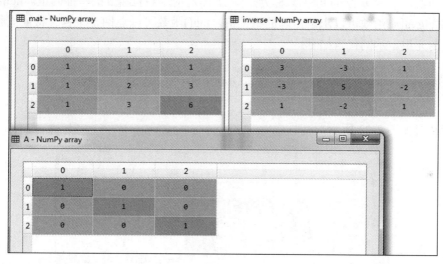

图 2-21

### 2. 求解线性方程组

矩阵可以对向量进行线性变换，这对应数学中的线性方程组。numpy.linalg 模块中的 solve()函数可以求解形如 $Ax=b$ 的线性方程组，其中 $A$ 为矩阵，$b$ 为一维或二维数组，$x$ 是未知变量。示例代码如下：

```
import numpy as np
A = np.mat("1,-1,1; 2,1,0; 2,1,-1")
b = np.array([4, 3, -1])
x = np.linalg.solve(A, b)#线性方程组 Ax=b 的解
```

执行结果如图 2-22 所示。

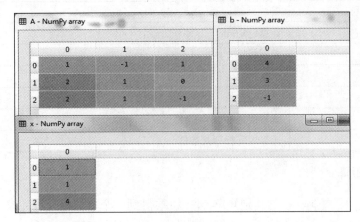

图 2-22

### 3．求解特征值与特征向量

设 $A$ 是 $n$ 阶方阵，如果存在数 $a$ 和非零 $n$ 维列向量 $x$，使得 $Ax = ax$ 成立，则称 $a$ 是 $A$ 的一个特征值，非零 $n$ 维列向量 $x$ 称为矩阵 $A$ 的对应于特征值 $a$ 的特征向量。numpy.linalg 模块中的 eigvals()函数可以求解矩阵的特征值，eig()函数可以返回一个包含特征值和对应的特征向量的元组。示例代码如下：

```
import numpy as np
A = np.matrix([[1, 0, 2], [0, 3, 0], [2, 0, 1]])
#A_value= np.linalg.eigvals(A)
A_value, A_vector = np.linalg.eig(A)
```

执行结果如图 2-23 所示。

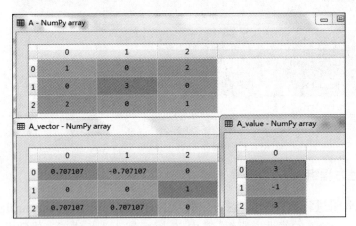

图 2-23

### 4．奇异值分解

奇异值分解是线性代数中一种重要的矩阵分解，将一个矩阵分解为 3 个矩阵的乘积。numpy.linalg 模块中的 svd()函数可以对矩阵进行奇异值分解，返回 $U$、$Sigma$、$V$ 这 3 个矩阵。

其中，**U** 和 **V** 是正交矩阵，***Sigma*** 是一维矩阵，其元素为进行奇异值分解的矩阵的非零奇异值，可使用 dig()函数生成对角矩阵。示例代码如下：

```
import numpy as np
A = np.mat("4.0,11.0,14.0; 8.0,7.0,-2.0")
U, Sigma, V = np.linalg.svd(A, full_matrices=False)
```

执行结果如图 2-24 所示。

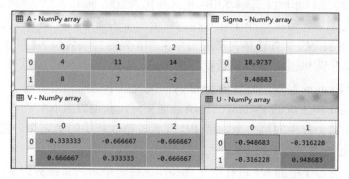

图 2-24

### 5. 计算矩阵行列式的值

矩阵行列式是指矩阵的全部元素构成的行列式，但构成行列式的矩阵为方阵时，行列式存在值。numpy.linalg 模块中的 det()函数可以计算矩阵行列式的值。示例代码如下：

```
import numpy as np
A = np.mat("3,4; 5,6")
A_value=np.linalg.det(A)
```

执行结果如图 2-25 所示。

| Name | Type | Size | Value |
|---|---|---|---|
| A | int32 | (2, 2) | matrix([[3, 4], [5, 6]]) |
| A_value | float64 | 1 | -1.999999999999… |

图 2-25

## 本章小结

本章介绍了 Python 用于科学计算的基础包 NumPy，包括如何导入和使用 NumPy 包创建数组，以及相关的数组运算、获得数组的尺寸、数组的四则运算与数学函数运算、数组的切片、数组连接和数据的存取、数组形态变换、数组元素的排序与搜索、矩阵及线性代数运算等相关知识。由于 NumPy 借鉴了 MATLAB 矩阵开发思路，故 NumPy 的数组创建、运算、切片、连接及存取、排序与搜索、矩阵及线性代数运算均与 MATLAB 的矩阵操作极为相似，如果读者具有一定的 MATLAB 基础，可以将其与 MATLAB 进行对比和细细品味，相信一定会有所收获。

## 本章练习

1．创建一个 Python 脚本，命名为 test1.py，实现以下功能。

（1）定义一个列表 list1=[1,2,4,6,7,8]，将其转化为数组 N1。

（2）定义一个元组 tup1=(1,2,3,4,5,6)，将其转化为数组 N2。

（3）利用内置函数，定义一个 1 行 6 列元素全为 1 的数组 N3。

（4）将 N1、N2、N3 垂直连接，形成一个 3 行 6 列的二维数组 N4。

（5）将 N4 保存为 Python 二进制数据文件（npy 格式）。

2．创建一个 Python 脚本，命名为 test2.py，实现以下功能。

（1）加载练习 1 中生成的 Python 二进制数据文件，获得数组 N4。

（2）提取 N4 第 1 行中的第 2 个、第 4 个元素，第 3 行中的第 1 个、第 5 个元素，组成一个新的二维数组 N5。

（3）将 N5 与练习 1 中的 N1 进行水平合并，生成一个新的二维数组 N6。

3．创建一个 Python 脚本，命名为 test3.py，实现以下功能。

（1）生成两个 2×2 矩阵，并计算矩阵的乘积。

（2）求矩阵 $A = \begin{pmatrix} 3 & -1 \\ -1 & 3 \end{pmatrix}$ 的特征值和特征向量。

（3）设有矩阵 $A = \begin{pmatrix} 4 & 11 & 14 \\ 8 & 7 & -2 \end{pmatrix}$，试对其进行奇异分解。

（4）设有行列式 $D = \begin{vmatrix} 4 & 6 & 8 \\ 4 & 6 & 9 \\ 5 & 6 & 8 \end{vmatrix}$，求其转置行列式 $D^T$，并计算 $D$ 和 $D^T$。

# 第 3 章 数据处理包 Pandas

第 2 章中我们介绍了数组的基本概念及相关数据操作方法。从数组的定义可以看出，数组中的元素要求同质，即数据类型相同，这对数据分析与挖掘来说具有较大的局限性。本章介绍数据分析与挖掘中功能更加强大的另外一个包：Pandas。它基于 NumPy 而构建，可以处理不同的数据类型，同时又有非常利于数据处理的数据结构：序列（Series）和数据框（DataFrame）。

本章我们主要介绍序列和数据框的创建、相关属性、主要方法访问、切片及运算。在数据读取方面，我们主要介绍了利用 Pandas 库中的函数读取外部文件的方法，包括 Excel 文件、TXT 文件及 CSV 文件的读取方法。在函数计算方面，我们主要介绍了几个滚动计算函数，包括滚动求平均值、滚动求和函数、滚动求最小值函数、滚动求最大值函数等。最后，我们也介绍了利用数据框进行数据合并与并联的数据操作方法。

## 3.1 Pandas 简介

Pandas 是基于 NumPy 开发的一个 Python 数据分析包，由 AQR Capital Management 开发，并于 2009 年底开源。Pandas 作为 Python 数据分析的核心包，提供了大量的数据分析函数，包括数据处理、数据抽取、数据集成、数据计算等基本的数据分析方式。Pandas 核心数据结构包括序列和数据框，序列存储一维数据，而数据框则可以存储更复杂的多维数据，这里主要介绍二维数据（类似于数据表）及其相关操作。Python 是面向对象的语言，序列和数据框本身是一种数据对象，因此序列和数据框有时也被称为序列对象和数据框对象，它们具有自身的属性和方法。

Pandas 简介、序列定义与操作

在 Anaconda 发行版中，Pandas 包已经集成在系统中，无须另外安装。在使用过程中直接导入该包即可，导入的命令为 import pandas as pd，其中 import 和 as 为关键词，pd 为其简称。在 Spyder 程序脚本编辑器中，导入 Pandas 包示例如图 3-1 所示。

事实上，Pandas 包是一种类库，Spyder 程序脚本编辑器提供了一种模糊搜索机制，方便程序的编写。比如通过包名称后面加“.”（即“pd.”）实现模糊搜索，可从下拉列表中选择所需的对象、方法或者属性，例如，图 3-1 所示脚本文件 temp.py 的第 4 行。

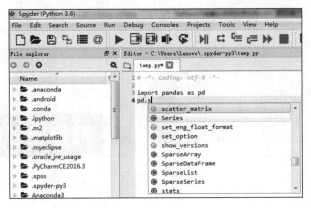

图 3-1

## 3.2 序列

序列是 Pandas 中非常重要的一个数据结构，由两部分组成，一部分是索引，另一部分是对应的值。序列不仅能实现一维数组的功能，还增加了丰富的数据操作与处理功能。下面分别介绍序列的创建及访问、属性、方法、切片和聚合运算等。

### 3.2.1 序列创建及访问

序列由索引和对应的值构成，在默认情况下索引从 0 开始按从小到大的顺序排列，每个索引对应一个值。可以通过指定列表、元组、数组创建默认序列，也可以通过指定索引创建个性化序列，还可以通过字典来创建序列，其中字典的键转化为索引，值即为序列的值。序列对象的创建通过 Pandas 包中的 Series()函数来实现。示例代码如下：

```
import pandas as pd          #导入 Pandas 库
import numpy as np           #导入 NumPy 库
s1=pd.Series([1,-2,2.3,'hq'])   #指定列表创建默认序列
s2=pd.Series([1,-2,2.3,'hq'],index=['a','b','c','d'])   #指定列表和索引，创建个性化序列
s3=pd.Series((1,2,3,4,'hq'))                  #指定元组创建默认序列
s4=pd.Series(np.array([1,2,4,7.1]))             #指定数组创建默认序列
#通过字典创建序列
mydict={'red':2000,'bule':1000,'yellow':500}   #定义字典
ss=pd.Series(mydict)                          #指定字典创建序列
```

执行结果如图 3-2 所示。

图 3-2

序列中的元素的访问方式非常简单，通过索引即可访问对应的元素值。例如，访问前面定义的序列 s1 和 s2 中元素的示例代码如下：

```
print(s1[3])
print(s2['c'])
```

执行结果如下：

```
hq
2.3
```

### 3.2.2　序列属性

序列有两个属性，分别为值和索引。通过序列中的 values 属性和 index 属性可以获取其内容。示例代码如下：

```
import pandas as pd
s1=pd.Series([1,-2,2.3,'hq'])      #创建序列 s1
va1=s1.values                      #获取序列 s1 中的值，赋给变量 va1
in1=s1.index                       #获取序列 s1 中的索引，赋给变量 in1
print(va1)                         #输出变量结果
print(in1)                         #输出变量结果
```

执行结果如下：

```
[1 -2 2.3 'hq']
RangeIndex(start=0, stop=4, step=1)
```

在 Spyder 中，我们可以在控制台看到 va1 和 in1 的输出结果，但是在变量资源管理器窗口却看不到这两个变量。事实上，它们是序列中的属性变量，属于内部值，不在资源管理器中展现。但是如何才能够实现在变量资源管理器窗口中查看它们呢？可以将它们转化为列表的形式。示例代码如下：

```
va2=list(va1)      #将 va1 变量通过 list 命令转化为列表，赋给变量 va2
in2=list(in1)      #将 in1 变量通过 list 命令转化为列表，赋给变量 in2
```

执行结果如图 3-3 所示。

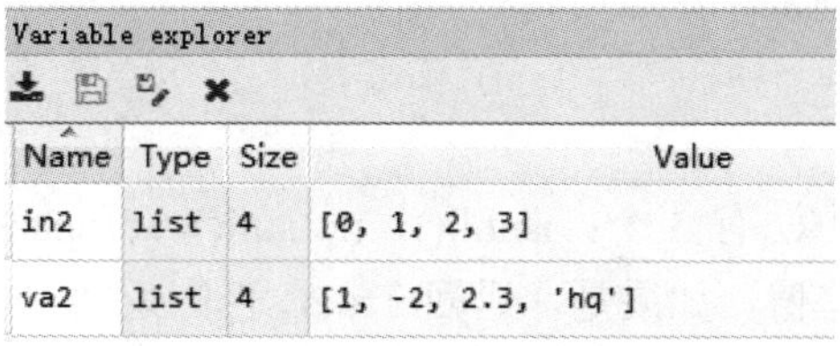

图 3-3

### 3.2.3　序列方法

#### 1．unique()

通过序列中的 unique()方法，可以去掉序列中重复的元素值，使元素值唯一。示例代码如下：

```
import pandas as pd
s5=[1,2,2,3,'hq','hq','he']      #定义列表 s5
s5=pd.Series(s5)                 #将定义的列表 s5 转换为序列
```

```
s51=s5.unique()                    #调用 unique()方法去重
print(s51)                         #输出结果
```
执行结果如下：
```
[1 2 3 'hq' 'he']
```

### 2．isin()

通过 isin()方法，可以判断元素值的存在性。如果存在，则返回 True；否则返回 False。例如，判断元素"0"和"he"是否存在于前面定义的 s5 序列中。示例代码如下：
```
s52=s5.isin([0,'he'])
print(s52)
```
执行结果如下：
```
0     False
1     False
2     False
3     False
4     False
5     False
6      True
dtype: bool
```

### 3．value_counts()

通过序列中的 value_counts()方法，可以统计序列元素值出现的次数。例如，统计 s5 序列中每个元素值出现的次数。示例代码如下：
```
s53=s5.value_counts()
```
执行结果如图 3-4 所示。

其中索引为原序列元素的值，其值部分为出现的次数。本方法在实际应用中，有时也起到与 unique()相同的效果，即去掉序列数据中的重复值，保障了数据的唯一性，而且获得了重复的次数，在金融数据处理中被广泛运用。

### 4．空值处理方法

在序列中处理空值的方法有 3 个：isnull()、notnull()、dropan()。它们的使用方法如下：isnull()判断序列中是否有空值，如果是，返回 True，否则返回 False；notnull()判断序列中是否有非空值，如果是，返回 True，否则返回 False，与 isnull()刚好相反；dropan()清洗序列中的空值，可以配合使用空值处理函数。示例代码如下：
```
import pandas as pd
import numpy as np
ss1=pd.Series([10,'hq',60,np.nan,20])  #定义序列 ss1，其中 np.nan 为空值（nan 值）
tt1=ss1[~ss1.isnull()]     #~为取反，采用逻辑数组进行索引获取数据
```
执行结果如图 3-5 所示。

在以上代码的后面继续输入如下示例代码：
```
tt2=ss1[ss1.notnull()]
tt3=ss1.dropna()
```
tt2 和 tt3 的执行结果与 tt1 一样。

图 3-4

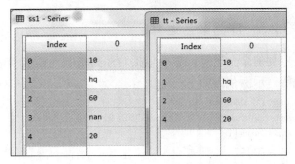

图 3-5

### 3.2.4 序列切片

序列元素的访问是通过索引完成的，切片即连续或者间断地批量获取序列中的元素，可以通过给定一组索引来实现切片的访问。一般地，给定的一组索引可以用列表或者逻辑数组来表示。示例代码如下：

```
import pandas as pd
import numpy as np
s1=pd.Series([1,-2,2.3,'hq'])
s2=pd.Series([1,-2,2.3,'hq'],index=['a','b','c','d'])
s4=pd.Series(np.array([1,2,4,7.1]))
s22=s2[['a','d']]              #取索引号为字符a、b的元素
s11=s1[0:2]                    #索引为连续的数组
s12=s1[[0,2,3]]                #索引为不连续的数组
s41=s4[s4>2]                   #索引为逻辑数组
print(s22)
print('-'*20)
print(s11)
print('-'*20)
print(s12)
print('-'*20)
print(s41)
```

执行结果如下：

```
a    1
d    hq
dtype: object
--------------------
0    1
1    -2
dtype: object
--------------------
0    1
2    2.3
3    hq
dtype: object
--------------------
2    4.0
3    7.1
dtype: float64
```

### 3.2.5 序列聚合运算

序列的聚合运算，主要包括对序列中的元素求和、平均值、最大值、最小值、方差、标准差等。示例代码如下：

```
import pandas as pd
s=pd.Series([1,2,4,5,6,7,8,9,10])
su=s.sum()    #求和
sm=s.mean()   #求平均值
ss=s.std()    #求标准差
smx=s.max()   #求最大值
smi=s.min()   #求方差
SV=S.Var
```

执行结果如图 3-6 所示。

| Name | Type | Size | Value |
|------|------|------|-------|
| s | Series | (9,) | Series object of pandas.core.series module |
| sm | float | 1 | 5.777777777777778 |
| smi | int64 | 1 | 1 |
| smx | int64 | 1 | 10 |
| ss | float | 1 | 3.0731814857642954 |
| su | int | 1 | 52 |
| sv | float | 1 | 9.444444444444443 |

图 3-6

## 3.3 数据框

数据框定义与操作

Pandas 中另一个重要的数据对象为数据框，由多个序列按照相同的索引组织在一起形成一个二维表。事实上，数据框的每一列为序列。数据框的属性包括 index、列名和 Valuse。由于数据框是更为广泛的一种数据组织形式，在将外部数据文件读取到 Python 中时大部分会采用数据框的形式进行存取，如数据库、Excel 和 TXT 文件。同时数据框也提供了极为丰富的方法用于处理数据和完成计算任务。数据框是 Python 完成数据分析与挖掘任务的重要数据结构之一，下面我们主要介绍数据框的创建、属性、方法及切片等内容。

### 3.3.1 数据框创建

基于字典，利用 Pandas 中的 DataFrame()函数，可以创建数据框。其中字典的键转化为列名，字典的值转化为列值，而索引为默认值，即从 0 开始由小到大排列。示例代码如下：

```
import pandas as pd
import numpy as np
data={'a':[2,2,np.nan,5,6],'b':['kl','kl','kl',np.nan,'kl'],'c':[4,6,5,np.nan,6],'d':[7,9,np.nan,9,8]}
df=pd.DataFrame(data)
```

执行结果如图 3-7 所示。

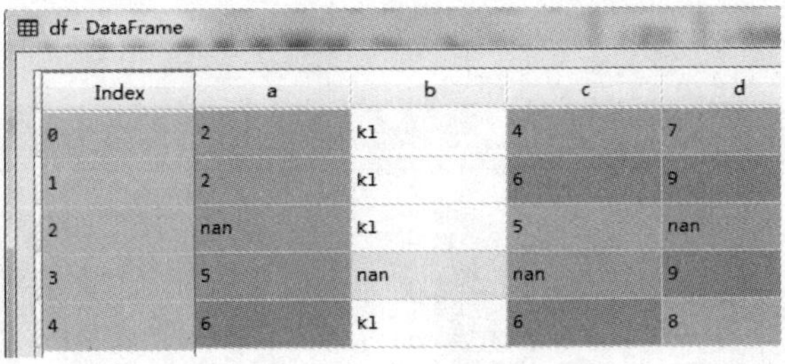

图 3-7

### 3.3.2　数据框属性

数据框对象具有 3 个属性，分别为列名、索引和值。例如，3.3.1 小节定义的数据框 df，可以通过以下示例代码获取并输出其属性结果：

```
print('columns= ')
print(df.columns)
print('-'*50)
print('index= ')
print(df.index)
print('-'*50)
print('values= ')
print(df.values)
```

输出结果如下：

```
columns=
Index(['a', 'b', 'c', 'd'], dtype='object')
--------------------------------------------------
index=
RangeIndex(start=0, stop=5, step=1)
--------------------------------------------------
values=
[[2.0 'kl' 4.0 7.0]
 [2.0 'kl' 6.0 9.0]
 [nan 'kl' 5.0 nan]
 [5.0 nan nan 9.0]
 [6.0 'kl' 6.0 8.0]]
```

### 3.3.3　数据框方法

数据框作为数据挖掘分析的重要数据结构，提供了非常丰富的方法用于数据处理及计算。下面介绍其常用的方法，包括去掉空值（nan 值）、对空值进行填充、按值进行排序、按索引进行排序、取前 *n* 行数据、删除列、数据框之间的水平连接、数据框转化为 NumPy 数组、数据导出到 Excel 文件、相关统计分析等。

#### 1．dropna()

通过 dorpna()方法，可以去掉数据集中的空值，需要注意的是原来的数据集不会发生改变，新数据集需要重新定义。以 3.3.1 小节定义的数据框 df 为例，示例代码如下：

```
df1=df.dropna()
```

执行结果如图 3-8 所示。

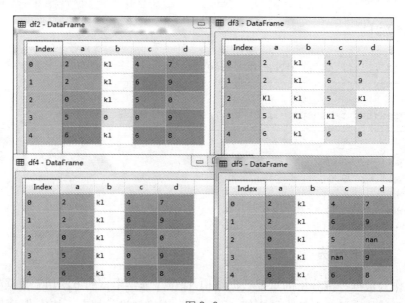

图 3-8

### 2. fillna()

通过 fillna()方法，可以对数据框中的空值进行填充。默认情况下所有空值可以填充同一个元素值（数值或者字符串），也可以指定不同的列填充不同的值。以 3.3.1 小节定义的数据框 df 为例，示例代码如下：

```
df2=df.fillna(0)                    #所有空值元素填充 0
df3=df.fillna('Kl')                 #所有空值元素填充 kl
df4=df.fillna({'a':0,'b':'kl','c':0,'d':0})    #全部列填充
df5=df.fillna({'a':0,'b':'kl'})               #部分列填充
```

执行结果如图 3-9 所示。

图 3-9

### 3. sort_values()

通过 sort_values()方法，可以指定列按值进行排序。示例代码如下：

```
import pandas as pd
data={'a':[5,3,4,1,6],'b':['d','c','a','e','q'],'c':[4,6,5,5,6]}
Df=pd.DataFrame(data)
Df1=Df.sort_values('a',ascending=False) #默认按升序，这里设置为降序
```

执行结果如图 3-10 所示。

Df - DataFrame

| Index | a | b | c |
|---|---|---|---|
| 0 | 5 | d | 4 |
| 1 | 3 | c | 6 |
| 2 | 4 | a | 5 |
| 3 | 1 | e | 5 |
| 4 | 6 | q | 6 |

Df1 - DataFrame

| Index | a | b | c |
|---|---|---|---|
| 4 | 6 | q | 6 |
| 0 | 5 | d | 4 |
| 2 | 4 | a | 5 |
| 1 | 3 | c | 6 |
| 3 | 1 | e | 5 |

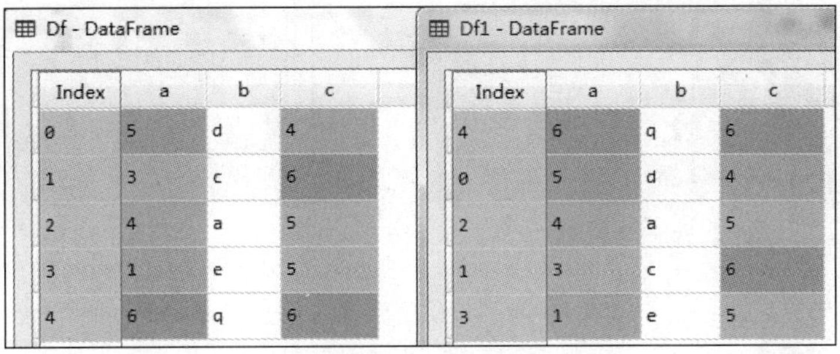

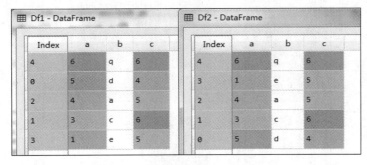

图 3-10

### 4．sort_index()

有时候需要按索引进行排序，这时候可以使用 sort_index()方法。以前面定义的 Df1 为例，示例代码如下：

```
Df2=Df1.sort_index(ascending=False)  #默认按升序，这里设置为降序
```

执行结果如图 3-11 所示。

Df1 - DataFrame

| Index | a | b | c |
|---|---|---|---|
| 4 | 6 | q | 6 |
| 0 | 5 | d | 4 |
| 2 | 4 | a | 5 |
| 1 | 3 | c | 6 |
| 3 | 1 | e | 5 |

Df2 - DataFrame

| Index | a | b | c |
|---|---|---|---|
| 4 | 6 | q | 6 |
| 3 | 1 | e | 5 |
| 2 | 4 | a | 5 |
| 1 | 3 | c | 6 |
| 0 | 5 | d | 4 |

图 3-11

### 5．head()

通过 head(n)方法，可以取数据集中的前 *n* 行。例如，取前面定义的数据框 Df2 中的前 4 行，示例代码如下：

```
H4=Df2.head(4);
```

执行结果如图 3-12 所示。

### 6．drop()

通过 dorp()方法，可以删掉数据集中的指定列。例如，删除前面定义的 H4 中的 b 列，示例代码如下：

```
H41=H4.drop('b',axis=1) #需指定轴为 1
```

执行结果如图 3-13 所示。

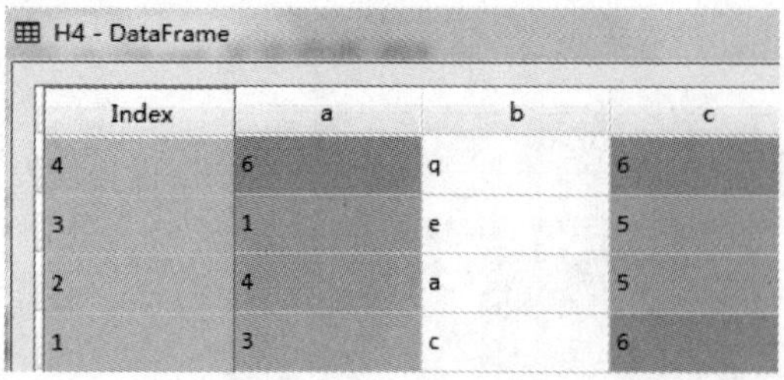

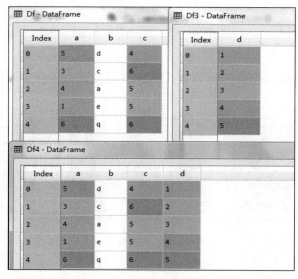

H4 - DataFrame

| Index | a | b | c |
|---|---|---|---|
| 4 | 6 | q | 6 |
| 3 | 1 | e | 5 |
| 2 | 4 | a | 5 |
| 1 | 3 | c | 6 |

图 3-12

H41 - DataFrame

| Index | a | c |
|---|---|---|
| 4 | 6 | 6 |
| 3 | 1 | 5 |
| 2 | 4 | 5 |
| 1 | 3 | 6 |

图 3-13

### 7. join()

通过 join()方法，可以实现两个数据框之间的水平连接。示例代码如下：

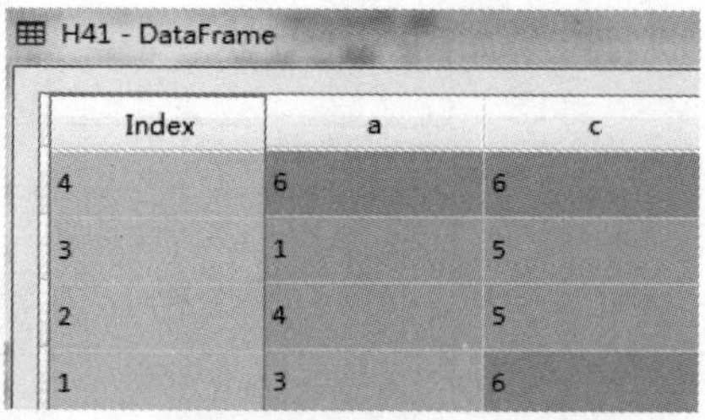

```
Df3=pd.DataFrame({'d':[1,2,3,4,5]})
Df4=Df.join(Df3)
```

执行结果如图 3-14 所示。

Df - DataFrame

| Index | a | b | c |
|---|---|---|---|
| 0 | 5 | d | 4 |
| 1 | 3 | c | 6 |
| 2 | 4 | a | 5 |
| 3 | 1 | e | 5 |
| 4 | 6 | q | 6 |

Df3 - DataFrame

| Index | d |
|---|---|
| 0 | 1 |
| 1 | 2 |
| 2 | 3 |
| 3 | 4 |
| 4 | 5 |

Df4 - DataFrame

| Index | a | b | c | d |
|---|---|---|---|---|
| 0 | 5 | d | 4 | 1 |
| 1 | 3 | c | 6 | 2 |
| 2 | 4 | a | 5 | 3 |
| 3 | 1 | e | 5 | 4 |
| 4 | 6 | q | 6 | 5 |

图 3-14

### 8. as_matrix()

通过 as_matrix()方法，可以将数据框转换为 NumPy 数组的形式，便于系统调用，特别是在数据框中的数据全为数值数据时更为有效。示例代码如下：

```
import pandas as pd
list1=['a','b','c','d','e','f']
list2=[1,2,3,4,5,6]
list3=[1.4,3.5,2,6,7,8]
list4=[4,5,6,7,8,9]
list5=['t',5,6,7,'k',9.6]
D={'M1':list1,'M2':list2,'M3':list3,'M4':list4,'M5':list5}
                                                  #定义字典 D，值为字符、数值混合数据
G={'M1':list2,'M2':list3,'M3':list4}              #定义字典 G，值为纯数值数据
D=pd.DataFrame(D)                                 #将字典 D 转化为数据框
```

```
D1=D.as_matrix()            #将数据框 D 转化为 NumPy 数组 D1
G=pd.DataFrame(G)           #将字典 G 转化为数据框
G1=G.as_matrix()            #将数据框 G 转化为 NumPy 数组 G1
```

执行结果如图 3-15 所示。

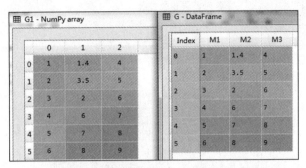

图 3-15

而 D 不是纯的数值数据，转换后的 NumPy 数组在 Spyder 变量资源管理器窗口中无法查看，但可以输出在控制台窗口中查看，通过 print(D1)输出以下结果：

```
[['a' 1 1.4 4 't']
 ['b' 2 3.5 5 5]
 ['c' 3 2.0 6 6]
 ['d' 4 6.0 7 7]
 ['e' 5 7.0 8 'k']
 ['f' 6 8.0 9 9.6]]
```

因此，如果数据框中的数据为纯数值时，将数据框转换为 NumPy 数组，使用起来将更加方便。

### 9. to_excel()

Excel 作为常用的数据处理软件，在日常工作中经常被用到。通过 to_excel()方法，可以将数据框导出到 Excel 文件中。例如，将前面定义的 D 和 G 两个数据框导出到 Excel 文件中。示例代码如下：

```
D.to_excel('D.xlsx')
G.to_excel('G.xlsx')
```

执行结果如图 3-16 所示。

| | M1 | M2 | M3 | M4 | M5 | | M1 | M2 | M3 |
|---|---|---|---|---|---|---|---|---|---|
| 0 | a | 1 | 1.4 | 4 | t | 0 | 1 | 1.4 | 4 |
| 1 | b | 2 | 3.5 | 5 | 5 | 1 | 2 | 3.5 | 5 |
| 2 | c | 3 | 2 | 6 | 6 | 2 | 3 | 2 | 6 |
| 3 | d | 4 | 6 | 7 | 7 | 3 | 4 | 6 | 7 |
| 4 | e | 5 | 7 | 8 | k | 4 | 5 | 7 | 8 |
| 5 | f | 6 | 8 | 9 | 9.6 | 5 | 6 | 8 | 9 |

图 3-16

### 10．统计方法

可以对数据框中各列求和、求平均值或者做描述性统计，以前面定义的 Df4 为例，示例

53

代码如下：

```
Dt=Df4.drop('b',axis=1)     #Df4 中删除 b 列
R1=Dt.sum()                 #各列求和
R2=Dt.mean()                #各列求平均值
R3=Dt.describe()            #各列做描述性统计
```

执行结果如图 3-17 所示。

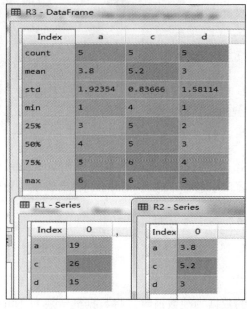

图 3-17

### 3.3.4　数据框切片

#### 1．利用数据框中的 iloc 属性进行切片

与数组切片类似，利用数据框中的 iloc 属性可以实现下标值或者逻辑值定位索引，并进行切片操作。假设 DF 为待访问或切片的数据框，则访问或者切片的数据为 DF.iloc[①,②]。其中①为对 DF 的行下标控制，②为对 DF 的列下标控制。行下标和列下标控制通过数值列表来实现，需要注意的是列表中的元素不能超出 DF 中的最大行数和最大列数。为了更灵活地操作数据，获取所有数据的行或者列，可以用"："来实现。同时，行控制还可以通过逻辑列表来实现。以 3.3.3 小节中定义的 df2 为例，示例代码如下：

```
# iloc for positional indexing
c3=df2.iloc[1:3,2]
c4=df2.iloc[1:3,0:2]
c5=df2.iloc[1:3,:]
c6=df2.iloc[[0,2,3],[1,2]]
TF=[True,False,False,True,True]
c7=df2.iloc[TF,[1]]
```

执行结果如图 3-18 所示。

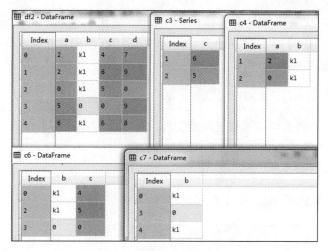

图 3-18

### 2．利用数据框中的 loc 属性进行切片

数据框中的 loc 属性主要基于列标签进行索引，即对列值进行筛选实现行定位，再通过指定列，从而实现数据切片操作。如果获取数据的所有列，可以用 ":" 来表示。切片操作获得的数据还可以筛选前 *n* 行。示例代码如下：

```
# loc for label based indexing
c8=df2.loc[df2['b'] == 'kl',:];
c9=df2.loc[df2['b'] == 'kl',:].head(3);
c10=df2.loc[df2['b'] == 'kl',['a','c']].head(3);
c11=df2.loc[df2['b'] == 'kl',['a','c']];
```

执行结果如图 3-19 所示。

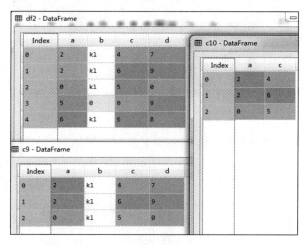

图 3-19

## 3.4 外部文件读取

在数据分析与挖掘中，业务数据大多存储在外部文件中，如 Excel、TXT 和 CSV 等，因

此，需要将外部文件读取到 Python 中进行分析。Pandas 包提供了非常丰富的函数来读取各种类型的外部文件，下面介绍 Excel、TXT 和 CSV 文件的读取。

### 3.4.1 Excel 文件读取

通过 read_excel()函数可以读取 Excel 文件，可以读取指定的工作簿（Sheet），也可以设置读取有表头或无表头的数据表。示例代码如下：

```
path='一、车次上车人数统计表.xlsx';
data=pd.read_excel(path);
```

执行结果如图 3-20 所示。

图 3-20

读取 Sheet2 里的数据。示例代码如下：

```
data=pd.read_excel(path,'Sheet2')  #读取 Sheetz 里面的数据
```

执行结果如图 3-21 所示。

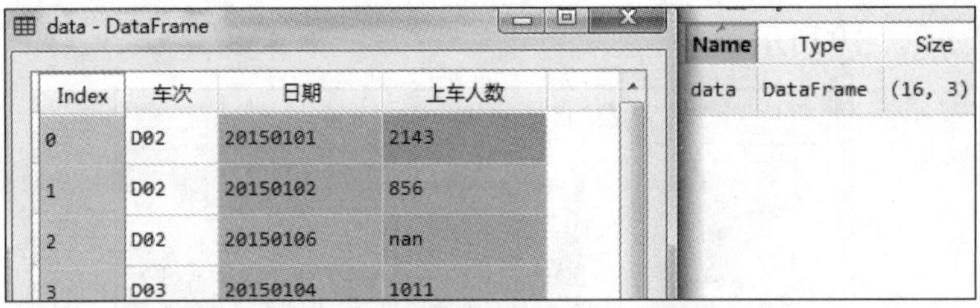

图 3-21

有时候数据表中没有设置字段，即无表头。示例代码如下：

```
dta=pd.read_excel('dta.xlsx',header=None)  #无表头
```

执行结果如图 3-22 所示。

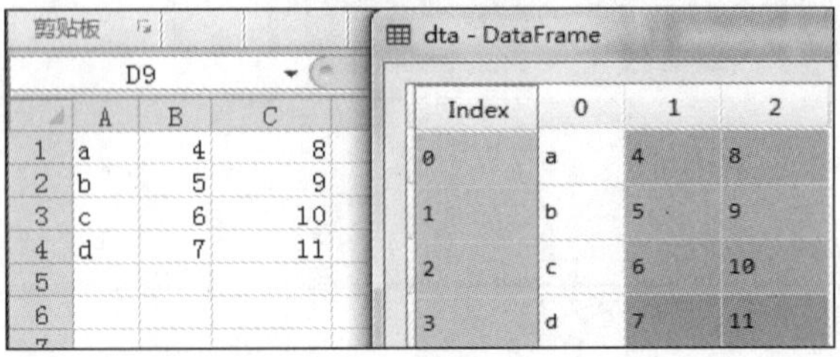

图 3-22

## 3.4.2　TXT 文件读取

通过 read_table()函数可以读取 TXT 文件。需要注意的是 TXT 文件中数据列之间会使用特殊字符作为分隔，常见的有 Tab 键、空格和逗号。同时还需注意有些文本数据文件是没有设置表头的。示例代码如下：

```
import pandas as pd
dta1=pd.read_table('txt1.txt',header=None)   #分隔默认为 Tab 键，设置无表头
```

执行结果如图 3-23 所示。

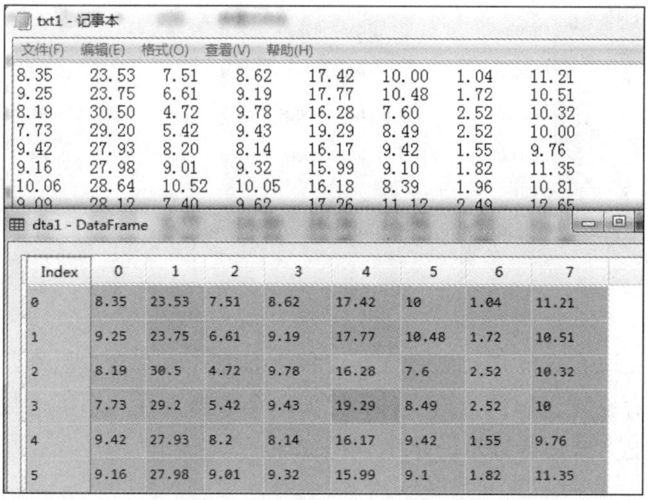

图 3-23

```
dta2=pd.read_table('txt2.txt',sep='\s+')                #分隔为空格，带表头
```

执行结果如图 3-24 所示。

```
dta3=pd.read_table('txt3.txt',sep=',',header=None)   #分隔为逗号，设置无表头
```

执行结果如图 3-25 所示。

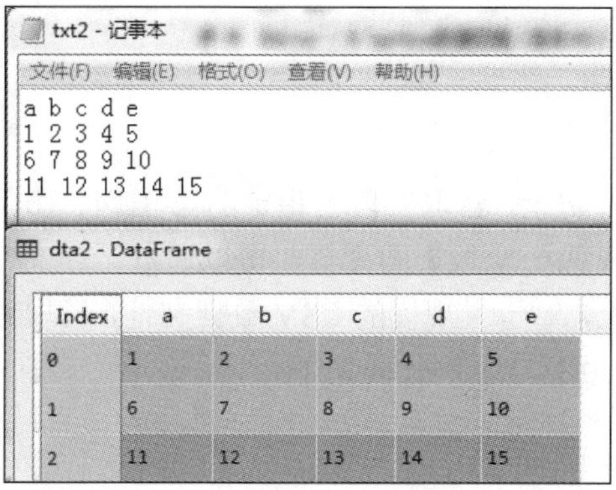

图 3-24                                            图 3-25

## 3.4.3　CSV 文件读取

CSV 文件也是一类广泛使用的外部数据文件，特别是大规模的数据文件尤为常见。对于

大规模的数据我们采用分块读取的方法。对于一般的 CSV 数据文件可以通过 read_csv()函数读取，示例代码如下：

```
import pandas as pd
A=pd.read_csv('data.csv',sep=',');#逗号分隔
```

执行结果如图 3-26 所示。

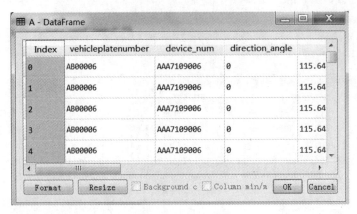

图 3-26

可以看出，其读取方式与 Excel、TXT 文件读取方式没有多少区别，但是要特别注意的是，CSV 文件可以存储大规模的数据文件，比如单个数据文件大小可达数 GB、数十 GB，这时候可以采用分块的方式进行读取。示例代码如下：

```
import pandas as pd
reader=pd.read_csv('data.csv',sep=',',chunksize=50000,usecols=[3,4,10])
k=0
for A in reader:
    k=k+1
    print('第'+str(k)+'次读取数据规模为: ',len(A))
```

执行结果如下：

```
第 1 次读取数据规模为:   50000
第 2 次读取数据规模为:   50000
第 3 次读取数据规模为:   33699
```

本案例介绍了对数据文件每次读取 50000 行记录，读取字段为指定的第 3、4、10 列，不足 50000 行的，按实际数据量读取。其中 reader 为一个数据阅读器，可以通过循环的方式依次把每次读取的数据取出来并进行处理。实际上，对于大规模的 CSV 数据文件，读取该文件的部分数据也是很有必要的，比如读取其前 1000 行，示例代码如下：

```
import pandas as pd
A=pd.read_csv('data.csv',sep=',',nrows=1000)
```

## 3.5  常用函数

Pandas 包除了提供序列、数据框的数据存储及操作方法之外，还提供丰富的函数，比如 3.4 节介绍的外部文件读取函数，本节另外介绍一些常用的数据计算及处理函数，包括滚动计

算函数、数据合并和关联函数。

常用函数

### 3.5.1 滚动计算函数

常用的滚动计算函数有滚动求平均值函数 rolling_mean()、滚动求和函数 rolling_sum()、滚动求最小值函数 rolling_min()、滚动求最大值函数 rolling_max()等。滚动计算函数在金融数据处理中的应用非常广泛，如移动平均价、移动平均量等计算。下面我们对这几个函数进行详细介绍。

滚动求平均值函数的调用形式为 rolling_mean(P,N)，其中 P 为待求的数据列，N 为滚动计算的长度。这里 P 可以是 NumPy 数组或者序列数据结构，但是不能是列表或者元组，示例代码如下：

```
import pandas as pd
import numpy as np
L=[1,2,3,4,5,6,7,8,9,10,11,12,13,14,15]  #列表
T=(1,2,3,4,5,6,7,8,9,10,11,12,13,14,15)  #元组
A=np.array(L)              #将列表 L 转换为数组，赋给变量 A
S=pd.Series(L)             #将列表 L 转换为序列，赋给变量 S
#avg_L=pd.rolling_mean(L,10)   #报错
#avg_T=pd.rolling_mean(T,10)   #报错
avg_S=pd.rolling_mean(S,10)
avg_A=pd.rolling_mean(A,10)
```

执行结果如图 3-27 所示。

其中输入的数据结构为 NumPy 数组，返回结果也为 NumPy 数组；如果输入的数据结构为序列形式，返回结果也为序列。从返回的结果可以看出，未在滚动计算周期内的数据，返回结果均采用空值来表示，在应用的过程中需要注意把这些数据清洗掉。

同理，还有滚动求和函数 rolling_sum(P,N)、滚动求最小值函数 rolling_min(P,N)和滚动求最大值函数 rolling_max(P,N)，示例代码如下：

```
sum_S=pd.rolling_sum(S,10)
sum_A=pd.rolling_sum(A,10)
Min_S=pd.rolling_min(S,10)
Min_A=pd.rolling_min(A,10)
Max_S=pd.rolling_max(S,10)
Max_A=pd.rolling_max(A,10)
```

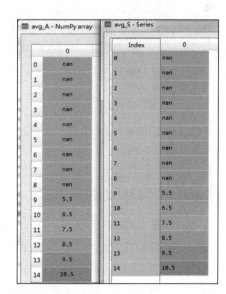
图 3-27

### 3.5.2 数据框合并函数

对两个数据框进行水平合并、垂直合并是数据处理与整合中常见的操作，这里介绍 concat()函数，可以通过设置轴（Axis）为 1 或 0 实现。为了保持数据的规整性，一般情况下水平合并要求两个数据框的行数相同，而垂直合并要求两个数据框的字段名称相同，同时垂直合并后的数据框的index属性伴随原来的数据框，可以重新设置index属性而保障其连贯性。示例代码如下：

```
import pandas as pd
```

```
import numpy as np
dict1={'a':[2,2,'kt',6],'b':[4,6,7,8],'c':[6,5,np.nan,6]}
dict2={'d':[8,9,10,11],'e':['p',16,10,8]}
dict3={'a':[1,2],'b':[2,3],'c':[3,4],'d':[4,5],'e':[5,6]}
df1=pd.DataFrame(dict1)
df2=pd.DataFrame(dict2)
df3=pd.DataFrame(dict3)
del dict1,dict2,dict3
df4=pd.concat([df1,df2],axis=1)#水平合并
df5=pd.concat([df3,df4],axis=0)#垂直合并，有相同的列名，index属性伴随原数据框
df5.index=range(6)  #重新设置index属性
```

执行结果如图 3-28 所示。

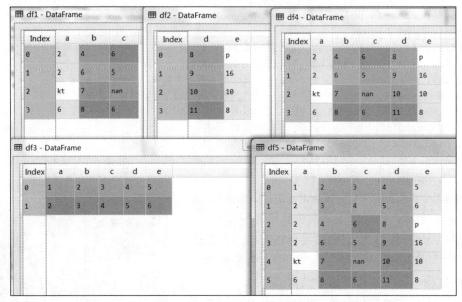

图 3-28

### 3.5.3  数据框关联函数

前文介绍了两个数据框之间的水平合并、垂直合并操作方法。除此之外，在数据处理中也经常会遇到数据框之间的关联操作，它们类似于数据库中的 SQL 关联操作语句，比如指定关联字段之后进行的内连接（Inner Join）、左连接（Left Join）和右连接（Right Join）等数据操作。其中内连接，可以理解为对两个指定数据框中的关联字段取交集进行连接操作，而左（右）连接则是以左（右）边的数据框关联字段为基准的连接操作。示例代码如下：

```
import pandas as pd
#定义两个字典
dict1={'code':['A01','A01','A01','A02','A02','A02','A03','A03'],
       'month':['01','02','03','01','02','03','01','02'],
       'price':[10,12,13,15,17,20,10,9]}
dict2={'code':['A01','A01','A01','A02','A02','A02'],
       'month':['01','02','03','01','02','03'],
       'vol':[10000,10110,20000,10002,12000,21000]}
```

```
#对两个字典转换为数据框
df1=pd.DataFrame(dict1)
df2=pd.DataFrame(dict2)
del dict1,dict2
df_inner=pd.merge(df1,df2,how='inner',on=['code','month'])    #内连接
df_left=pd.merge(df1,df2,how='left',on=['code','month'])      #左连接
df_right=pd.merge(df1,df2,how='right',on=['code','month'])    #右连接
```

执行结果如图 3-29 所示。

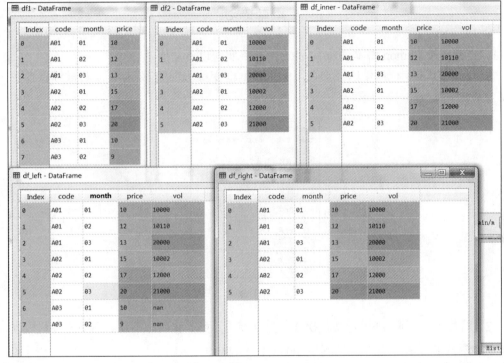

图 3-29

## 本章小结

本章介绍了 Python 数据分析与挖掘中最重要的包之一——Pandas。主要内容包括 Pandas 包的导入和使用方法、Pandas 包中两个非常重要的数据结构序列和数据框，以及相关的访问、切片和计算。值得注意的是，读者需要掌握数据框、序列和 NumPy 数组之间的关系。从数据框中取出一列变为序列。取序列中的 values 属性得到序列的值，该序列其实是 NumPy 数组。从数据框中切片得到多个数据列，各数据列仍然是数据框。取数据框中的 values 属性得到数据框中的元素值，也是一个 NumPy 数组。如果数据框中的元素是纯数值类型，可以通过 as_matrix()函数直接将其转换为 NumPy 数组，这样在计算和使用时更加方便。同时我们还应该注意数据框与外部文件的读写，特别是 Excel、CSV 文件，它为制作数据报表提供了极大的便利。在程序编写过程中，我们还应该注意不同数据类型之间的转换。例如，字典可以转换为数据框，其中字典的键转化为数据框中的列名，字典的值转化为数据框中的元素值，

而字典的值可以是列表或者数组。这样就实现了列表、字典、数组、序列、数据框等各种数据类型和数据结构之间的相互转化，从而完成各种计算任务。事实上，不同数据结构的相互转化也是一种非常重要的编程技能和应用技巧，在案例篇中会有具体应用，请读者注意领会。在本章的最后还介绍了 Pandas 包中外部文件的读取方法和利用 Pandas 包中的函数完成数据计算与整合任务的方法。Pandas 包的内容非常丰富，本章只介绍了基本内容，更多的内容请读者查找相关文献或者借助网络资源进行学习。

## 本章练习

1．创建一个 Python 脚本，命名为 test1.py，实现以下功能。

（1）读取以下 4 位同学的成绩，用一个数据框变量 pd 进行保存，并将成绩保存在一个 TXT 文件中，如图 3-30 所示。

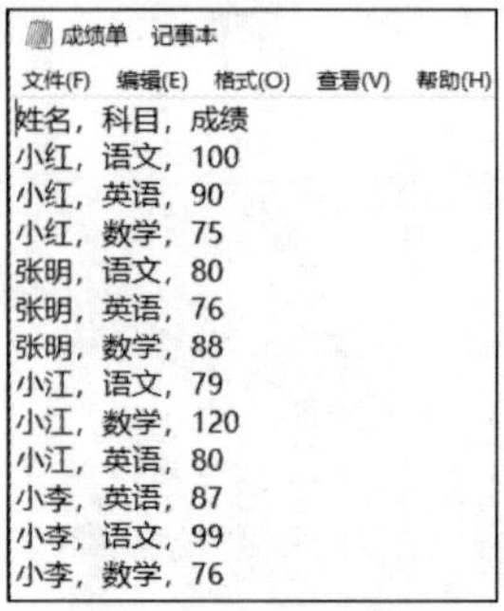
成绩单 - 记事本
文件(F) 编辑(E) 格式(O) 查看(V) 帮助(H)
姓名，科目，成绩
小红，语文，100
小红，英语，90
小红，数学，75
张明，语文，80
张明，英语，76
张明，数学，88
小江，语文，79
小江，数学，120
小江，英语，80
小李，英语，87
小李，语文，99
小李，数学，76

图 3-30

（2）对数据框变量 pd 进行切片操作，分别获得小红、张明、小江、小李的各科成绩，它们是 4 个数据框变量，分别记为 pd1、pd2、pd3、pd4。

（3）利用数据框中自身的聚合计算方法，计算并获得每个同学各科成绩的平均分，记为 M1、M2、M3、M4。

2．创建一个 Python 脚本，命名为 test2.py，实现以下功能。

（1）读取以下 Excel 表格的数据并用一个数据框变量 df 保存，数据内容如表 3-1 所示。

表 3-1

| 股票代码 | 交易日期 | 收盘价（元） | 交易量 |
|---|---|---|---|
| 600000 | 2017-01-03 | 16.3 | 16237125 |
| 600000 | 2017-01-04 | 16.33 | 29658734 |
| 600000 | 2017-01-05 | 16.3 | 26437646 |
| 600000 | 2017-01-06 | 16.18 | 17195598 |
| 600000 | 2017-01-09 | 16.2 | 14908745 |
| 600000 | 2017-01-10 | 16.19 | 7996756 |
| 600000 | 2017-01-11 | 16.16 | 9193332 |
| 600000 | 2017-01-12 | 16.12 | 8296150 |

| 股票代码 | 交易日期 | 收盘价（元） | 交易量 |
|---|---|---|---|
| 600000 | 2017-01-13 | 16.27 | 19034143 |
| 600000 | 2017-01-16 | 16.56 | 53304724 |
| 600000 | 2017-01-17 | 16.4 | 12555292 |
| 600000 | 2017-01-18 | 16.48 | 11478663 |
| 600000 | 2017-01-19 | 16.54 | 12180687 |
| 600000 | 2017-01-20 | 16.6 | 14288268 |

（2）对 df 第 3 列、第 4 列进行切片，切片后得到一个新的数据框记为 df1，并对 df1 利用自身的方法转换为 NumPy 数组 Nt。

（3）基于 df 第 2 列，构造一个逻辑数组 TF，即满足交易日期小于等于 2017-01-16 且大于等于 2017-01-05 为真，否则为假。

（4）以逻辑数组 TF 为索引，取数组 Nt 中的第 2 列交易量数据并求和，记为 S。

此处图标位置

第 **4** 章　数据可视化包 **Matplotlib**

数据可视化是数据分析与挖掘中一个非常重要的任务。数据可视化是通过各种类型的图像来展现数据的分析结果或者分析过程，从而提高分析的效率和可读性。本章将介绍 Python 中用于数据可视化的一个非常重要的包——Matplotlib，并通过 Matplotlib 包中的 pyplot 模块，实现常见图像的绘制，如散点图、线性图、柱状图、直方图、饼图、箱线图及子图。

## 4.1　Matplotlib 绘图基础

Matplotlib 是 Python 中的一个二维绘图包，能够非常简单地实现数据可视化。Matplotlib 最早由 John Hunter 启动开发，其目的是构建"MATLAB 式"的绘图函数接口。下面将详细介绍 Matplotlib 图像构成、Matplotlib 绘图基本流程、中文字符显示、坐标轴字符刻度标注等基本绘图知识。

### 4.1.1　Matplotlib 图像构成

Matplotlib 图像大致可以分为以下 4 个层次结构。

（1）画板（Canvas）。位于最底层，导入 Matplotlib 包时就自动存在。

（2）画布（Figure）。建立在 canvas 之上，从这一层就能开始设置其参数。

（3）子图（Axes）。将 figure 分成不同块，实现分面绘图。

（4）图表信息（构图元素）。添加或修改 axes 上的图形信息，优化图表的显示效果。

为了方便快速绘图，Matplotlib 的 pyplot 模块提供了一套和 MATLAB 类似的 API，将包含众多绘图对象的复杂结构隐藏在 API 中，这些绘图对象对应一些图形的图形元素（如坐标轴、曲线、文字等），pyplot 模块给每个绘图对象分配函数，以此对该图形元素进行操作，而不影响其他元素。创建好画布后，只需调用 pyplot 模块提供的函数，仅几行代码就可以实现添加、修改图形元素或在原有图形上绘制新图形。

Matplotlib 绘
图基本方法

### 4.1.2　Matplotlib 绘图基本流程

Anaconda 发行版已经集成了 Matplotlib 包，直接导入 pyplot 模块就可以使用了，命令为 import matplotlib.pyplot as plt，如图 4-1 所示。

图 4-1 所示为 temp.py 脚本文件中导入了 Matplotlib 包的 pyplot 模块，简

称为 plt。导入 pyplot 模块后就可以绘图了，利用 pyplot 模块绘图的基本流程如图 4-2 所示。

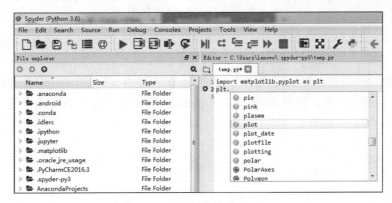

图 4-1

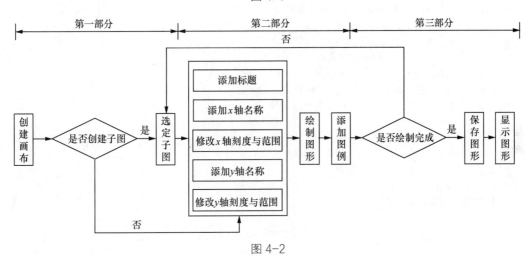

图 4-2

首先是创建画布与子图。第一部分主要是创建一张空白的画布，如果需要同时展示几个图形，可将画布划分为多个部分，再使用对象方法完成其余的工作。示例代码如下：

```
plt.figure(1)              #创建第一个画布
plt.subplot(2,1,1)          #把画布划分为 2×1 图形阵，选择第 1 张图片
```

其次是添加画布内容。第二部分是绘图的主体部分。添加标题、坐标轴名称等步骤与绘制图形是并列的，没有先后顺序，可以先绘制图形，也可以先添加各类标签，但是添加图例一定要在绘制图形之后。pyplot 模块中添加各类标签的常用函数如表 4-1 所示。

表 4-1                        pyplot 模块中添加各类标签的常用函数

| 函数名称 | 函数作用 |
| --- | --- |
| title | 在当前图形中添加标题，可以指定标题的名称、位置、颜色、字体大小等参数 |
| xlabel | 在当前图形中添加 $x$ 轴名称，可以指定位置、颜色、字体大小等参数 |
| ylabel | 在当前图形中添加 $y$ 轴名称，可以指定位置、颜色、字体大小等参数 |
| xlim | 指定当前图形 $x$ 轴的范围，只能确定一个数值区间，无法使用字符串标识 |
| ylim | 指定当前图形 $y$ 轴的范围，只能确定一个数值区间，无法使用字符串标识 |
| xticks | 指定 $x$ 轴刻度的数目与取值 |

| 函数名称 | 函数作用 |
| --- | --- |
| yticks | 指定 $y$ 轴刻度的数目与取值 |
| legend | 指定当前图形的图例，可以指定图例的大小、位置、标签 |

最后是图形保存与展示（第三部分）。在绘制图形之后，可使用 matplotlib.pyplot.savefig() 函数保存图片到指定路径，使用 matplotlib.pyplot.show() 函数展示图片。综合整体流程绘制函数 "y=x^2" 与 "y=x" 图像。示例代码如下：

```python
import matplotlib.pyplot as plt
import numpy as np
plt.figure(1)  # 创建画布
x = np.linspace(0, 1, 1000)
plt.subplot(2, 1, 1)  # 分为2×1图形阵，选择第1张图片绘图
plt.title('y=x^2 & y=x')  # 添加标题
plt.xlabel('x')  # 添加 x 轴名称 "x"
plt.ylabel('y')  # 添加 y 轴名称 "y"
plt.xlim((0, 1))  # 指定 x 轴范围 (0,1)
plt.ylim((0, 1))  # 指定 y 轴范围 (0,1)
plt.xticks([0, 0.3, 0.6, 1])  # 设置 x 轴刻度
plt.yticks([0, 0.5, 1])  # 设置 y 轴刻度
plt.plot(x, x ** 2)
plt.plot(x, x)
plt.legend(['y=x^2', 'y=x'])  # 添加图例
plt.savefig('1.png')  # 保存图片
plt.show()
```

执行结果如图 4-3 所示。

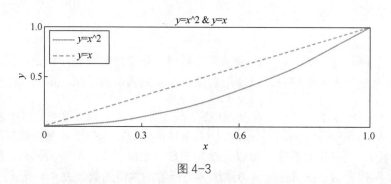

图 4-3

### 4.1.3 中文字符显示

值得注意的是默认的 pyplot 字体并不支持中文字符的显示，因此需要通过修改 font.sans-serif 参数来修改绘图时的字体，使得图形可以正常显示中文。同时，修改字体后，会导致坐标轴中 "−" 无法正常显示，因此需要同时修改 axes.unicode_minus 参数。示例代码如下：

中文字符显示与
坐标刻度

```python
import numpy as np
import matplotlib.pyplot as plt
x = np.arange(0, 10, 0.2)
```

```
y = np.sin(x)
plt.title('sin 曲线')
plt.plot(x, y)
plt.savefig('2.png')
plt.show()
```

执行结果如图 4-4 所示。

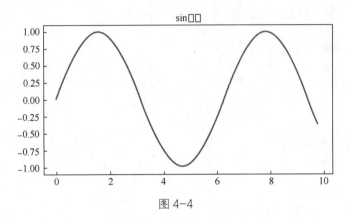

图 4-4

从图 4-4 可以看出，中文字符没有显示出来。同时应该注意到在示例代码中，并没有创建画布的命令，实际上只要调用了绘图命令，系统就会默认创建一个画布，并在该画布上绘图。为了显示中文字符可以修改的示例代码如下：

```
import numpy as np
import matplotlib.pyplot as plt
x = np.arange(0, 10, 0.2)
y = np.sin(x)
plt.rcParams['font.sans-serif'] = 'SimHei'  # 设置字体为 SimHei
plt.rcParams['axes.unicode_minus'] = False  # 解决"-"显示异常
plt.title('sin 曲线')
plt.plot(x, y)
plt.savefig('2.png')
plt.show()
```

修改后的代码执行结果如图 4-5 所示。

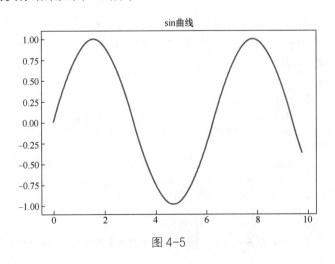

图 4-5

从图 4-5 可以看出，修改字体设置参数后中文字符可以正常显示。

### 4.1.4　坐标轴字符刻度标注

在绘图过程中还有一个关键的问题就是坐标轴的字符刻度表示问题。例如，绘制某产品 2018—2019 年各季度销售额走势图，两年各季度的销售数据依次为：100、104、106、95、103、105、115、100（单位：万元）。绘图代码示例如下：

```
import numpy as np
import matplotlib.pyplot as plt
x = np.array([1,2,3,4,5,6,7,8])                  #季度标号
y = np.array([100,104,106,95,103,105,115,100])   #销售额
plt.rcParams['font.sans-serif'] = 'SimHei'       #设置字体为 SimHei
plt.title('某产品 2018-2019 各季度销售额')
plt.plot(x, y)
plt.xlabel('季度标号')
plt.ylabel('销售额（万元）')
plt.show()
```

执行结果如图 4-6 所示。

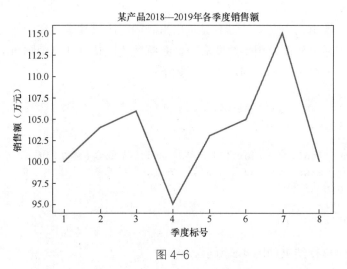

图 4-6

从图 4-6 可以看出，横坐标轴的意义没有突显出来，造成了图像的可读性比较差。实际上可以用××年××季度来表示，这样图像的可读性就更强。对横坐标轴进行字符刻度标注可以通过 xticks() 函数来实现。示例代码如下：

```
import numpy as np
import matplotlib.pyplot as plt
x = np.array([1,2,3,4,5,6,7,8])                     #季度标号
y = np.array([100,104,106,95,103,105,115,100]) #销售额
v=['2018 年一季度','2018 年二季度','2018 年三季度','2018 年四季度',
   '2019 年一季度','2019 年二季度','2019 年三季度','2019 年四季度']
plt.rcParams['font.sans-serif'] = 'SimHei'         #设置字体为 SimHei
plt.title('某产品 2018-2019 各季度销售额')
plt.plot(x, y)
plt.xlabel('季度')
plt.xticks(x, v, rotation = 90) #v为与 x 对应的字符刻度, rotation 为旋转角度
```

```
plt.ylabel('销售额（万元）')
plt.show()
```
执行结果如图 4-7 所示。

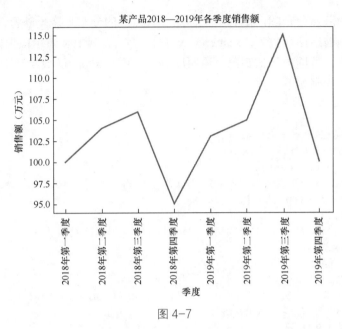

图 4-7

从图 4-7 可以看出，通过对坐标轴进行字符刻度标注之后，其图像的可读性增强了，表现的形式也更加丰富了。

## 4.2 Matplotlib 常用图形绘制

Matplotlib 常用
图形绘制

Matplotlib 绘制的常用图形包括散点图、线性图、柱状图、直方图、饼图、箱线图和子图。本节中绘图使用的数据文件为车次上车人数统计表.xls 部分内容，如表 4-2 所示。

表 4-2　　　　　　　　　　　车次上车人数统计表（部分）

| 车次 | 日期 | 上车人数 |
| --- | --- | --- |
| D02 | 20150101 | 2143 |
| D02 | 20150102 | 856 |
| D02 | 20150103 | 761 |
| D02 | 20150104 | 1011 |
| D02 | 20150105 | 807 |
| D02 | 20150106 | 860 |
| D02 | 20150107 | 803 |
| D02 | 20150108 | 732 |
| D02 | 20150109 | 753 |
| D03 | 20150110 | 888 |
| …… | …… | …… |

69

表中一共有 D02～D06 车次 2015 年 1 月 1 日—24 日的上车人数统计数据。

### 4.2.1 散点图

散点图又称为散点分布图，是利用坐标点（散点）的分布形态反映特征间的相关关系的一种图形。散点图的绘图函数为：scatter(x, y, [可选项])。其中 x 表示横坐标轴数据列，y 表示纵坐标轴数据列，可选项包括颜色、透明度等。使用 scatter()函数绘制 D02 车次每日上车人数散点图的示例代码如下：

```
import pandas as pd
import numpy as np
import matplotlib.pyplot as plt
path='一、车次上车人数统计表.xlsx';
data=pd.read_excel(path);
tb=data.loc[data['车次'] == 'D02',['日期','上车人数']].sort_values('日期');
x=np.arange(1,len(tb.iloc[:,0])+1)
y1=tb.iloc[:,1]
plt.rcParams['font.sans-serif'] = 'SimHei'      # 设置字体为 SimHei
plt.scatter(x,y1)
plt.xlabel('日期')
plt.ylabel('上车人数')
plt.xticks([1,5,10,15,20,24], tb['日期'].values[[0,4,9,14,19,23]], rotation = 90)
plt.title('D02 车次上车人数散点图')
```

执行结果如图 4-8 所示。

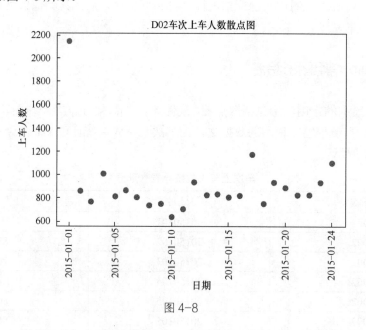

图 4-8

图 4-8 显示了 D02 车次 2015 年 1 月 1 日—24 日的每日上车人数散点图，其中 1 月 1 日上车人数最多，主要原因是 1 月 1 日为元旦节。本例中没有创建画布的命令，画布在绘图过程中系统默认创建。

### 4.2.2　线性图

线性图的绘图函数为 plot(x,y,[可选项])，其中 x 表示横坐标轴数据列，y 表示纵坐标轴数据列，可选项为绘图设置，包括图形类型、线条颜色、数据点形状。而图形类型有散点图、虚线图、实线图等，线条颜色有红、黄、蓝、绿等，数据点形状有星形、圆形、三角形等。可选项的一些示例说明如下：

r*--表示数据点为星形，图形类型为虚线图，线条颜色为红色。

b*--表示数据点为星形，图形类型为虚线图，线条颜色为蓝色。

bo 表示数据点为圆形，图形类型为实线图（默认），线条颜色为蓝色。

.表示散点图。

更多的设置说明和 plot()函数的使用方法，可以通过 help()函数查看系统帮助，如图 4-9 所示。

```
In [4]: import matplotlib.pyplot as plt

In [5]: help(plt.plot)
Help on function plot in module matplotlib.pyplot:

plot(*args, **kwargs)
    Plot lines and/or markers to the
    :class:`~matplotlib.axes.Axes`. *args* is a variable length
    argument, allowing for multiple *x*, *y* pairs with an
    optional format string.  For example, each of the following is
    legal::

        plot(x, y)        # plot x and y using default line style and color
        plot(x, y, 'bo')  # plot x and y using blue circle markers
        plot(y)           # plot y using x as index array 0..N-1
        plot(y, 'r+')     # ditto, but with red plusses
```

图 4-9

图 4-9 显示了先执行导入 pyplot 包命令 import matplotlib.pyplot as plt，接着以待查询函数 plt.plot 为参数，调用 help()函数，按 Enter 键获得 plt.plot()函数的详细使用方法。绘制 D02、D03 车次上车人数线性图的示例代码如下：

```
import pandas as pd
import numpy as np
import matplotlib.pyplot as plt  #导入绘图库中的 pyplot 模块，并且简称为 plt
#读取数据
path='一、车次上车人数统计表.xlsx';
data=pd.read_excel(path);
#筛选数据
tb=data.loc[data['车次'] == 'D02',['日期','上车人数']];
tb=tb.sort_values('日期');
tb1=data.loc[data['车次'] == 'D03',['日期','上车人数']];
tb1=tb1.sort_values('日期');
#构造绘图所需的横坐标轴数据列和纵坐标轴数据列
x=np.arange(1,len(tb.iloc[:,0])+1)
y1=tb.iloc[:,1]
y2=tb1.iloc[:,1]
#定义绘图 figure 界面
plt.figure(1)
#在 figure 界面上绘制两个线性图
plt.rcParams['font.sans-serif'] = 'SimHei'     #设置字体为 SimHei
plt.plot(x,y1,'r*--')  #红色"*"号连续图，绘制 D02 车次
```

```
plt.plot(x,y2,'b*--')  #蓝色 "*" 号连续图，绘制 D03 车次
#对横轴和纵轴设置中文标签
plt.xlabel('日期')
plt.ylabel('上车人数')
#定义图像的标题
plt.title('上车人数走势图')
#定义两个连续图的区别标签
plt.legend(['D02','D03'])
plt.xticks([1,5,10,15,20,24], tb['日期'].values[[0,4,9,14,19,23]], rotation = 45)
#保存图片，命名为 myfigure1
plt.savefig('myfigure1')
```

执行结果如图 4-10 所示。

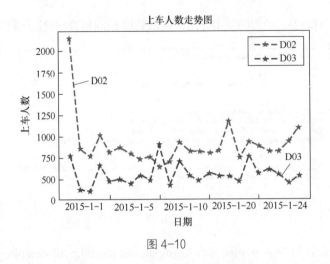

图 4-10

通过图 4-10 可以看到，图标题为 "上车人数走势图"，可以通过 pyplot 包中的 title()函数来设置。横坐标轴和纵坐标轴的标签分别为：日期和上车人数，可以通过 pyplot 包中的 xlabel()和 ylabel()函数来设置。图中有两条折线，其图例可以通过 pyplot 包中的 legend()函数设置。最后是关于图的保存，可以通过 pyplot 包中的 savefig()函数实现。值得注意的是在绘图之前需要先定义一个绘图界面，可以通过 pyplot 包中的 figure()函数定义，中文字符的显示及横轴坐标的刻度可以通过 rcParams()和 xticks()函数设置。这些函数的简单使用方法可以参考以上示例代码，更多的使用详情可以通过图 4-9 所示的 help()函数进行查询。

### 4.2.3 柱状图

与 MATLAB 类似，柱状图的绘图函数为 bar(x,y,[可选项])，其中 x 表示横坐标轴数据列，y 表示纵坐标轴数据列，可选项为绘图设置。绘图设置的详细使用方法可以参考图 4-9 所示内容，通过 help(plt.bar)函数进行查询，一般情况下我们采用默认设置即可（默认方式，具体见示例代码）。绘制 D02 车次柱状图的示例代码如下：

```
plt.figure(2)
plt.bar(x,y1)
plt.xlabel('日期')
plt.ylabel('上车人数')
plt.title('D02 车次上车人数柱状图')
```

```
plt.xticks([1,5,10,15,20,24], tb['日期'].values[[0,4,9,14,19,23]], rotation = 45)
plt.savefig('myfigure2')
```
执行结果如图 4-11 所示。

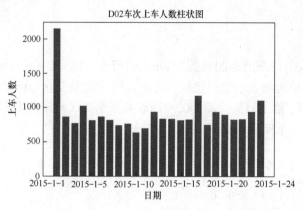

图 4-11

图 4-11 显示了绘制 D02 车次上车人数的简单柱状图。需要说明的是，绘制柱状图的示例代码是在 4.2.2 小节绘制线性图的示例代码之后，为了避免后面的柱状图界面覆盖之前的线性图界面，因此需要重新定义一个不同的绘图界面，即通过 plt.figure(2) 来实现。

## 4.2.4　直方图

与 MATLAB 类似，直方图的绘图函数为 hist(x,[可选项])，其中 x 表示横坐标轴数据列，可选项为绘图设置。绘图设置的详细使用方法可以参考图 4-9 的 help(plt.hist) 进行查询，一般情况下我们采用默认设置即可（默认方式，具体见示例代码）。需要注意的是直方图中的 $y$ 轴往往表示对应 $x$ 的频数。绘制 D02 车次直方图的示例程序如下：

```
plt.figure(3)
plt.hist(y1)
plt.xlabel('上车人数')
plt.ylabel('频数')
plt.title('D02 车次上车人数直方图')
plt.savefig('myfigure3')
```
执行结果如图 4-12 所示。

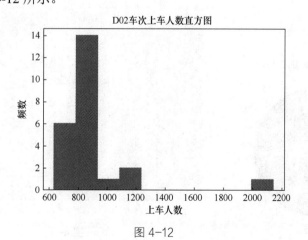

图 4-12

与绘制柱状图类似，绘制直方图的示例代码也是在 4.2.3 小节绘制柱状图的示例代码之后，为了避免后面的直方图界面覆盖之前的柱状图界面，可通过 plt.figure(3)重新定义一个绘图界面。

### 4.2.5 饼图

与 MATLAB 类似，饼图的绘制函数为 pie(x,y,[可选项])，其中 x 表示待绘制的数据序列，y 表示对应的标签，可选项表示绘图设置。这里常用的绘图设置为百分比的小数位，可以通过 autopct 属性类设置。这里首先计算 D02～D06 共 5 个车次同期的上车人数总和，然后绘制饼图将数据展示出来。示例代码如下：

```
plt.figure(4)
#1.计算 D02～D06 车次同期的上车人数总和，并用 list1 来保存其结果
D=data.iloc[:,0]
D=list(D.unique())  #车次号 D02～D06
list1=[]     #预定义每个车次的上车人数列表
for d in D:
    dt=data.loc[data['车次'] == d,['上车人数']]
    s=dt.sum()
    list1.append(s['上车人数']) #或者 s[0]
#2.绘制饼图
plt.pie(list1,labels=D,autopct='%1.2f%%') #绘制饼图，百分比保留小数点后两位
plt.title('各车次上车人数百分比饼图')
plt.savefig('myfigure4')
```

执行结果如图 4-13 所示。

与绘制直方图类似，绘制饼图的示例代码也是在 4.2.4 小节绘制直方图的示例代码之后，为了避免后面的饼图界面覆盖之前的直方图界面，可通过 plt.figure(4)重新定义了一个绘图界面。

### 4.2.6 箱线图

箱线图是利用数据中的上边缘、上四分位数、中位数、下四分位数与下边缘这 5 个统计量，描述连续型特征变量的一种方法。通过它可以粗略地看出数据是否具有对称性、分布的分散程度等信息，特别是可以用于对几个样本的比较。箱线图的构成与含义如图 4-14 所示。

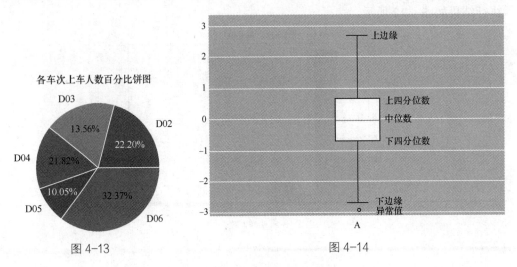

图 4-13                    图 4-14

箱线图的上边缘为最大值，下边缘为最小值，但范围不超过盒型各端加 1.5 倍 IQR（四分位距，即上四分位数与下四分位数的极差）的距离。超出上下边缘的值即视为异常值。箱线图的绘图函数为 boxplot(x,[可选项])，其中 x 为待绘图的数据数组列表。绘制 D02、D03 车次上车人数箱线图的示例代码如下：

```
plt.figure(5)
plt.boxplot([y1.values,y2.values])
plt.xticks([1,2], ['D02','D03'], rotation = 0)
plt.title('D02、D03 车次上车人数箱线图')
plt.ylabel('上车人数')
plt.xlabel('车次')
plt.savefig('myfigure5')
```

执行结果如图 4-15 所示。

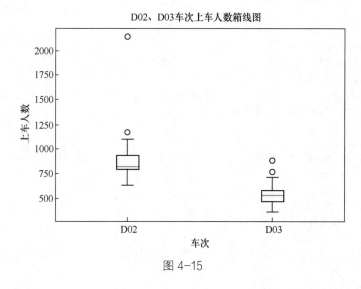

图 4-15

从图 4-15 可以看出，这两个车次的上车人数有两个异常值，这些异常值主要是节假日出行人数突然增多造成的。

### 4.2.7 子图

子图是指在同一个绘图界面上，绘制不同类型的图像。通过子图，可以在同一个界面上实现多种不同类型图像之间的比较，从而提高数据的可读性和可视化效果。在 Matplotlib 绘图的基本流程中已经简单介绍子图的 subplot()函数，本节对其进行详细介绍，并给出具体的示例。subplot()函数的使用方法如下：

```
subplot(a,b,c)
```

其调用形式为将 figure 画布分成 $a$ 行 $b$ 列矩阵形式的方格图形，并在第 $c$ 个方格图形（按行顺序数）上绘制图像。这里我们将前面介绍的散点图、线性图、柱状图、直方图、饼图、箱线图 6 种不同的图形在一个 3×2 的 figure 画布中绘制出来。示例代码如下：

```
import pandas as pd
import numpy as np
import matplotlib.pyplot as plt  #导入绘图包中的 pyplot 模块，并且简称为 plt
#读取数据
```

```python
path='一、车次上车人数统计表.xlsx';
data=pd.read_excel(path);
#筛选数据
tb=data.loc[data['车次'] == 'D02',['日期','上车人数']];
tb=tb.sort_values('日期');
tb1=data.loc[data['车次'] == 'D03',['日期','上车人数']];
tb1=tb1.sort_values('日期');
#构造绘图所需的横轴数据列和纵轴数据列
x=np.arange(1,len(tb.iloc[:,0])+1)
y1=tb.iloc[:,1]
y2=tb1.iloc[:,1]
plt.rcParams['font.sans-serif'] = 'SimHei'      # 设置字体为 SimHei
plt.figure('子图')
plt.figure(figsize=(10,8))


plt.subplot(3,2,1)
plt.scatter(x,y1)
plt.xlabel('日期')
plt.ylabel('上车人数')
plt.xticks([1,5,10,15,20,24], tb['日期'].values[[0,4,9,14,19,23]], rotation = 90)
plt.title('D02 车次上车人数散点图')


plt.subplot(3,2,2)
plt.plot(x,y1,'r*--')
plt.plot(x,y2,'b*--')
plt.xlabel('日期')
plt.ylabel('上车人数')
plt.title('上车人数走势图')
plt.legend(['D02','D03'])
plt.xticks([1,5,10,15,20,24], tb['日期'].values[[0,4,9,14,19,23]], rotation = 90)


plt.subplot(3,2,3)
plt.bar(x,y1)
plt.xlabel('日期')
plt.ylabel('上车人数')
plt.title('D02 车次上车人数柱状图')
plt.xticks([1,5,10,15,20,24], tb['日期'].values[[0,4,9,14,19,23]], rotation = 90)


plt.subplot(3,2,4)
plt.hist(y1)
plt.xlabel('上车人数')
plt.ylabel('频数')
plt.title('D02 车次上车人数直方图')


plt.subplot(3,2,5)
D=data.iloc[:,0]
D=list(D.unique())  #车次号 D02～D06
list1=[]    #预定义每个车次的上车人数列表
for d in D:
    dt=data.loc[data['车次'] == d,['上车人数']]
    s=dt.sum()
```

```
    list1.append(s['上车人数']) #或者s[0]
plt.pie(list1,labels=D,autopct='%1.2f%%') #绘制饼图，百分比保留小数点后两位
plt.title('各车次上车人数百分比饼图')

plt.subplot(3,2,6)
plt.boxplot([y1.values,y2.values])
plt.xticks([1,2], ['D02','D03'], rotation = 0)
plt.title('D02、D03车次上车人数箱线图')
plt.ylabel('上车人数')
plt.xlabel('车次')
plt.tight_layout()
plt.savefig('子图')
```

执行结果如图 4-16 所示。

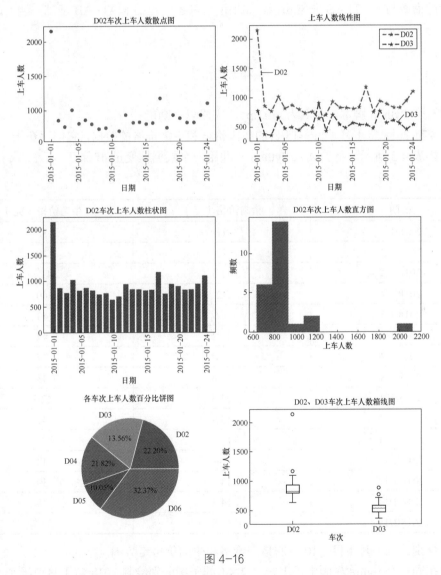

图 4-16

图 4-16 显示了将散点图、线性图、柱状图、直方图、饼图和箱线图这 6 种不同图形在一

个 figure 画布中采用子图的形式展现出来。在绘制子图过程中需要注意是 figure 画布尺寸设置不能太小，可以通过 plt.figure(figsize())命令来设置大小。同时不同子图之间可能存在重叠现象，可以通过 plt.tight_layout()命令进行界面布局。

## 本章小结

绘图是数据分析实现数据可视化的一个非常重要的手段。本章介绍了 Python 绘图包 Matplotlib 中的 pyplot 模块，如何导入 Python 和绘制常用图像，包括散点图、线性图、柱状图、直方图、饼图、箱线图和子图。特别是子图，能够将几种不同类型的图像在一个 figure 界面中展示，便于图像之间的对比，这在金融数据分析中尤为重要。需要特别注意的是，pyplot 模块的绘图命令与 MATLAB 非常相似，如果读者具备一定的 MATLAB 基础，学习起来将非常轻松。

## 本章练习

创建一个 Python 脚本，命名为 test1.py，完成以下功能：

（1）今有 2018 年 1 月 1 日—15 日的猪肉价格和牛肉价格的数据，它们存在于一个 Excel 表格中，如表 4-3 所示。将其读入 Python 中并用一个数据框变量 df 保存。

表 4-3

| 日期 | 猪肉价格（元） | 牛肉价格（元） |
| --- | --- | --- |
| 2018/1/1 | 11 | 38 |
| 2018/1/2 | 12 | 39 |
| 2018/1/3 | 11.5 | 41.3 |
| 2018/1/4 | 12 | 40 |
| 2018/1/5 | 12 | 43 |
| 2018/1/6 | 11.2 | 44 |
| 2018/1/7 | 13 | 47 |
| 2018/1/8 | 12.6 | 43 |
| 2018/1/9 | 13.5 | 42.3 |
| 2018/1/10 | 13.9 | 42 |
| 2018/1/11 | 13.8 | 43.1 |
| 2018/1/12 | 14 | 42 |
| 2018/1/13 | 13.5 | 39 |
| 2018/1/14 | 14.5 | 38 |
| 2018/1/15 | 14.8 | 37.5 |

（2）分别绘制 1 月 1 日—10 日的猪肉价格和牛肉价格走势图。

（3）在同一个 figure 界面中，用一个 2×1 的子图分别绘制 2018 年 1 月前半个月的猪肉价格和牛肉价格走势图。

第 **5** 章　机器学习与实现

Python 之所以能在数据科学与人工智能应用领域中占有重要位置，不仅是因为它免费、开源、易用于数据处理，更重要的还是它提供了丰富且功能强大的机器学习模型与算法程序包。本章主要介绍 Python 中的机器学习包 scikit-learn，包括其经典模型的原理及实现方法，可帮助读者掌握其基本理论，并在实践中应用。由于 scikit-learn 包中没有关联规则相关内容，本章在 5.8 节单独给予介绍。

## 5.1　scikit-learn 简介

scikit-learn 是机器学习领域非常热门的一个开源包，它整合了众多机器学习算法，是基于 Python 编写而成的，可以免费使用。scikit-learn 的基本功能主要分为 6 大部分：数据预处理、数据降维、回归、分类、聚类和模型选择。

（1）数据预处理。主要介绍缺失值的均值、中位数、最频繁值填充方法，数据的均值-方差规范化、极差规范化方法。

（2）数据降维。主要介绍主成分分析方法，本章也将其归为数据预处理部分。

（3）回归。主要介绍常用的线性回归、神经网络非线性回归等。

（4）分类。主要介绍逻辑回归、神经网络、支持向量机等分类方法。

（5）聚类。主要介绍常用的 K-均值聚类算法。

（6）模型选择。主要通过在实际案例中不同模型之间的比较来实现模型选择，在 Anaconda 发行版中已经集成了 scikit-learn 分析包，无须再进行安装，在 Spyder 脚本文件中直接导入即可使用。由于 scikit-learn 包的内容非常多，我们在使用过程中导入相关的模块即可，无须将整个机器学习包都导入。

图 5-1 所示为 temp.py 脚本文件中导入了包括数据预处理（缺失值处理、均值-方差规范化、极差规范化、主成分分析）、线性回归、逻辑回归、神经网络、支持向量机、K-均值聚类相关模块。下面我们将逐一介绍这些模块的使用方法。

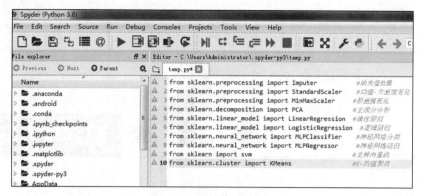

图 5-1

## 5.2 数据预处理

在数据分析与挖掘中，数据预处理是必不可少的环节，甚至会占用整个任务 60%以上的时间。同时经过数据预处理，可保障数据的质量，从而减少模型的误差。而在数据分析与挖掘中，如果数据质量得不到保障，模型挖掘出来的结果也是没有实际的使用价值。因此在数据分析与挖掘中，需要特别注意数据的预处理。本节中，我们介绍的数据预处理方法包括：缺失值处理、数据规范化和主成分分析，下面将分别介绍。

### 5.2.1 缺失值处理

缺失值处理

在数据处理过程中，缺失值是常见的，需要对其进行处理。前文已经介绍过利用 Pandas 包中的 fillna()函数对缺失值进行填充。但是这种填充方法是通过指定值进行填充，并没有充分利用数据集中的信息。为了克服这种填充方法的不足，这里介绍 scikit-learn 包中能充分利用数据信息的 3 种常用填充方法，即均值填充、中位数填充和最频繁值填充。填充方式有两种：按行和按列。所谓按行或者按列均值填充，就是对某行或者某列中的所有缺失值用该行或者该列中非缺失部分的值的平均值来表示；中位数填充和最频繁值填充类似，即取某行或者某列中非缺失部分的值的中位数和出现频次最多的值来表示缺失值。

在介绍填充策略之前，我们先定义待填充的数据变量 data、c、C，其中 data 变量的值通过读取本书案例资源中的 Excel 数据文件 missing.xlsx 获得。示例代码如下：

```
import pandas as pd
import numpy as np
data=pd.read_excel('missing.xlsx')                          #数据框 data
c=np.array([[1,2,3,4],[4,5,6,np.nan],[5,6,7,8],[9,4,np.nan,8]])  #数组 c
C=pd.DataFrame(c)                                            #数据框 C
```

执行结果如图 5-2 所示。

需要注意的是填充的数据结构要求为**数组**或**数据框**，类型为**数值类型**，因此 data 数据中的 b 列不能进行填充。使用 scikit-learn 中的数据预处理模块进行缺失值填充的基本步骤如下：

（1）导入数据预处理中的填充模块 Imputer。示例代码如下：

```
from sklearn.preprocessing import Imputer
```

c - NumPy array

| | 0 | 1 | 2 | 3 |
|---|---|---|---|---|
| 0 | 1 | 2 | 3 | 4 |
| 1 | 4 | 5 | 6 | nan |
| 2 | 5 | 6 | 7 | 8 |
| 3 | 9 | 4 | nan | 8 |

C - DataFrame

| Index | 0 | 1 | 2 | 3 |
|---|---|---|---|---|
| 0 | 1 | 2 | 3 | 4 |
| 1 | 4 | 5 | 6 | nan |
| 2 | 5 | 6 | 7 | 8 |
| 3 | 9 | 4 | nan | 8 |

data - DataFrame

| Index | a | b | c | d |
|---|---|---|---|---|
| 0 | 2 | kj | 4 | 7 |
| 1 | 2 | kl | 6 | 9 |
| 2 | nan | kl | 5 | nan |
| 3 | 5 | nan | nan | 9 |
| 4 | 6 | kk | 6 | 8 |

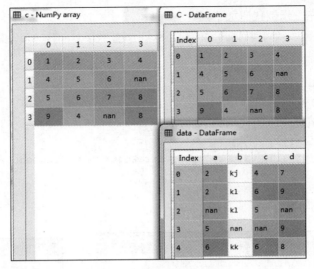

图 5-2

（2）利用 Imputer 创建填充对象 imp。示例代码如下：

```
imp = Imputer(missing_values='NaN', strategy='mean', axis=0) #创建按列均值填充策略对象
```

参数说明如下。

strategy：包括均值（mean）、中位数（median）、最频繁值（most_frequent）这 3 种填充方法。

axis=0：按列填充方式。

axis=1：按行填充方式。

（3）调用填充对象 imp 中的 fit()拟合方法，对待填充数据进行拟合训练。示例代码如下：

```
imp.fit(Data)  #Data 为待填充数据集变量
```

（4）调用填充对象 imp 中的 transform()方法，返回填充后的数据集。示例代码如下：

```
FData=imp.transform(Data)  #返回填充后的数据集 FData
```

下面对 C 数据框中的数据采用按列均值填充，对 c 数组中的数据采用按行中位数填充，对 data 数据中的 a、c 列采用按列最频繁值填充。

（1）均值填充。示例代码如下：

```
from sklearn.preprocessing import Imputer
fC=C
imp = Imputer(missing_values='nan', strategy='mean', axis=0)
imp.fit(fC)
fC=imp.transform(fC)
```

执行结果如图 5-3 所示。

fC - NumPy array

| | 0 | 1 | 2 | 3 |
|---|---|---|---|---|
| 0 | 1 | 2 | 3 | 4 |
| 1 | 4 | 5 | 6 | 6.66667 |
| 2 | 5 | 6 | 7 | 8 |
| 3 | 9 | 4 | 5.33333 | 8 |

图 5-3

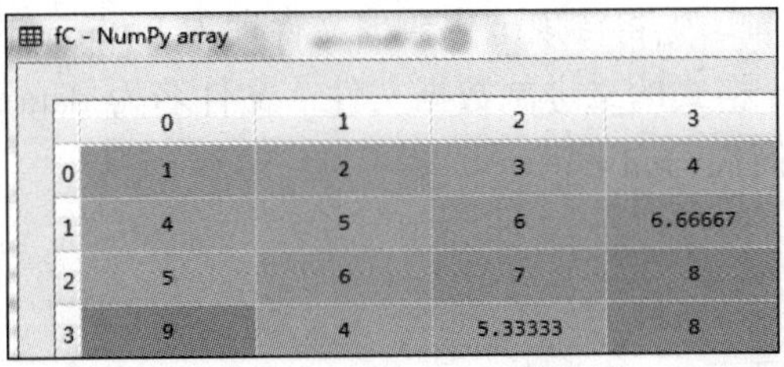

（2）中位数填充。示例代码如下：

```
imp = Imputer(missing_values='nan', strategy='median', axis=1)
fc=c
imp.fit(fc)
fc=imp.transform(fc)
```

执行结果如图 5-4 所示。

（3）最频繁值填充。示例代码如下：

```
fD=data[['a','c']]
imp = Imputer(missing_values='nan', strategy='most_frequent', axis=0)
imp.fit(fD)
fD=imp.transform(fD)
```

执行结果如图 5-5 所示。

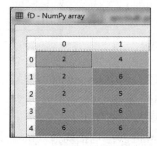

图 5-4                                                                 图 5-5

## 5.2.2  数据规范化

变量或指标的单位不同，导致有些指标数据值非常大，而有些指标数据值非常小，在模型运算过程中大的数据会把小的数据覆盖，导致模型失真。因此，需要对这些数据规范化处理，或者说去量纲化。这里介绍两种常用的规范化处理方法：均值-方差规范化、极差规范化。

数据规范化

所谓均值-方差规范化，是指变量或指标数据减去其均值再除以标准差得到新的数据。新的数据均值为 0，方差为 1，其公式如下：

$$x^* = \frac{x - \mathrm{mean}(x)}{\mathrm{std}(x)}$$

而极差规范化是指变量或指标数据减去其最小值，再除以最大值与最小值之差，得到新的数据。新的数据取值范围在[0,1]，其公式如下：

$$x^* = \frac{x - \min(x)}{\max(x) - \min(x)}$$

在介绍规范化方法之前，先将待规范化数据文件读入 Python 中。该数据文件在本书案例资源包中，是一个 Python 格式的二进制数据文件，文件名为 data.npy，可以采用 NumPy 包中的 load()函数读取。示例代码如下：

```
import numpy as np
data=np.load('data.npy')
data=data[:,1:]
```

执行结果如图 5-6 所示。

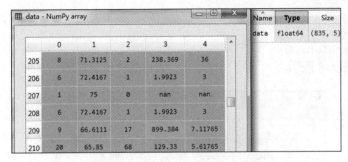

图 5-6

从图 5-6 可以看出，不同指标的数据值差异是比较大的，需要做规范化处理。其中存在空值（nan 值），在进行规范化操作之前需要先对其进行填充处理，这里采用按列均值填充策略进行填充。示例代码如下：

```
from sklearn.preprocessing import Imputer
imp = Imputer(missing_values='nan', strategy='mean', axis=0)
imp.fit(data)
data=imp.transform(data)
```

执行结果如图 5-7 所示。

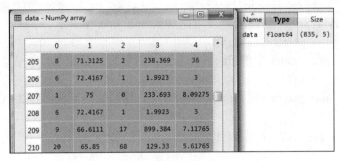

图 5-7

图 5-7 所示为填充后的数据，其变量名仍然为 data。为了区分，记 X=data，X1=data，对 X 做均值-方差规范化处理，对 X1 做极差规范化处理。下面分别对两种规范化方法进行介绍。

首先对 X 做均值-方差规范化处理，基本步骤如下：

（1）导入均值-方差规范化模块 StandardScaler。

```
from sklearn.preprocessing import StandardScaler
```

（2）利用 StandardScaler 创建均值-方差规范化对象 scaler。

```
scaler = StandardScaler()
```

（3）调用 scaler 对象中的 fit()拟合方法，对待处理的数据 X 进行拟合训练。

```
scaler.fit(X)
```

（4）调用 scaler 对象中的 transform()方法，返回规范化后的数据集 X（覆盖原未规范化的 X）。

```
X=scaler.transform(X)
```

示例代码如下：

```
from sklearn.preprocessing import StandardScaler
X=data
```

```
scaler = StandardScaler()
scaler.fit(X)
X=scaler.transform(X)
```

执行结果如图 5-8 所示。

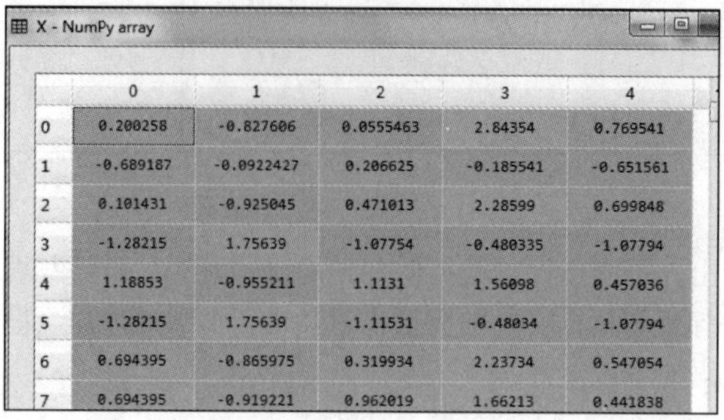

| | 0 | 1 | 2 | 3 | 4 |
|---|---|---|---|---|---|
| 0 | 0.200258 | -0.827606 | 0.0555463 | 2.84354 | 0.769541 |
| 1 | -0.689187 | -0.0922427 | 0.206625 | -0.185541 | -0.651561 |
| 2 | 0.101431 | -0.925045 | 0.471013 | 2.28599 | 0.699848 |
| 3 | -1.28215 | 1.75639 | -1.07754 | -0.480335 | -1.07794 |
| 4 | 1.18853 | -0.955211 | 1.1131 | 1.56098 | 0.457036 |
| 5 | -1.28215 | 1.75639 | -1.11531 | -0.48034 | -1.07794 |
| 6 | 0.694395 | -0.865975 | 0.319934 | 2.23734 | 0.547054 |
| 7 | 0.694395 | -0.919221 | 0.962019 | 1.66213 | 0.441838 |

图 5-8

其次对填充后的数据 X1 做极差规范化处理，基本步骤如下：

（1）导入极差规范化模块 MinMaxScaler。

```
from sklearn.preprocessing import MinMaxScaler    #导入极差规范化模块
```

（2）利用 MinMaxScaler 创建极差规范化对象 min_max_scaler。

```
min_max_scaler = MinMaxScaler()
```

（3）调用 min_max_scaler 中的 fit()拟合方法，对处理的数据 X1 进行拟合训练。

```
min_max_scaler.fit(X1)
```

（4）调用 min_max_scaler 中的 transform()方法，返回处理后的数据集 X1（覆盖原未处理的 X1）。

```
X1=min_max_scaler.transform(X1)
```

示例代码如下：

```
from sklearn.preprocessing import MinMaxScaler
X1=data
min_max_scaler = MinMaxScaler()
min_max_scaler.fit(X1)
x1=min_max_scaler.transform(X1)
```

执行结果如图 5-9 所示。

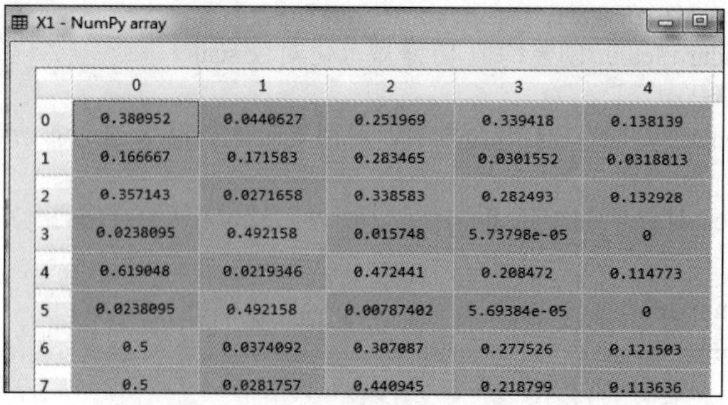

| | 0 | 1 | 2 | 3 | 4 |
|---|---|---|---|---|---|
| 0 | 0.380952 | 0.0440627 | 0.251969 | 0.339418 | 0.138139 |
| 1 | 0.166667 | 0.171583 | 0.283465 | 0.0301552 | 0.0318813 |
| 2 | 0.357143 | 0.0271658 | 0.338583 | 0.282493 | 0.132928 |
| 3 | 0.0238095 | 0.492158 | 0.015748 | 5.73798e-05 | 0 |
| 4 | 0.619048 | 0.0219346 | 0.472441 | 0.208472 | 0.114773 |
| 5 | 0.0238095 | 0.492158 | 0.00787402 | 5.69384e-05 | 0 |
| 6 | 0.5 | 0.0374092 | 0.307087 | 0.277526 | 0.121503 |
| 7 | 0.5 | 0.0281757 | 0.440945 | 0.218799 | 0.113636 |

图 5-9

### 5.2.3 主成分分析

在数据分析与挖掘中，通常会遇到众多变量，这些变量之间往往具有一定的相关性。例如，身高、体重这两个指标，身高较高，其体重也相对较大；经营收入、净利润这两个指标，经营收入越高，其净利润也相对较高，这就是指标之间相关性的一种体现。如果众多指标之间具有较强的相关性，不仅会增加计算复杂度，也会影响模型的分析结果。一种思路就是把众多的变量

主成分分析

转换为少数几个互不相关的综合变量，同时又不影响原来变量所反映的信息。这种方法在数学上称为主成分分析。下面主要介绍主成分分析的基本理论及 Python 实现方法。

#### 1．主成分分析的理解

我们通常看到各种各样的排行榜，如综合国力排名、省市经济发展水平排名、大学综合排名等。这些排行榜不可能仅采用单个指标衡量，往往需要综合考虑各方面的因素，运用多方面的指标进行分析。例如，怎样对以下省、直辖市及地区 2016 年农村居民人均可支配收入情况进行排名呢（见表 5-1）？

表 5-1　　　　　　　　　　　2016 年农村居民人均可支配收入情况　　　　　　　　　单位：元

| 省、直辖市及地区 | 工资性收入 | 经营净收入 | 财产净收入 | 转移净收入 |
| --- | --- | --- | --- | --- |
| 北京 | 16637.5 | 2061.9 | 1350.1 | 2260 |
| 天津 | 12048.1 | 5309.4 | 893.7 | 1824.4 |
| 河北 | 6263.2 | 3970 | 257.5 | 1428.6 |
| 山西 | 5204.4 | 2729.9 | 149 | 1999.1 |
| 内蒙古 | 2448.9 | 6215.7 | 452.6 | 2491.7 |
| 辽宁 | 5071.2 | 5635.5 | 257.6 | 1916.4 |
| 吉林 | 2363.1 | 7558.9 | 231.8 | 1969.1 |
| 黑龙江 | 2430.5 | 6425.9 | 572.7 | 2402.6 |
| 上海 | 18947.9 | 1387.9 | 859.6 | 4325 |
| 江苏 | 8731.7 | 5283.1 | 606 | 2984.8 |
| 浙江 | 14204.3 | 5621.9 | 661.8 | 2378.1 |
| 安徽 | 4291.4 | 4596.1 | 186.7 | 2646.2 |
| 福建 | 6785.2 | 5821.5 | 255.7 | 2136.9 |
| 江西 | 4954.7 | 4692.3 | 204.4 | 2286.4 |
| 山东 | 5569.1 | 6266.6 | 358.7 | 1759.7 |
| 河南 | 4228 | 4643.2 | 168 | 2657.6 |
| 湖北 | 4023 | 5534 | 158.6 | 3009.3 |
| 湖南 | 4946.2 | 4138.6 | 143.1 | 2702.5 |
| 广东 | 7255.3 | 3883.6 | 365.8 | 3007.5 |
| 广西 | 2848.1 | 4759.2 | 149.2 | 2603 |
| 海南 | 4764.9 | 5315.7 | 139.1 | 1623.1 |
| 重庆 | 3965.6 | 4150.1 | 295.8 | 3137.3 |

| 省、直辖市及地区 | 工资性收入 | 经营净收入 | 财产净收入 | 转移净收入 |
|---|---|---|---|---|
| 四川 | 3737.6 | 4525.2 | 268.5 | 2671.8 |
| 贵州 | 3211 | 3115.8 | 67.1 | 1696.3 |
| 云南 | 2553.9 | 5043.7 | 152.2 | 1270.1 |
| 西藏 | 2204.9 | 5237.9 | 148.7 | 1502.3 |
| 陕西 | 3916 | 3057.9 | 159 | 2263.6 |
| 甘肃 | 2125 | 3261.4 | 128.4 | 1942 |
| 青海 | 2464.3 | 3197 | 325.2 | 2677.8 |
| 宁夏 | 3906.1 | 3937.5 | 291.8 | 1716.3 |
| 新疆 | 2527.1 | 5642 | 222.8 | 1791.3 |

注：数据来源于 2016 年《中国统计年鉴》。

关于排名，我们需要一个综合指标来衡量，但是这个综合指标该如何定义和计算呢？指标加权是一个通常的思路，例如：

$$Y_1 = a_{11} \times X_1 + a_{12} \times X_2 + a_{13} \times X_3 + a_{14} \times X_4$$

其中 $X_1 \sim X_4$ 是原来的指标，$Y_1$ 是综合指标，$a_{11} \sim a_{14}$ 是对应的加权系数。那么如何确定系数 $a_{1j}(j=1,2,3,4)$ 呢？这里我们应该先将 $X_i(i=1,2,3,4)$ 看成一个随机变量，则 $Y_1$ 由 $X_i$ 线性加权获得，它也是一个随机变量。在本例中，$X_i$ 反映了地区农村居民人均可支配收入某个方面的指标，仅代表某方面的信息，它在综合指标 $Y_1$ 中，其重要程度可以通过对应的 $a_{1j}$ 来反映，可以称 $a_{1j}$ 为信息系数。

$X_i$ 是一个随机变量，$Y_1$ 也是随机变量，考察随机变量主要考虑它的均值和方差。例如：

| 随机变量 | $X_1$ | | | | $X_2$ | | | |
|---|---|---|---|---|---|---|---|---|
| 位 | 50 | 60 | 70 | 80 | 20 | 90 | 40 | 110 |
| 均值 | 65 | | | | 65 | | | |
| 方差 | 166.66 | | | | 1766.3 | | | |

因此，一个随机变量更多的是从方差的角度去考察，即其变异程度，故通常用方差去度量一个随机变量的"信息"。

多个随机变量的方差可以通过其协方差矩阵来考察。由于多个变量的单位不一样，为了消除量纲，通常需要对变量数据做规范化处理，规范化变量数据的协方差矩阵，即相关系数矩阵。本例的相关系数矩阵计算示例代码如下：

```
import pandas as pd
Data=pd.read_excel('农村居民人均可支配收入来源2016.xlsx')
X=Data.iloc[:,1:]
R=X.corr()
```

执行结果如图 5-10 所示。

| Index | 工资性收入 | 经营净收入 | 财产净收入 | 转移净收入 |
| --- | --- | --- | --- | --- |
| 工资性收入 | 1 | -0.388997 | 0.826683 | 0.401917 |
| 经营净收入 | -0.388997 | 1 | -0.205737 | -0.314542 |
| 财产净收入 | 0.826683 | -0.205737 | 1 | 0.297458 |
| 转移净收入 | 0.401917 | -0.314542 | 0.297458 | 1 |

图 5-10

从相关系数矩阵可以看出工资性收入与财产净收入相关程度较大，其他的变量之间相关程度不大。如何消除变量之间的相关性呢？一个想法就是通过某种变换生成新的变量，新的变量之间不相关，同时不丢失原来变量反映的信息（这里考虑其方差），如前面介绍的式子就是一种变换：

$$Y_1=a_{11}\times X_1+a_{12}\times X_2+a_{13}\times X_3+a_{14}\times X_4$$

不丢失原来变量反映的信息（方差），其数学表达式为：

$$\mathrm{Var}(X_1)+\cdots+\mathrm{Var}(X_4)=\mathrm{Var}(Y_1)$$

如果 $Y_1$ 还不足以保留原来的信息，则再构造一个 $Y_2$：

$$Y_2=a_{21}\times X_1+a_{22}\times X_2+a_{23}\times X_3+a_{24}\times X_4$$

使得 $Y_1$ 和 $Y_2$ 不相关，同时：

$$\mathrm{Var}(X_1)+\cdots+\mathrm{Var}(X_4)=\mathrm{Var}(Y_1)+\mathrm{Var}(Y_2)$$

如果还不足以保留原来的信息，则继续构造 $Y_3$。总之最多构造到 $Y_4$ 一定能满足条件。

一般地，前 $k$ 个变换后的变量 $Y_1\cdots Y_k$，其方差之和与原变量总方差之比为：

$$(\mathrm{Var}(Y_1)+\mathrm{Var}(Y_2)+\mathrm{Var}(Y_k))/(\mathrm{Var}(X_1)+\cdots+\mathrm{Var}(X_4))$$

称其为 $k$ 个变换后变量的信息占比。在实际应用中只需取少数几个变换后的变量。例如，它们的信息占比为 90%，就可以说采用变换后的变量反映了原来变量 90%的信息。

变量之间的相关性可以从相关系数矩阵来考察。以上的工作就是将原变量的相关系数矩阵通过变换，使得变换后的变量的相关系数矩阵非对角线上的元素变为 0。同时，原变量相关系数矩阵的特征值等于变换后的变量的相关系数矩阵对角线之和。以上的讨论并不是严格的推导，选择怎么样的变换？系数向量还有什么限制？并没有深入讨论这些，只是为了方便理解。下面我们将介绍严格的主成分分析数学模型。

### 2．主成分分析的数学模型

主成分分析是一种数学降维方法，其主要目的是找出几个综合变量来代替原来众多的变量，使得这些综合变量能尽可能地代表原来变量的信息且彼此互不相关。这种将多个变量转换为少数几个互不相关的综合变量的统计分析方法就叫作主成分分析。

设 $p$ 维随机变量 $\boldsymbol{X}=(x_1,x_2,\cdots,x_p)^{\mathrm{T}}$，其协方差矩阵为：

$$\boldsymbol{\Sigma}=(\sigma_{ij})_p=E[(\boldsymbol{X}-E(\boldsymbol{X}))(\boldsymbol{X}-E(\boldsymbol{X}))^{\mathrm{T}}]$$

变量 $x_1, x_2, \cdots, x_p$ 经过线性变换后得到新的综合变量 $Y_1,Y_2,\cdots,Y_p$，即：

$$\begin{cases} Y_1 = l_{11}x_1 + l_{12}x_2 + \cdots + l_{1p}x_p \\ Y_2 = l_{21}x_1 + l_{22}x_2 + \cdots + l_{2p}x_p \\ \cdots \\ Y_p = l_{p1}x_1 + l_{p2}x_2 + \cdots + l_{pp}x_p \end{cases}$$

其中系数 $l_i = (l_{i1}, l_{i2}, \cdots, l_{ip})$（$i = 1, 2, \cdots, p$）为常数向量。要求满足以下条件：

$$l_{i1}^2 + l_{i2}^2 + \cdots + l_{ip}^2 = 1 \quad (i = 1, 2, \cdots, p)$$
$$\mathrm{cov}(Y_i, Y_j) = 0 \, (i \neq j, i, j = 1, 2, \cdots, p)$$
$$\mathrm{Var}(Y_1) \geqslant \mathrm{Var}(Y_2) \geqslant \cdots \geqslant \mathrm{Var}(Y_p) \geqslant 0$$

则称 $Y_1$ 为第一主成分，$Y_2$ 为第二主成分，依此类推，$Y_p$ 称为第 $p$ 个主成分。这里 $l_{ij}$ 称为主成分的系数。

### 3. 主成分分析的性质与定理

定理 设 $p$ 维随机向量 $X$ 的协方差矩阵 $\Sigma$ 的特征值满足 $\lambda_1 \geqslant \lambda_2 \geqslant \cdots \geqslant \lambda_p$，相应的单位正交特征向量为 $e_1, e_2, \cdots, e_p$，则 $X$ 的第 $i$ 个主成分为：

$$Y_i = e_i^{\mathrm{T}} X = e_{i1}X_1 + e_{i2}X_2 + \cdots + e_{ip}X_p \quad (i = 1, 2, \cdots, p)$$

其中 $e_i = (e_{i1}, e_{i2}, \cdots, e_{ip})^{\mathrm{T}}$，且：

$$\begin{cases} \mathrm{Var}(Y_k) = e_k^{\mathrm{T}} \Sigma e_k = \lambda_k \quad (k = 1, 2, \cdots, p) \\ \mathrm{cov}(Y_k, Y_j) = e_k^{\mathrm{T}} \Sigma e_j = 0 \quad (k \neq j, k, j = 1, 2, \cdots, p) \end{cases}$$

定理表明：求 $X$ 的主成分等价于求它的协方差矩阵的所有特征值及相应的正交单位化特征向量。

推论 若记 $Y = (Y_1, Y_2, \cdots, Y_p)^{\mathrm{T}}$ 为主成分向量，矩阵 $p = (e_1, e_2, \cdots, e_p)$，则 $Y = p^{\mathrm{T}} X$，且 $Y$ 的协方差矩阵为：

$$\Sigma_Y = P^{\mathrm{T}} \Sigma P = \Lambda = \mathrm{Diag}(\lambda_1, \lambda_2, \cdots, \lambda_p)$$

主成分的总方差为：

$$\sum_{i=1}^{p} \mathrm{Var}(Y_i) = \sum_{i=1}^{p} \mathrm{Var}(X_i)$$

此性质表明主成分分析是将 $p$ 个原始变量的总方差分解为 $p$ 个不相关变量 $Y_1, Y_2, \cdots, Y_p$ 的方差之和。$\lambda_k / \sum_{k=1}^{p} \lambda_k$ 描述了第 $k$ 个主成分提取的信息占总信息的份额。我们称 $\lambda_k / \sum_{k=1}^{p} \lambda_k$ 为第 $k$ 个主成分的贡献率，它表示第 $k$ 个主成分提取的信息占总信息的份额。前 $m$ 个主成分的贡献率之和，其公式如下：

$$\sum_{k=1}^{m} \lambda_k / \sum_{k=1}^{p} \lambda_k$$

这就是累计贡献率，它表示前 $m$ 个主成分综合提供总信息的程度。通常 $m < p$ 且累计贡献率达到分析的要求，一般在 0.85 以上即可。

### 4．主成分分析的一般步骤

根据主成分分析的定理与推论，归纳出主成分分析的一般步骤如下：

（1）对原始数据进行标准化处理。

（2）计算样本相关系数矩阵。

（3）求相关系数矩阵的特征值和相应的特征向量。

（4）选择重要的主成分，并写出主成分表达式。

（5）计算主成分得分。

（6）依据主成分得分的数据，进一步从事统计分析。

### 5．Python 主成分分析应用举例

以表 5-1 所示的 2016 年农村居民人均可支配收入情况数据作为一个例子，讲解主成分分析，并基于主成分给出其综合排名，完整的计算思路及流程码如下：

（1）数据获取及数据规范化处理，其中数据文件见本书的案例资源包。示例代码如下：

```
# 数据获取
import pandas as pd
Data=pd.read_excel('农村居民人均可支配收入来源 2016.xlsx')
X=Data.iloc[:,1:]
# 数据规范化处理
from sklearn.preprocessing import StandardScaler
scaler = StandardScaler()
scaler.fit(X)
X=scaler.transform(X)
```

执行结果如图 5-11 所示。

| X - NumPy array | 0 | 1 | 2 | 3 |
|---|---|---|---|---|
| 0 | 2.62268 | -1.90653 | 3.65623 | -0.0529033 |
| 1 | 1.52888 | 0.519942 | 2.00731 | -0.752732 |
| 2 | 0.150156 | -0.480833 | -0.291211 | -1.38862 |
| 3 | -0.102189 | -1.40741 | -0.683209 | -0.472061 |
| 4 | -0.758911 | 1.19711 | 0.413664 | 0.319342 |
| 5 | -0.133935 | 0.763598 | -0.290849 | -0.604926 |
| 6 | -0.77936 | 2.20073 | -0.384062 | -0.520259 |
| 7 | -0.763296 | 1.35417 | 0.847573 | 0.176196 |

图 5-11

（2）对标准化后的数据 **X** 做主成分分析，基本步骤如下：

① 导入主成分分析模块 PCA。

```
from sklearn.decomposition import PCA
```

② 利用 PCA 创建主成分分析对象 pca。

```
pca=PCA(n_components=0.95)          #这里设置累计贡献率为 0.95 以上
```

③ 调用 pca 对象中的 fit()方法，对待分析的数据进行拟合训练。

```
pca.fit(X)
```

④ 调用 pca 对象中的 transform() 方法，返回提取的主成分。

```
Y=pca.transform(X)
```

⑤ 通过 pca 对象中的 components_ 属性、explained_variance_ 属性、explained_variance_ ratio_ 属性，返回主成分分析中对应的特征向量、特征值和主成分方差百分比（贡献率），比如：

```
tzxl=pca.components_              #返回特征向量
tz=pca.explained_variance_       #返回特征值
gxl=pca.explained_variance_ratio_   #返回主成分方差百分比（贡献率）
```

⑥ 主成分表达式及验证。由前面分析，我们知道第 $i$ 个主成分表示为：

$$Y_i = l_{i1}x_1 + l_{i2}x_2 + \cdots + l_{ip}x_p$$

其中 $(l_{i1}, l_{i2}, \cdots, l_{ip})$ 代表第 $i$ 个主成分对应的特征向量。例如，可以通过程序验证第 1 个主成分前面的 4 个分量的值。示例代码如下：

```
Y00=sum(X[0,:]*tzxl[0,:])
Y01=sum(X[1,:]*tzxl[0,:])
Y02=sum(X[2,:]*tzxl[0,:])
Y03=sum(X[3,:]*tzxl[0,:])。
```

主成分分析的示例代码如下：

```
from sklearn.decomposition import PCA
pca=PCA(n_components=0.95)
pca.fit(X)
Y=pca.transform(X)
tzxl=pca.components_
tz=pca.explained_variance_
gxl=pca.explained_variance_ratio_
Y00=sum(X[0,:]*tzxl[0,:])
Y01=sum(X[1,:]*tzxl[0,:])
Y02=sum(X[2,:]*tzxl[0,:])
Y03=sum(X[3,:]*tzxl[0,:])
```

执行结果如图 5-12 所示。

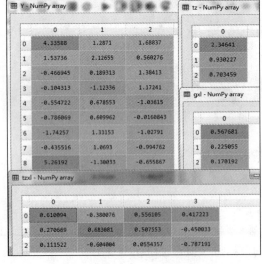

图 5-12

（3）基于主成分进行综合排名。记综合排名指标为 $F$，则 $F$ 的计算公式如下：

$$F = g_1Y_1 + g_2F_2 + \cdots + g_mF_m$$

其中 $m$ 表示提取的主成分个数，$F_i$ 和 $g_i(i \leqslant m)$ 分别表示第 $i$ 个主成分和其贡献率。综合排名示例代码如下：

```
F=gxl[0]*Y[:,0]+gxl[1]*Y[:,1]+gxl[2]*Y[:,2]   #综合得分=各个主成分×贡献率之和
dq=list(Data['省、直辖市及地区'].values)            #提取省、直辖市及地区
Rs=pd.Series(F,index=dq)                      #以省、直辖市及地区作为索引，综合得分为值，构建序列
Rs=Rs.sort_values(ascending=False)  #按综合得分降序进行排序
```

执行结果如图 5-13 所示。

| Index | 0 | | Index | 0 |
|---|---|---|---|---|
| 北京 | 3.03841 | | 四川 | -0.291196 |
| 上海 | 2.58282 | | 辽宁 | -0.311699 |
| 天津 | 1.44668 | | 湖南 | -0.319781 |
| 浙江 | 1.26054 | | 内蒙古 | -0.338537 |
| 江苏 | 0.659315 | | 安徽 | -0.373579 |
| 广东 | 0.300473 | | 河南 | -0.415474 |
| 河北 | 0.0130987 | | 海南 | -0.492279 |
| 山西 | -0.112498 | | 贵州 | -0.493301 |
| 福建 | -0.162941 | | 甘肃 | -0.523621 |
| 青海 | -0.166951 | | 湖北 | -0.560027 |
| 宁夏 | -0.167162 | | 广西 | -0.599919 |
| 黑龙江 | -0.175883 | | 新疆 | -0.626501 |
| 重庆 | -0.177313 | | 云南 | -0.663495 |
| 山东 | -0.178765 | | 西藏 | -0.727826 |
| 陕西 | -0.267225 | | 吉林 | -0.864497 |
| 江西 | -0.290871 | | | |

图 5-13

本例中原有 4 个变量，经过主成分分析提取了 3 个主成分变量，这 3 个主成分变量保留了 95% 以上的信息。这种处理方法不仅可以降低数据的维度，还可以保留原来的大部分信息。后续的研究分析可以基于主成分展开，如本例中基于主成分进行综合排名，更多的应用还包括基于主成分回归、聚类、分类等。

## 5.3 线性回归

在数学中，变量之间可以用确定的函数关系来表示，这是比较常见的一种方式，然而在实际应用中，还存在许多变量之间不能用确定的函数关系来表示的例子。前文已经介绍过变量之间可能存在着相关性，那么变量之间的相关关系如何来表示呢？本节将介绍变量之间存在线性相关关系的模型：线性回归模型。我们先介绍简单的一元线性回归，进而拓展到较为复杂的多元

线性回归

线性回归，最后给出线性回归模型的 Python 实现方法。

### 5.3.1　一元线性回归

所谓一元线性回归，就是自变量和因变量各只有一个的线性相关关系模型。下面我们先从一个简单的引例开始，介绍一元线性回归模型的提出背景，进而给出一元线性回归模型、一元线性回归方程、一元线性回归方程的参数估计和拟合优度等基本概念。

#### 1．引例

（1）有一则新闻：预计 20××年中国旅游业总收入将超过 3000 亿美元。这个数据是如何预测出来的呢？

旅游总收入（$y$）　　　　　居民平均收入（$x$）……

（2）身高预测问题：子女的身高（$y$），父母的身高（$x$），变量之间的相互关系，主要有 3 种。

① 确定的函数关系，$y = f(x)$。

② 不确定的统计相关关系，$y = f(x) + \varepsilon$(随机误差)。

③ 没有关系，不用分析。

以上两个例子均属于第（2）种情况。

#### 2．一元线性回归模型

$$y = \beta_0 + \beta_1 x + \varepsilon$$

$y$ 为因变量（随机变量），$x$ 为自变量（确定的变量），$\beta_0$ 与 $\beta_1$ 为模型系数，$\varepsilon \sim N(0, \sigma^2)$。每给定一个 $x$，就得到 $y$ 的一个分布。

#### 3．一元线性回归方程

对回归模型两边取数学期望，得到以下回归方程：

$$E(y) = \beta_0 + \beta_1 x$$

每给定一个 $x$，便有 $y$ 的一个数学期望值与之对应，它们是一个函数关系。一般地，通过样本观测数据，可以估计出以上回归方程的参数，一般形式为：

$$\hat{y} = \hat{\beta}_0 + \hat{\beta}_1 x$$

其中 $\hat{y}$，$\hat{\beta}_0$，$\hat{\beta}_1$ 为对期望值及两个参数的估计。

#### 4．一元线性回归方程的参数估计

对总体$(x, y)$进行 $n$ 次独立观测，获得 $n$ 个样本观测数据，即$(x_1, y_1), (x_2, y_2), \cdots, (x_n, y_n)$，将其绘制在图像上，如图 5-14 所示。

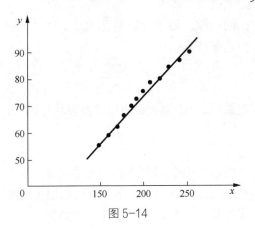

图 5-14

如何对这些观测值给出最合适的拟合直线呢？使用最小二乘法。其基本思路是真实观测值与预测值（均值）总的偏差平方和最小，计算公式如下：

$$\min \sum_{i=1}^{n} [y_i - (\hat{\beta}_0 + \hat{\beta}_1 x_i)]^2$$

求解以上最优化问题，即得到：

$$\hat{\beta}_0 = \overline{y} - \overline{x}\hat{\beta}_1$$

$$\hat{\beta}_1 = \frac{L_{xy}}{L_{xx}}$$

其中：

$$\overline{x} = \frac{1}{n}\sum_{i=1}^{n} x_i,\ \overline{y} = \frac{1}{n}\sum_{i=1}^{n} y_i,\ L_{xx} = \sum_{i=1}^{n}(x_i - \overline{x})^2,\ L_{xy} = \sum_{i=1}^{n}(x_i - \overline{x})(y_i - \overline{y})$$

于是就得到了基于经验的回归方程：

$$\hat{y} = \hat{\beta}_0 + \hat{\beta}_1 x$$

### 5．一元线性回归方程的拟合优度

经过前面的步骤我们获得了回归方程，那么这个回归方程的拟合程度如何？能不能利用这个方程进行预测？可以通过拟合优度来判断。在介绍拟合优度概念之前，先介绍这几个概念：总离差平方和 $TSS$、回归平方和 $RSS$、残差平方和 $ESS$。计算公式分别如下：

$$TSS = \sum_{i=1}^{n}(y_i - \overline{y})^2$$

$$RSS = \sum_{i=1}^{n}(\hat{y}_i - \overline{y})^2$$

$$ESS = \sum_{i=1}^{n}(y_i - \hat{y}_i)^2$$

可以证明：$TSS = RSS + ESS$。$x_i$ 取不同的值，$\hat{y}_i = \hat{\beta}_0 + \hat{\beta}_1 x_i (\hat{\beta}_1 \neq 0)$ 必然不同，由于 $y$ 与 $x$ 有显著线性关系，$x$ 取值不同会引起 $y$ 的变化。$ESS$ 是由于 $y$ 与 $x$ 可能不是具有明显的线性

关系及其他方面的因素产生的误差。如果 $RSS$ 远远大于 $ESS$，说明什么？说明回归的线性关系显著，可以用一个指标公式来计算：

$$R^2 = \frac{RSS}{TSS}$$

这称为拟合优度（判定系数），值越大表明直线拟合程度越好。

### 5.3.2　多元线性回归

前文介绍了只有一个自变量和一个因变量的一元线性回归模型，然而在现实中自变量通常包含多个，这时称它为多元线性回归模型。下面我们给出多元线性回归模型、多元线性回归方程、多元线性回归方程参数估计和拟合优度等基本概念。

#### 1．多元线性回归模型

$$Y = \beta_0 + \beta_1 X_1 + \beta_2 X_2 + \cdots + \beta_p X_p + \varepsilon$$

对于总体 $(X_1, X_2, \cdots, X_p; Y)$ 的 $n$ 个观测值：

$$(x_{i1}, x_{i2}, \cdots, x_{ip}; y_i)\ (i = 1, 2, \cdots, n; n > p)$$

它满足以下公式：

$$\begin{cases} y_1 = \beta_0 + \beta_1 x_{11} + \beta_2 x_{12} + \cdots + \beta_p x_{1p} + \varepsilon_1 \\ y_2 = \beta_0 + \beta_1 x_{21} + \beta_2 x_{22} + \cdots + \beta_p x_{2p} + \varepsilon_2 \\ \qquad\qquad\qquad \cdots \\ y_n = \beta_0 + \beta_1 x_{n1} + \beta_2 x_{n2} + \cdots + \beta_p x_{np} + \varepsilon_n \end{cases}$$

其中 $\varepsilon_i$ 相互独立，且设 $\varepsilon_i \sim N(0, \sigma^2)(i = 1, 2, \cdots, n)$，记作：

$$\boldsymbol{Y} = \begin{pmatrix} y_1 \\ y_2 \\ \vdots \\ y_n \end{pmatrix},\quad \boldsymbol{X} = \begin{pmatrix} 1 & x_{11} & x_{12} & \cdots & x_{1p} \\ 1 & x_{21} & x_{22} & \cdots & x_{2p} \\ \vdots & \vdots & \vdots & \cdots & \vdots \\ 1 & x_{n1} & x_{n2} & \cdots & x_{np} \end{pmatrix},\quad \boldsymbol{\beta} = \begin{pmatrix} \beta_0 \\ \beta_1 \\ \vdots \\ \beta_p \end{pmatrix},\quad \boldsymbol{\varepsilon} = \begin{pmatrix} \varepsilon_1 \\ \varepsilon_2 \\ \vdots \\ \varepsilon_n \end{pmatrix}$$

则多元线性回归模型的矩阵形式可以表示为 $\boldsymbol{Y} = \boldsymbol{X}\boldsymbol{\beta} + \boldsymbol{\varepsilon}$，其中 $\boldsymbol{\beta}$ 即为待估计的向量。

#### 2．多元线性回归方程

两边取期望值，即得到以下回归方程：

$$\boldsymbol{E(Y)} = \boldsymbol{X}\boldsymbol{\beta}$$

其一般的形式如下：

$$\boldsymbol{\hat{Y}} = \boldsymbol{X}\boldsymbol{\hat{\beta}}$$

其中 $\boldsymbol{\hat{Y}}$、$\boldsymbol{\hat{\beta}}$ 分布为期望值及回归系数的估计。

#### 3．多元线性回归方程参数估计

$\beta$ 的参数估计（最小二乘法，过程略）为：

$$\hat{\beta} = (X^{\mathrm{T}}X)^{-1}X^{\mathrm{T}}Y$$

$\sigma^2$ 的参数估计（推导过程略）为：

$$\hat{\sigma}^2 = \frac{1}{n-p-1}e^{\mathrm{T}}e$$

其中 $e = Y - \hat{Y} = (I-H)Y, H = X(X^{\mathrm{T}}X)^{-1}X^{\mathrm{T}}$，$H$ 称为对称幂等矩阵。

#### 4. 多元线性回归方程拟合优度

与一元线性回归模型类似，总离差平方和、回归平方和、残差平方和的公式如下：

$$TSS = \sum_{i=1}^{n}(y_i - \overline{y})^2 = Y^{\mathrm{T}}\left(I - \frac{1}{n}J\right)Y$$

$$RSS = \sum_{i=1}^{n}(\hat{y}_i - \overline{y})^2 = Y^{T}(I - H)Y$$

$$ESS = \sum_{i=1}^{n}(y_i - \hat{y}_i)^2 = Y^{\mathrm{T}}\left(H - \frac{1}{n}J\right)Y$$

也可以证明：$TSS = RSS + ESS$。拟合优度（判定系数）公式如下：

$$R^2 = \frac{RSS}{TSS}$$

### 5.3.3 Python 线性回归应用举例

在发电场中电力输出（PE）与温度（AT）、压力（V）、湿度（AP）、压强（RH）有关，相关测试数据（部分）如表 5-2 所示。

表 5-2　　　　　　　　　　发电场数据

| AT | V | AP | RH | PE |
|---|---|---|---|---|
| 8.34 | 40.77 | 1010.84 | 90.01 | 480.48 |
| 23.64 | 58.49 | 1011.4 | 74.2 | 445.75 |
| 29.74 | 56.9 | 1007.15 | 41.91 | 438.76 |
| 19.07 | 49.69 | 1007.22 | 76.79 | 453.09 |
| 11.8 | 40.66 | 1017.13 | 97.2 | 464.43 |
| 13.97 | 39.16 | 1016.05 | 84.6 | 470.96 |
| 22.1 | 71.29 | 1008.2 | 75.38 | 442.35 |
| 14.47 | 41.76 | 1021.98 | 78.41 | 464 |
| 31.25 | 69.51 | 1010.25 | 36.83 | 428.77 |
| 6.77 | 38.18 | 1017.8 | 81.13 | 484.31 |
| 28.28 | 68.67 | 1006.36 | 69.9 | 435.29 |
| 22.99 | 46.93 | 1014.15 | 49.42 | 451.41 |
| 29.3 | 70.04 | 1010.95 | 61.23 | 426.25 |

注：数据来源于 UCI 公共测试数据库。

需实现的功能如下：

（1）利用线性回归分析命令，求出 PE 与 AT、V、AP、RH 之间的线性回归关系式系数向量（包括常数项）和拟合优度（判定系数），并在命令窗口输出。

（2）现有某次测试数据 AT=28.4、V=50.6、AP=1011.9、RH=80.54，试预测其 PE 值。

计算思路及流程如下：

### 1．读取数据，确定自变量 *x* 和因变量 *y*

示例代码如下：

```
import pandas as pd
data = pd.read_excel('发电场数据.xlsx')
x = data.iloc[:,0:4].as_matrix()
y = data.iloc[:,4].as_matrix()
```

执行结果（部分）如图 5-15 所示。

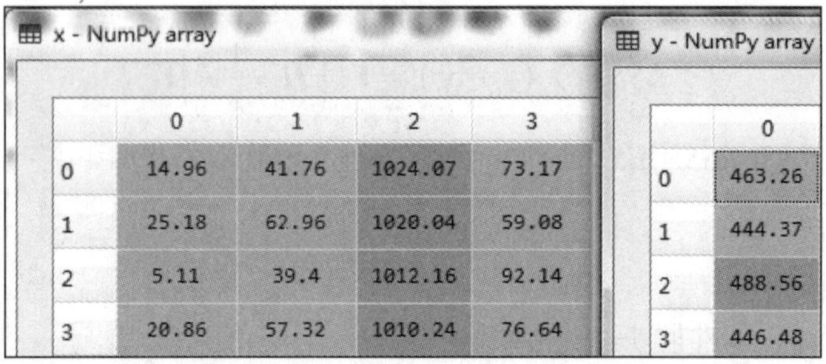

x - NumPy array

| | 0 | 1 | 2 | 3 |
|---|---|---|---|---|
| 0 | 14.96 | 41.76 | 1024.07 | 73.17 |
| 1 | 25.18 | 62.96 | 1020.04 | 59.08 |
| 2 | 5.11 | 39.4 | 1012.16 | 92.14 |
| 3 | 20.86 | 57.32 | 1010.24 | 76.64 |

y - NumPy array

| | 0 |
|---|---|
| 0 | 463.26 |
| 1 | 444.37 |
| 2 | 488.56 |
| 3 | 446.48 |

图 5-15

### 2．线性回归分析

线性回归分析基本步骤如下：

（1）导入线性回归模块（简称 LR）。

```
from sklearn.linear_model import LinearRegression as LR
```

（2）利用 LR 创建线性回归对象 lr。

```
lr = LR()
```

（3）调用 lr 对象中的 fit()方法，对数据进行拟合训练。

```
lr.fit(x, y)
```

（4）调用 lr 对象中的 score()方法，返回其拟合优度（判定系数），观察线性关系是否显著。

```
Slr=lr.score(x,y)     # 判定系数 R^2
```

（5）取 lr 对象中的 coef_、intercept_属性，返回 x 对应的回归系数和回归系数常数项。

```
c_x=lr.coef_          # x 对应的回归系数
c_b=lr.intercept_     # 回归系数常数项
```

### 3．利用线性回归模型进行预测

（1）可以利用 lr 对象中的 predict()方法进行预测。

```
import numpy as np
x1=np.array([28.4,50.6,1011.9,80.54])
x1=x1.reshape(1,4)
```

```
R1=lr.predict(x1)
```

（2）也可以利用线性回归方程式进行预测，这个方法需要自行计算。

```
r1=x1*c_x
R2=r1.sum()+c_b    #计算预测值
```

线性回归完整的示例代码如下：

```
#1. 数据获取
import pandas as pd
data = pd.read_excel('发电场数据.xlsx')
x = data.iloc[:,0:4].as_matrix()
y = data.iloc[:,4].as_matrix()
#2. 导入线性回归模块（简称 LR）
from sklearn.linear_model import LinearRegression as LR
lr = LR()                #创建线性回归模型类
lr.fit(x, y)             #拟合
Slr=lr.score(x,y)        #判定系数 R²
c_x=lr.coef_             #x 对应的回归系数
c_b=lr.intercept_        #回归系数常数项
#3. 预测
import numpy as np
x1=np.array([28.4,50.6,1011.9,80.54])
x1=x1.reshape(1,4)
R1=lr.predict(x1)        #采用自带函数预测
r1=x1*c_x
R2=r1.sum()+c_b          #计算预测值
print('x 回归系数为: ',c_x)
print('回归系数常数项为: ',c_b)
print('判定系数为: ',Slr)
print('样本预测值为: ',R1)
```

执行结果为：

```
x 回归系数为: [-1.97751311 -0.23391642  0.06208294 -0.1580541 ]
回归系数常数项为: 454.609274315
判定系数为: 0.928696089812
样本预测值为: [ 436.70378447]
```

## 5.4　逻辑回归

　　线性回归模型处理的因变量是数值型变量，描述的是因变量期望值与自变量之间的线性关系。然而在许多实际问题中，我们需要研究的因变量 $y$ 不是数值型变量，而是名义变量或者分类变量，如 0、1 变量问题。如果我们继续使用线性回归模型预测 $y$ 的值，那么会导致 $y$ 的值并不是 0 或 1，最终问题得不到解决。下面我们介绍另一种称为逻辑回归的模型，用来解决此类问题。

逻辑回归

### 5.4.1　逻辑回归模型

　　逻辑回归模型是使用一个函数来归一化 $y$ 值，使 $y$ 的取值在区间（0,1）内，这个函数称为 Logistic 函数，公式如下：

$$g(z) = \frac{1}{1 + e^{-z}}$$

其中 $z = \beta_0 + \beta_1 X_1 + \beta_2 X_2 + \cdots + \beta_k X_k + \varepsilon$，这样就将预测问题转化为一个概率问题。

一般以 0.5 为界，如果预测值大于 0.5，我们判断此时 $y$ 更可能为 1，否则为 $y=0$。

### 5.4.2　Python 逻辑回归模型应用举例

取 UCI 公共测试数据库中的澳大利亚信贷批准数据集作为本例的数据集，该数据集共有 14 个特征，1 个分类标签 $y$（1——同意贷款，0——不同意贷款），共 690 个申请者记录，部分数据如表 5-3 所示。

表 5-3　　　　　　　　　　　　　澳大利亚信贷批准数据（部分）

| $x_1$ | $x_2$ | $x_3$ | $x_4$ | $x_5$ | $x_6$ | $x_7$ | $x_8$ | $x_9$ | $x_{10}$ | $x_{11}$ | $x_{12}$ | $x_{13}$ | $x_{14}$ | $y$ |
|---|---|---|---|---|---|---|---|---|---|---|---|---|---|---|
| 1 | 22.08 | 11.46 | 2 | 4 | 4 | 1.585 | 0 | 0 | 0 | 1 | 2 | 100 | 1213 | 0 |
| 0 | 22.67 | 7 | 2 | 8 | 4 | 0.165 | 0 | 0 | 0 | 0 | 2 | 160 | 1 | 0 |
| 0 | 29.58 | 1.75 | 1 | 4 | 4 | 1.25 | 0 | 0 | 0 | 1 | 2 | 280 | 1 | 0 |
| 0 | 21.67 | 11.5 | 1 | 5 | 3 | 0 | 1 | 1 | 11 | 1 | 2 | 0 | 1 | 1 |
| 1 | 20.17 | 8.17 | 2 | 6 | 4 | 1.96 | 1 | 1 | 14 | 0 | 2 | 60 | 159 | 1 |
| 0 | 15.83 | 0.585 | 2 | 8 | 8 | 1.5 | 1 | 1 | 2 | 0 | 2 | 100 | 1 | 1 |
| 1 | 17.42 | 6.5 | 2 | 3 | 4 | 0.125 | 0 | 0 | 0 | 0 | 2 | 60 | 101 | 0 |
| 0 | 58.67 | 4.46 | 2 | 11 | 8 | 3.04 | 1 | 1 | 6 | 0 | 2 | 43 | 561 | 1 |

······

以前 600 个申请者作为训练数据，后 90 个申请者作为测试数据，利用逻辑回归模型预测准确率。具体计算思路及流程如下：

#### 1．数据获取

```
import pandas as pd
data = pd.read_excel('credit.xlsx')
```

#### 2．训练样本与测试样本划分

训练样本与测试样本划分，其中训练用的特征数据用 x 表示，预测变量用 y 表示，测试样本则分别记为 x1 和 y1。

```
x = data.iloc[:600,:14].as_matrix()
y = data.iloc[:600,14].as_matrix()
x1= data.iloc[600:,:14].as_matrix()
y1= data.iloc[600:,14].as_matrix()
```

#### 3．逻辑回归分析

逻辑回归分析基本步骤如下：

（1）导入逻辑回归模块（简称 LR）。

```
from sklearn.linear_model import LogisticRegression as LR
```

（2）利用 LR 创建逻辑回归对象 lr。

```
lr = LR()
```

（3）调用 lr 中的 fit()方法进行训练。

```
lr.fit(x, y)
```

（4）调用 lr 中的 score()方法返回模型准确率。

```
r=lr.score(x, y); # 模型准确率（针对训练数据）
```

（5）调用 lr 中的 predict()方法，对测试样本进行预测，获得预测结果。

```
R =lr.predict(x1)
```

逻辑回归分析完整示例代码如下：

```
import pandas as pd
data = pd.read_excel('credit.xlsx')
x = data.iloc[:600,:14].as_matrix()
y = data.iloc[:600,14].as_matrix()
x1= data.iloc[600:,:14].as_matrix()
y1= data.iloc[600:,14].as_matrix()
from sklearn.linear_model import LogisticRegression as LR
lr = LR()    #创建逻辑回归模型类
lr.fit(x, y) #训练数据
r=lr.score(x, y); # 模型准确率（针对训练数据）
R=lr.predict(x1)
Z=R-y1
Rs=len(Z[Z==0])/len(Z)
print('预测结果为: ',R)
print('预测准确率为: ',Rs)
```

执行结果为：

```
预测结果为: [0 1 1 1 1 0 0 1 0 1 1 0 0 0 1 1 0 0 0 1 0 1 1 0 1 1 1 0 1 0 0 0 1 0 0 1 0
 0 0 1 0 1 1 0 1 0 1 0 1 0 1 1 1 0 0 1 0 0 1 0 0 0 1 0 1 1 0 0 0 1 0 0 1 1 0 1
 0 0 0 1 0 1 0 1 1 0 1 1 0 1 1 0]
预测准确率为: 0.8333333333333334
```

## 5.5　神经网络

人工神经网络是一种模拟大脑神经突触连接结构处理信息的数学模型，在工业界和学术界也常直接将其简称为神经网络。神经网络可以用于分类问题，也可以用于预测问题，特别是预测非线性关系问题。为了方便理解，下面通过一个简单例子来说明神经网络的模拟思想，进而给出其网络结构和数学模型。最后介绍利用神经网络解决分类问题和预测问题的示例及 Python 实现方法。

### 5.5.1　神经网络模拟思想

#### 1．孩子的日常辨识能力

一个孩子从生下来，就开始不断地学习。他的大脑就好比一个能不断接受新事物，同时能识别事物的庞大而复杂的模型，大脑模型不断地接受外界的信息，并对其进行判断和处理。小孩会说话后，总喜欢问这问那，并不断地说出这是什么那是什么。即使很多是错误的，但经过大人的纠正后，小孩终于能辨识日常中一些常见的事物了，这就是一个监督学习的过程。某一天，大人带着小孩，来到一个农场，远远地就看到一大片绿油油的稻田，小孩兴奋地说出"好大的一片稻田"，大人乐了。因为小孩的大脑已经是一个经过长时间学习训练的"模型"，具备了一定的辨识能力。

### 2. 孩子大脑学习训练的模拟

大脑由非常多的神经元组成，各个神经元之间相互连接，形成一个非常复杂的神经网络。人工模拟大脑的学习训练模型，称为人工神经网络模型。以下是大脑中一个神经元的学习训练模型，如图 5-16 所示。

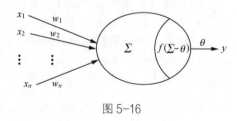

图 5-16

$x_1, x_2, \cdots, x_n$ 可以理解为 $n$ 个输入信号（信息），$w_1, w_2, \cdots, w_n$ 可以理解为对 $n$ 个输入信号的加权，从而得到一个综合信号 $\Sigma = \sum_{i=1}^{n} w_i x_i$（对输入信号进行加权求和）。神经元需要对这个综合信号做出反应，即引入一个阈值 $\theta$ 并与综合信号比较，根据比较的结果做出不同的反应，即输出 $y$。这里用一个被称为激发函数的函数 $f(\Sigma - \theta)$ 来模拟其反应，从而获得反应值，并进行判别。

例如，你蒙上眼睛，要判断面前的人是男孩，还是女孩。我们可以做一个简单的假设（大脑只有一个神经元），只用一个输入信号 $x_1$=头发长度（如 50cm），权重为 1，则其综合信号 $\Sigma = x_1$=50，我们用一个二值函数作为激发函数：

$$f(x) = \begin{cases} 1, x > 0 \\ 0, x \leqslant 0 \end{cases}$$

假设阈值 $\theta$ =12，由于 $\Sigma = x_1$=50，故 $f(\Sigma - 12) = f(38) = 1$，由此我们可以得到输出 1 为女孩，0 为男孩。

那么如何确定阈值是 12，输出 1 表示女孩，而 0 表示男孩呢？这就要通过日常生活中的大量实践认识。

数学模型不像人可以通过日常中漫长的学习和实践训练，它只能通过样本数据来训练，从而获得模型的参数并应用。例如，可以选择 1000 个人，其中 500 个人是男孩，500 个人是女孩，分别量其头发长度，输入以上模型进行训练，训练的准则是判别正确率最大化。

（1）取 $\theta$ =1，这时判别正确率应该非常低。

（2）$\theta$ 取值依次增加，假设 $\theta$ =12 时为最大，达到 0.95，当 $\theta$ >12 时，判别的正确率开始下降，故可以认为 $\theta$ =12 时达到判别正确率最大。这个时候，其中 95%的男孩对应的函数值为 0，同样 95%的女孩对应的函数值为 1。如果选用这个模型进行判别，其判别正确率达到 0.95。

以上两步训练完成即得到参数 $\theta$ =12，有 95%的可能性输出 1 表示判别为女孩，输出 0 表示判别为男孩。

以上的分析只是便于理解，实际情况比这复杂得多，人的大脑由上亿个神经元组成，其网络结构也非常复杂。借鉴人的大脑的工作机理和活动规律，简化其网络结构，并用数学模型来模拟，从而提出神经网络模型。比较常用的神经网络模型有 BP 神经网络模型等。

### 5.5.2 神经网络结构及数学模型

这里介绍目前常用的 BP 神经网络，其网络结构及数学模型如图 5-17 所示。

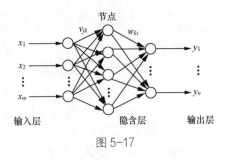

$x$ 为 $m$ 维向量，$y$ 为 $n$ 维向量，隐含层有 $q$ 个神经元。假设有 $N$ 个样本数据，$\{y(t), x(t), t = 1, 2, \cdots, N\}$。从输入层到隐含层的权重记为 $V_{jk}(j = 1, 2, \cdots, m; k = 1, 2, \cdots, q)$，从隐含层到输出层的权重记为 $W_{ki}(k = 1, 2, \cdots, q, i = 1, 2, \cdots, n)$。记第 $t$ 个样本 $x(t) = \{x_1(t), x_2(t), \cdots, x_m(t)\}$ 输

图 5-17

入网络时，隐含层单元的输出为 $H_k(t)$ $(k = 1, 2, \cdots, q)$，输出层单元的输出为 $\hat{f}_i(t)$ $(i = 1, 2, \cdots, n)$，即：

$$H_k(t) = g(\sum_{j=0}^{m} V_{jk} x_j(t)) \, (k = 1, 2, \cdots, q)$$

$$\hat{f}_i(t) = f(\sum_{k=0}^{q} W_{ki} H_k(t)) \, (i = 1, 2, \cdots, n)$$

这里 $V_{0k}$ 为对应输入神经元的阈值，$x_0(t)$ 通常为 1，$W_{0i}$ 为对应隐含层神经元的阈值，$H_0(t)$ 通常为 1，$g(x)$ 和 $f(x)$ 分别为隐含层、输出层神经元的激发函数。常用的激发函数如下：

$$f(x) = \frac{1}{1 + e^{-ax}} \text{ 或 } f(x) = \tanh(x) \text{（双曲正切函数）}$$

由图 5-17 可以看出，我们选定隐含层及输出层神经元的个数和激发函数后，这个神经网络就只有输入层至隐含层、隐含层至输出层的参数未知了。一旦确定了这些参数，神经网络就可以工作了。如何确定这些参数呢？基本思路如下：通过输入层的 $N$ 个样本数据，使得真实的 $y$ 值与网络的预测值的误差最小即可，它变成了一个优化问题，记 $w = \{V_{jk}, W_{ki}\}$，则优化问题的函数如下：

$$\min E(w) = \frac{1}{2} \sum_{i,t} (y_i(t) - \hat{y}_i(t))^2 = \frac{1}{2} \sum_{i,t} [y_i(t) - f(\sum_{k=0}^{q} W_{ki} H_k(t))]^2$$

如何求解这个优化问题获得最优的 $w^*$ 呢？常用的有 BP 算法，这里不再介绍该算法的具体细节，本节着重介绍如何利用 Python 进行神经网络模型应用。

### 5.5.3 Python 神经网络分类应用举例

仍以 5.4.2 小节的澳大利亚信贷批准数据集为例，介绍 Python 神经网络分类模型的应用。具体计算思路及流程如下：

**1．数据获取、训练样本与测试样本的划分**

数据获取、训练样本与测试样本的划分同 5.4.2 小节。

**2．神经网络分类模型构建**

（1）导入神经网络分类模块 MLPClassifier。

```
from sklearn.neural_network import MLPClassifier
```

（2）利用 MLPClassifier 创建神经网络分类对象 clf。

```
clf = MLPClassifier(solver='lbfgs', alpha=1e-5,hidden_layer_sizes=(5,2), random_state=1)
```

参数说明如下：

solver：神经网络优化求解算法，包括 lbfgs、sgd、adam 3 种，默认值为 adam。

alpha：模型训练误差，默认值为 0.0001。

hidden_layer_sizes：隐含层神经元个数。如果是单层神经元，设置具体数值即可，本例中隐含层有两层，即 5×2。

random_state：默认设置为 1 即可。

（3）调用 clf 对象中的 fit()方法进行网络训练。

```
clf.fit(x, y)
```

（4）调用 clf 对象中的 score ()方法，获得神经网络的预测准确率（针对训练数据）。

```
rv=clf.score(x,y)
```

（5）调用 clf 对象中的 predict()方法可以对测试样本进行预测，获得预测结果。

```
R=clf.predict(x1)
```

示例代码如下：

```
import pandas as pd
data = pd.read_excel('credit.xlsx')
x = data.iloc[:600,:14].as_matrix()
y = data.iloc[:600,14].as_matrix()
x1= data.iloc[600:,:14].as_matrix()
y1= data.iloc[600:,14].as_matrix()
from sklearn.neural_network import MLPClassifier
clf = MLPClassifier(solver='lbfgs', alpha=1e-5,hidden_layer_sizes=(5,2), random_state=1)
clf.fit(x, y);
rv=clf.score(x,y)
R=clf.predict(x1)
Z=R-y1
Rs=len(Z[Z==0])/len(Z)
print('预测结果为: ',R)
print('预测准确率为: ',Rs)
```

执行结果如下：

```
预测结果为: [0 1 1 1 1 0 0 1 0 1 1 0 0 0 1 1 0 0 0 1 0 1 1 0 1 0 0 0 0 0 0 0 0 0 0 0 0
 0 0 0 0 1 1 0 1 0 1 1 0 1 0 0 0 1 0 0 1 0 0 0 1 0 1 0 1 0 0 0 0 0 0 0 0 0 0
 0 0 0 0 0 1 0 0 1 0 1 1 0 0 1 0]
预测准确率为: 0.8222222222222222
```

神经网络回归
应用举例

### 5.5.4 Python 神经网络回归应用举例

仍以 5.3.3 小节中的发电场数据为例，预测 AT=28.4，V=50.6，AP=1011.9，RH=80.54 时的 PE 值。计算思路及流程如下：

**1．数据获取及训练样本构建**

训练样本的特征输入变量用 x 表示，输出变量用 y 表示。

```
import pandas as pd
data = pd.read_excel('发电场数据.xlsx')
x = data.iloc[:,0:4]
y = data.iloc[:,4]
```

### 2．预测样本的构建

预测样本的输入特征变量用 x1 表示。

```
import numpy as np
x1=np.array([28.4,50.6,1011.9,80.54])
x1=x1.reshape(1,4)
```

### 3．神经网络回归模型构建

（1）导入神经网络回归模块 MLPRegressor。
```
from sklearn.neural_network import MLPRegressor
```
（2）利用 MLPRegressor 创建神经网络回归对象 clf。
```
clf = MLPRegressor(solver='lbfgs', alpha=1e-5,hidden_layer_sizes=8, random_
state=1)
```
参数说明如下：

solver：神经网络优化求解算法，包括 lbfgs、sgd、adam 3 种，默认为 adam。

alpha：模型训练误差，默认为 0.0001。

hidden_layer_sizes：隐含层神经元个数。如果是单层神经元，设置具体数值即可。如果是多层，如隐含层有两层 5×2，则 hidden_layer_sizes=(5,2)。

random_state：默认设置为 1 即可。

（3）调用 clf 对象中的 fit()方法进行网络训练。
```
clf.fit(x, y)
```
（4）调用 clf 对象中的 score ()方法，获得神经网络回归的拟合优度（判决系数）。
```
rv=clf.score(x,y)
```
（5）调用 clf 对象中的 predict()可以对测试样本进行预测，获得预测结果。
```
R=clf.predict(x1)
```
示例代码如下：
```
import pandas as pd
data = pd.read_excel('发电场数据.xlsx')
x = data.iloc[:,0:4]
y = data.iloc[:,4]
from sklearn.neural_network import MLPRegressor
clf = MLPRegressor(solver='lbfgs', alpha=1e-5,hidden_layer_sizes=8, random_state=1)
clf.fit(x, y);
rv=clf.score(x,y)
import numpy as np
x1=np.array([28.4,50.6,1011.9,80.54])
x1=x1.reshape(1,4)
R=clf.predict(x1)
print('样本预测值为：',R)
```
输出结果为：
```
样本预测值为：[ 439.27258187]
```

## 5.6 支持向量机

支持向量机（Support Vector Machine，SVM）在小样本、非线性及高维模式识别中具有突出的优势。支持向量机是机器学习中非常优秀的算法，主要用于分类问题，在文本分类、图像识别、数据挖掘领域中均具有广泛的应用。由于支持向量机的数学模型和数学推导比较复杂，下面主要介绍支持向量机的基本原理和利用 Python 中的支持向量机函数来解决实际问题。

### 5.6.1 支持向量机原理

支持向量机基于统计学理论，强调结构风险最小化。其基本思想是：对于一个给定有限数量训练样本的学习任务，通过在原空间或投影后的高维空间中构造最优分离超平面，将给定的两类训练样本分开，构造分离超平面的依据是两类样本对分离超平面的最小距离最大化。它的思想可用图5-18说明，图中描述的是两类样本线性可分的情形，图中圆形和星形分别代表两类样本。

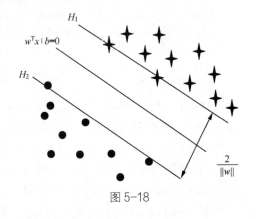

图 5-18

根据支持向量机原理，建立模型就是要找到最优分离超平面（最大间隔分离样本的超平面）分开两类样本。最优分离超平面可以记为：

$$w^T x + b = 0$$

这样位于最优分离超平面上方的点满足：

$$w^T x + b > 0$$

位于最优分离超平面下方的点满足：

$$w^T x + b < 0$$

通过调整权重 $w$，边缘的超平面可以记为：

$$H_1: \quad w^T x + b \geqslant 1 \qquad \text{对所有的} y_i = +1$$

$$H_2: \quad w^T x + b \leqslant -1 \qquad \text{对所有的} y_i = -1$$

即落在 $H_1$ 或者其上方的为正类，落在 $H_2$ 或者其下方的为负类，综合以上得到：

$$y_i(w^T x + b) \geqslant 1, \forall i$$

落在 $H_1$ 或者 $H_2$ 上的训练样本，称为支持向量。

从最优分离超平面到 $H_1$ 上任意点的距离为 $\dfrac{1}{\|w\|}$，同理到 $H_2$ 上任意点的距离也为 $\dfrac{1}{\|w\|}$，则最大边缘间隔为 $\dfrac{2}{\|w\|}$。

如何寻找最优分离超平面和支持向量机，需要用到更高的数学理论知识及技巧，这里不再介绍。对于非线性可分的情形，可以通过非线性映射将原数据变换到更高维空间，在新的高维空间中实现线性可分。这种非线性映射可以通过核函数来实现，常用的核函数包括：

### 1. 高斯核函数

$$K(x_i, x_j) = e^{-\|x_i - x_j\|^2 / 2\delta^2}$$

### 2. 多项式核函数

$$K(x_i, x_j) = (x_i x_j + 1)^h$$

### 3. sigmoid 核函数

$$K(x_i, x_j) = \tanh(k x_i x_j - \delta)$$

本小节我们主要学习、理解支持向量机的基本原理，对于支持向量机更深层次的数学推导和技巧不做要求。下面主要学习如何利用 Python 机器学习包中提供的支持向量机求解命令来解决实际问题。

## 5.6.2 Python 支持向量机应用举例

取自 UCI 公共测试数据库中的汽车评价数据集作为本例的数据集，该数据集共有 6 个特征、1 个分类标签，共 1728 条记录，部分数据如表 5-4 所示。

神经网络与支持向量机分类应用举例

表 5-4　　　　　　　　　　　汽车评价数据（部分）

| a₁ | a₂ | a₃ | a₄ | a₅ | a₆ | d |
|----|----|----|----|----|----|----|
| 4 | 4 | 2 | 2 | 3 | 2 | 3 |
| 4 | 4 | 2 | 2 | 3 | 3 | 3 |
| 4 | 4 | 2 | 2 | 3 | 1 | 3 |
| 4 | 4 | 2 | 2 | 2 | 2 | 3 |
| 4 | 4 | 2 | 2 | 2 | 3 | 3 |
| 4 | 4 | 2 | 2 | 2 | 1 | 3 |
| 4 | 4 | 2 | 2 | 1 | 2 | 3 |
| 4 | 4 | 2 | 2 | 1 | 3 | 3 |
| 4 | 4 | 2 | 2 | 1 | 1 | 3 |
| 4 | 4 | 2 | 4 | 3 | 2 | 3 |
| 4 | 4 | 2 | 4 | 3 | 3 | 3 |
| 4 | 4 | 2 | 4 | 3 | 1 | 3 |

......

其中特征 $a_1 \sim a_6$ 的含义及取值依次为：

```
buying        v-high, high, med, low
maint         v-high, high, med, low
```

```
doors        2, 3, 4, 5-more
persons      2, 4, more
lug_boot     small, med, big
safety       low, med, high
```

分类标签 d 的取值情况为：

```
unacc        1
acc          2
good         3
v-good       4
```

取数据集的前 1690 条记录作为训练集，余下的作为测试集，计算预测准确率。计算流程及思路如下。

### 1．数据获取

```
import pandas as pd
data = pd.read_excel('car.xlsx')
```

### 2．训练样本与测试样本划分

训练用的特征数据用 x 表示，预测变量用 y 表示，测试样本则分别记为 x1 和 y1。

```
x = data.iloc[:1690,:6].as_matrix()
y = data.iloc[:1690,6].as_matrix()
x1= data.iloc[1691:,:6].as_matrix()
y1= data.iloc[1691:,6].as_matrix()
```

### 3．支持向量机分类模型构建

（1）导入支持向量机模块 svm。

```
from sklearn import svm
```

（2）利用 svm 创建支持向量机类 svm。

```
clf = svm.SVC(kernel='rbf')
```

其中核函数可以选择线性核函数、多项式核函数、高斯核函数、sigmoid 核，分别用 linear、poly、rbf、sigmoid 表示，默认情况下选择高斯核函数。

（3）调用 svm 中的 fit()方法进行训练。

```
clf.fit(x, y)
```

（4）调用 svm 中的 score()方法，考查训练效果。

```
rv=clf.score(x, y); # 模型准确率（针对训练数据）
```

（5）调用 svm 中的 predict()方法，对测试样本进行预测，获得预测结果。

```
R=clf.predict(x1)
```

示例代码如下：

```
import pandas as pd
data = pd.read_excel('car.xlsx')
x = data.iloc[:1690,:6].as_matrix()
y = data.iloc[:1690,6].as_matrix()
x1= data.iloc[1691:,:6].as_matrix()
y1= data.iloc[1691:,6].as_matrix()
from sklearn import svm
clf = svm.SVC(kernel='rbf')
```

```
clf.fit(x, y)
rv=clf.score(x, y);
R=clf.predict(x1)
Z=R-y1
Rs=len(Z[Z==0])/len(Z)
print('预测结果为: ',R)
print('预测准确率为: ',Rs)
```

输出结果如下：

预测结果为: [4 3 1 2 3 2 4 3 2 4 3 3 3 3 3 3 3 3 3 1 2 3 2 4 3 2 4 3 1 2 3 2 4
3 2 4]

预测准确率为: 1.0

## 5.7　K-均值聚类

聚类分析主要是使类内的样本尽可能相似，而类之间的样本尽可能相异。聚类问题的一般提法是，设有 $n$ 个样本的 $p$ 维观测数据组成一个数据矩阵为：

$$X = \begin{pmatrix} x_{11} & x_{12} & \cdots & x_{1p} \\ x_{21} & x_{22} & \cdots & x_{2p} \\ \vdots & \vdots & & \vdots \\ x_{n1} & x_{n2} & \cdots & x_{np} \end{pmatrix}$$

K-均值聚类

其中，每一行表示一个样本，每一列表示一个指标，$x_{ij}$ 表示第 $i$ 个样本关于第 $j$ 项指标的观测值，并根据观测值矩阵 $X$ 对样本进行聚类。聚类分析的基本思想是：在样本之间定义距离，距离表明样本之间的相似度，距离越小，相似度越高，关系越紧密；将关系密切的聚集为一类，关系疏远的聚集为另一类，直到所有样本都聚集完毕。

聚类分析旨在找出数据对象之间的关系，对原数据进行分组并定义标签，标准是每个大组之间存在一定的差异性，而组内的对象存在一定的相似性。因此大组之间差异越大，组内的对象相似度越高，最终的聚类效果就越显著。

K-均值聚类算法是数据挖掘中的经典聚类算法，它是一种划分型聚类算法，简洁和高效使得它已成为所有聚类算法中最广泛使用的算法。下面我们详细介绍 K-均值聚类算法的原理、执行流程和 Python 实现方法。

### 5.7.1　K-均值聚类的基本原理

K-均值聚类是一种基于原型的、根据距离划分组的算法，其时间复杂度比其他聚类算法低，用户需指定划分组的个数 $K$。其中，K-均值聚类常见距离测度包括欧几里得距离（也称欧氏距离）、曼哈顿距离、切比雪夫距离等。通常情况下，K-均值聚类分析默认采用欧氏距离进行计算，不仅计算方便，而且很容易解释对象之间的关系。欧氏距离的公式如下：

$$d_{ij} = \sqrt{\sum_{m=1}^{n}(x_{im} - x_{jm})^2}$$

表示第 $i$ 个样本与第 $j$ 个样本之间的欧氏距离。

K-均值聚类算法的直观理解如下：

Step1：随机初始化 $K$ 个聚类中心，即 $K$ 个类中心向量。

Step2：对每个样本，计算其与各个类中心向量的距离，并将该样本指派给距离最小的类。

Step3：更新每个类的中心向量，更新的方法为取该类所有样本的特征向量均值。

Step4：直到各个类的中心向量不再发生变化为止，作为退出条件。

例如，有以下 8 个数据样本：

| $x_i$ | 1.5 | 1.7 | 1.6 | 2.1 | 2.2 | 2.4 | 2.5 | 1.8 |
| --- | --- | --- | --- | --- | --- | --- | --- | --- |
| $y_i$ | 2.5 | 1.3 | 2.2 | 6.2 | 5.2 | 7.1 | 6.8 | 1.9 |

将 8 个数据样本聚为两类，其 K-均值聚类算法执行如下：

Step1：初始化两个类的聚类中心，这里取第 1 个、第 2 个样本分别为两个类的聚类中心。

```
C1-(1.5,2.5)
C2=(1.7,1.3)
```

Step2：分别计算每个样本到达各个聚类中心的距离如下：

```
到达 C1 的距离：0    1.22   0.32   3.75   2.79   4.69   4.41   0.67
到达 C2 的距离：1.22  0     0.91   4.92   3.93   5.84   5.56   0.61
各样本所属类：  1    2     1      1      1      1      1      2
```

Step3：更新聚类中心，更新方法为计算所属类的特征向量的均值。

例如，$C1$ 聚类中心向量的 $x$ 分量为样本 1、3、4、5、6、7 的特征 $x$ 分量的均值，$y$ 分量为样本 1、3、4、5、6、7 的特征 $y$ 分量的均值。$C2$ 聚类中心向量则分别为样本 2、8 的特征向量的均值。

```
C1=((1.5+1.6+2.1+2.2+2.4+2.5)/6,(2.5+2.2+6.2+5.2+7.1+6.8)/6)=(2.05,5)
C2=((1.7+1.8)/2,(1.3+1.9)/2)=(1.75,1.6)
```

返回 Step2，重新计算各样本到达各聚类中心的距离。

```
到达 C1 的距离：2.56   3.72   2.84   1.2    0.25   2.13   1.86   3.11
到达 C2 的距离：0.93   0.3    0.62   4.61   3.63   5.54   5.25   0.3
各样本所属类：  2     2      2      1      1      1      1      2
```

同理更新聚类中心得：

$$C1=(2.3,6.325)$$

$$C2=(1.65,1.975)$$

返回 Step2，重新计算各样本到达各聚类中心的距离。

```
到达 C1 的距离：3.91   5.06   4.18   0.24   1.13   0.78   0.52   4.45
到达 C2 的距离：0.55   0.68   0.23   4.25   3.27   5.18   4.9    0.17
各样本所属类：  2     2      2      1      1      1      1      2
```

同理更新聚类中心得：

$$C1=(2.3,6.325)$$

$$C2=(1.65,1.975)$$

Step4：这里我们发现，聚类中心不再发生变化，而且类归属也没有发生变化。其实正是因为类归属没有发生变化，才导致了聚类中心不再发生变化，达到算法终止条件。故样本 1、2、3、8 归为一类，样本 4、5、6、7 归为另一类。

我们可以使用 Python 编写 K-均值聚类算法程序，这样能更好地对 K-均值聚类算法进行理解，参考程序如下：

```python
def K_mean(data,knum):
    #输入：data——聚类特征数据集，数据结构要求为 NumPy 数值数组
    #输入：knum——聚类个数
    #返回值，data 后面加一列类别，显示类别
    import pandas as pd
    import numpy as np
    p=len(data[0,:])                          #聚类数据维度
    cluscenter=np.zeros((knum,p))             #预定义元素为全 0 的初始聚类中心
    lastcluscenter=np.zeros((knum,p))         #预定义元素为全 0 的旧聚类中心
    #初始聚类中心和旧聚类中心初始化，取数据的前 knum 行作为初始值
    for i in range(knum):
      cluscenter[i,:]=data[i,:]
      lastcluscenter[i,:]=data[i,:]
    #预定义聚类类别一维数组，用于存放每次计算样本的所属类别
    clusindex=np.zeros((len(data)))
    while 1:
        for i in range(len(data)):
            #计算第 i 个样本到各个聚类中心的欧氏距离
            #预定义 sumsquare，用于存放第 i 个样本到各个聚类中心的欧氏距离
            sumsquare=np.zeros((knum))
            for k in range(knum):
                sumsquare[k]=sum((data[i,:]-cluscenter[k,:])**2)
            sumsquare=np.sqrt(sumsquare)
            #对第 i 个样本到各个聚类中心的欧氏距离进行升序排序
            s=pd.Series(sumsquare).sort_values()
            #判断第 i 个样本的类归属（距离最小，即 s 序列中第 0 个位置的索引）
            clusindex[i]=s.index[0]
        #将聚类结果添加到聚类数据最后一列
        clusdata=np.hstack((data,clusindex.reshape((len(data),1))))
        #更新聚类中心，新的聚类中心为对应类别样本特征的均值
        for i in range(knum):
            cluscenter[i,:]=np.mean(clusdata[clusdata[:,p]==i,:-1],0).reshape (1,p)
        #新的聚类中心与旧的聚类中心相减
        t=abs(lastcluscenter-cluscenter)
        #如果新的聚类中心与旧的聚类中心一致，即聚类中心不发生变化
        #返回聚类结果，并退出循环
        if sum(sum(t))==0:
            return clusdata
            break
        #如果更新的聚类中心与旧的聚类中心不一致
        #将更新的聚类中心赋给旧的聚类中心，进入下一次循环
        else:
            for k in range(knum):
                lastcluscenter[k,:]=cluscenter[k,:]
```

调用该算法函数，并绘制聚类效果图，代码如下：

```python
import pandas as pd
D=pd.read_excel('D.xlsx',header=None)
D=D.as_matrix()
```

```
r=K_mean(D,2)
x0=r[r[:,2]==0,0]
y0=r[r[:,2]==0,1]
x1=r[r[:,2]==1,0]
y1=r[r[:,2]==1,1]
import matplotlib.pyplot as plt
plt.plot(x0,y0,'r*')
plt.plot(x1,y1,'bo')
```

执行结果如图 5-19 所示。

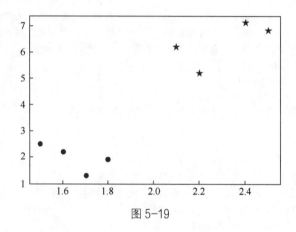

图 5-19

从图 5-19 可以看出，样本被明显地归结为两类：星形为 1 类，圆形为 2 类。

### 5.7.2  Python K-均值聚类算法应用举例

对表 5-1 所示的 31 个地区 2016 年农村居民人均可支配收入情况做聚类分析，计算思路及流程如下：

#### 1．数据获取及标准化处理

```
import pandas as pd
data=pd.read_excel('农村居民人均可支配收入来源 2016.xlsx')
X=data.iloc[:,1:]
from sklearn.preprocessing import StandardScaler
scaler = StandardScaler()
scaler.fit(X)
X=scaler.transform(X)
```

#### 2．K-均值聚类分析

（1）导入 K-均值聚类模块 KMeans。

```
from sklearn.cluster import KMeans
```

（2）利用 KMeans 创建 K-均值聚类对象 model。

```
model = KMeans(n_clusters = K, random_state=0, max_iter = 500)
```

参数说明如下：

n_clusters：设置的聚类个数 $K$。

random_state：随机初始状态，设置为 0 即可。

max_iter：最大迭代次数。

（3）调用 model 对象中的 fit() 方法进行拟合训练。

```
model.fit(X)
```

（4）获取 model 对象中的 labels_ 属性，可以返回其聚类的标签。

```
c=model.labels_
```

示例代码如下：

```
import pandas as pd
data=pd.read_excel('农村居民人均可支配收入来源2016.xlsx')
X=data.iloc[:,1:]
from sklearn.preprocessing import StandardScaler
scaler = StandardScaler()
scaler.fit(X)
X=scaler.transform(X)
from sklearn.cluster import KMeans
model = KMeans(n_clusters = 4, random_state=0, max_iter = 500)
model.fit(X)
c=model.labels_
Fs=pd.Series(c,index=data['地区'])
Fs=Fs.sort_values(ascending=True)
```

执行结果如图 5-20 所示。

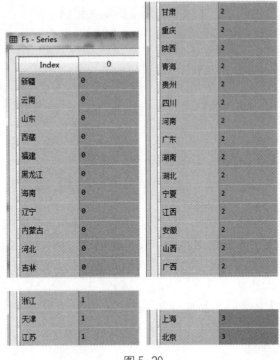

图 5-20

从图 5-20 可以看出，表 5-1 所示的 31 个地区分为 4 类，类标签分别为 0、1、2、3。例如，第 1 类为浙江、天津、江苏，第 3 类为上海、北京。这里需要说明的是类标签的数值没有实际的意义，仅起到类标注的作用。

## 5.8 关联规则

提到关联规则不得不先看一个有趣的故事："啤酒与尿布"。它发生在美国沃尔玛连锁超市。沃尔玛拥有很大的数据仓库系统。为了能够准确地了解顾客的购买习惯，沃尔玛对顾客购物行为进行了购物篮分析，想知道顾客经常一起购买的商品都有哪些。沃尔玛数据仓库系统里集中了详细的原始交易数据。在这些原始交易数据的基础上，沃尔玛利用数据挖掘方法对这些数据进行分析和挖掘。一个意外的发现是：与尿布一起购买最多的商品竟是啤酒！大量实际调查分析揭示了一个隐藏的规律：在美国，一些年轻的父亲下班后经常要到超市去买婴儿尿布，而他们中有 30%～40% 的人同时也为自己买一些啤酒。产生这一现象的原因是：美国太太们常叮嘱她们的丈夫下班后为小孩买尿布，而丈夫们在买尿布后又随手带回了他们喜欢的啤酒。

我们先不讨论这个故事的真实性，但是这种"啤酒与尿布"的关联关系在现实中却广泛存在，如人们的穿衣搭配、产品交叉销售、各种营销推荐方案等，归结起来它们就是一种关联规则问题。本节主要介绍关联规则的基本概念、关联规则的挖掘方法和 Python 实现。

### 5.8.1 关联规则概念

假设有以下数据，每行代表一个顾客在超市的购买记录。

I1：西红柿、排骨、鸡蛋。

I2：西红柿、茄子。

I3：鸡蛋、袜子。

I4：西红柿、排骨、茄子。

I5：西红柿、排骨、袜子、酸奶。

I6：鸡蛋、茄子、酸奶。

I7：排骨、鸡蛋、茄子。

I8：土豆、鸡蛋、袜子。

I9：西红柿、排骨、鞋子、土豆。

假如有一条规则：西红柿—排骨，则同时购买西红柿和排骨的顾客比例为 4/9，而购买西红柿的顾客当中也购买了排骨的比例是 4/5。这两个比例参数在关联规则中是非常有意义的度量，分别称作支持度（Support）和置信度（Confidence）。支持度反映了规则的覆盖范围，置信度反映了规则的可信程度。

在关联规则中，如上例所有商品集合 $I$={西红柿,排骨,鸡蛋,茄子,袜子,酸奶,土豆,鞋子}称作项集，每一个顾客购买的商品集合 $Ii$ 称为一个事务，所有事务 $T$={$I1,I2,\cdots,I9$}称作事务集合，且满足 $Ii$ 是 $T$ 的真子集。

项集是项的集合。包含 $k$ 项的项集称作 $k$ 项集，例如，集合{西红柿,排骨,鸡蛋}是一个 3 项集。项集出现的频率是所有包含项集的事务计数，又称作绝对支持度或支持度计数。假设某项集 $I$ 的相对支持度满足预定义的最小支持度阈值，则 $I$ 是频繁项集。频繁 $k$ 项集通常记作 $k$。

一对一关联规则的形式如下：

$A \Rightarrow B$ ，$A$、$B$ 满足 $A$、$B$ 是 $T$ 的真子集，并且 $A$ 和 $B$ 的交集为空集。其中 $A$ 称为前件，$B$ 称为后件。

关联规则有时也表示形如"如果……那么……"，前者是规则成立的条件，后者是条件下发生的结果。支持度和置信度有以下计算公式：

$$\text{Support}(A \Rightarrow B) = \frac{A, B \text{同时发生的事务个数}}{\text{所有事务个数}} = \frac{\text{Support\_count}(A \cap B)}{\text{Total}}$$

$$\text{Confidence}(A \Rightarrow B) = P(B \mid A) = \frac{\text{Support}(A \cap B)}{\text{Support}(A)} = \frac{\text{Support\_count}(A \cap B)}{\text{Support\_count}(A)}$$

支持度表示为项集 $A$、$B$ 同时发生的概率，而置信度则表示为项集 $A$ 发生的条件下项集 $B$ 发生的概率。

在现实应用中，还存在多对一的关联规则，其形式如下：

$A, B, \cdots \Rightarrow K$ ，$A$、$B$、$\cdots$、$K$ 满足 $A$、$B$、$\cdots$、$K$ 是 $T$ 的真子集，并且 $A$、$B$、$\cdots$、$K$ 的交集为空集。其中 $A, B, \cdots$ 称为前件，$K$ 称为后件，多对一关联规则的支持度和置信度计算公式如下：

$$\text{Support}(A, B, \cdots \Rightarrow K) = \frac{A, B, \cdots, K \text{同时发生的事务个数}}{\text{所有事务个数}}$$

$$= \frac{\text{Support\_count}(A \cap B \cdots \cap K)}{\text{Total}}$$

$$\text{Confidence}(A, B, \cdots \Rightarrow K) = P(K \mid A, B, \cdots) = \frac{\text{Support}(A \cap B \cdots \cap K)}{\text{Support}(A \cap B \cdots)}$$

$$= \frac{\text{Support\_count}(A \cap B \cdots \cap K)}{\text{Support\_count}(A \cap B \cdots)}$$

支持度表示项集 $A$、$B$、$\cdots$、$K$ 同时发生的概率，而置信度则表示项集 $A$、$B$、$\cdots$、$K$ 发生的条件下项集 $K$ 发生的概率。

### 5.8.2　布尔关联规则挖掘

布尔关联规则挖掘是指将事务数据集转化为布尔值（0 或 1）数据集，并在布尔数据集基础上挖掘关联规则的一种方法。事实上在布尔数据集上挖掘关联规则很方便，由于取值要么是 0，要么是 1，计算关联规则的支持度和置信度仅通过求和运算即可完成。例如，将 5.8.1 小节中的购买记录转换为布尔值数据集如表 5-5 所示。

表 5-5　　　　　　　　　　　　　　布尔数据集示例

| ID | 土豆 | 排骨 | 茄子 | 袜子 | 西红柿 | 酸奶 | 鞋子 | 鸡蛋 |
|----|------|------|------|------|--------|------|------|------|
| I1 | 0 | 1 | 0 | 0 | 1 | 0 | 0 | 1 |
| I2 | 0 | 0 | 1 | 0 | 1 | 0 | 0 | 0 |
| I3 | 0 | 0 | 0 | 1 | 0 | 0 | 0 | 1 |
| I4 | 0 | 1 | 1 | 0 | 1 | 0 | 0 | 0 |
| I5 | 0 | 1 | 0 | 1 | 1 | 1 | 0 | 0 |
| I6 | 0 | 0 | 1 | 0 | 0 | 1 | 0 | 1 |

续表

| ID | 土豆 | 排骨 | 茄子 | 袜子 | 西红柿 | 酸奶 | 鞋子 | 鸡蛋 |
|----|------|------|------|------|--------|------|------|------|
| I7 | 0 | 1 | 1 | 0 | 0 | 0 | 0 | 1 |
| I8 | 1 | 0 | 0 | 1 | 0 | 0 | 0 | 1 |
| I9 | 1 | 1 | 0 | 0 | 1 | 0 | 1 | 0 |

在布尔数据集中每一行仍然代表一个事务，即超市的购买记录；列为项，即购买的商品名称；值取 0 表示该事务在对应的项中没有出现，即该购买记录中没有购买该商品，否则为1。下面我们介绍如何在布尔数据集基础上进行关联规则挖掘，包括一对一关联规则挖掘和多对一关联规则挖掘。

### 5.8.3 一对一关联规则挖掘及 Python 实现

一对一关联规则是指规则的前件和后件都只有一项，这种关联规则的挖掘相对简单，直接利用关联规则支持度和置信度的计算公式计算即可。下面我们介绍 Python 的实现方法。具体计算思路及流程如下：

#### 1. 事务数据集转化为布尔（0 或 1）值数据表

算法如下：

首先，定义一个空的字典 D 和包含所有商品的列表 item=['西红柿','排骨','鸡蛋','茄子','袜子','酸奶','土豆','鞋子']。

其次，定义一个长度与数据集长度（事务个数）相同的一维全零数组 z。循环操作商品列表 item，对每一个商品，搜索其所在事务序号（行号），并将事务序号对应的 z 位置修改为1，同时以商品作为键，z 作为值，添加到字典 D 中。

最后，将 D 转化为数据框。

示例代码如下：

```
item=['西红柿','排骨','鸡蛋','茄子','袜子','酸奶','土豆','鞋子']
import pandas as pd
import numpy as np
data = pd.read_excel('tr.xlsx',header = None)
data=data.iloc[:,1:]
D=dict()
for t in range(len(item)):
    z=np.zeros((len(data)))
    li=list()
    for k in range(len(data.iloc[0,:])):
        s=data.iloc[:,k]==tiem[t]
        li.extend(list(s[s.values==True].index))
    z[li]=1
    D.setdefault(item [t],z)
Data=pd.DataFrame(D)   #布尔值数据表
```

执行结果如图 5-21 所示。

| Index | 土豆 | 排骨 | 茄子 | 袜子 | 西红柿 | 酸奶 | 鞋子 | 鸡蛋 |
|---|---|---|---|---|---|---|---|---|
| 0 | 0 | 1 | 0 | 0 | 1 | 0 | 0 | 1 |
| 1 | 0 | 0 | 1 | 0 | 1 | 0 | 0 | 0 |
| 2 | 0 | 0 | 1 | 0 | 0 | 0 | 0 | 1 |
| 3 | 0 | 1 | 1 | 0 | 1 | 0 | 0 | 0 |
| 4 | 0 | 1 | 0 | 1 | 1 | 1 | 0 | 0 |
| 5 | 0 | 0 | 1 | 0 | 0 | 0 | 0 | 0 |
| 6 | 0 | 1 | 1 | 0 | 0 | 0 | 0 | 0 |
| 7 | 1 | 0 | 0 | 1 | 0 | 0 | 0 | 1 |
| 8 | 1 | 1 | 0 | 0 | 1 | 0 | 1 | 0 |

图 5-21

### 2. 挖掘两项之间的关联规则，并将结果导出到 Excel 文件中

利用关联规则的置信度定义和支持度定义，挖掘两项之间的关联规则，并将结果导出到 Excel 文件中，示例代码如下：

```python
#获取字段名称,并转化为列表
c=list(Data.columns)
c0=0.5 #最小置信度
s0=0.2 #最小支持度
list1=[] #预定义列表 list1, 用于存放规则
list2=[] #预定义列表 list2, 用于存放规则的支持度
list3=[] #预定义列表 list3, 用于存放规则的置信度
for k in range(len(c)):
    for q in range(len(c)):
        #对第 c[k]个项与第 c[q]个项挖掘关联规则
        #规则的前件为 c[k]
        #规则的后件为 c[q]
        #要求前件和后件不相等
        if c[k]!=c[q]:
            c1=Data[c[k]]
            c2=Data[c[q]]
            I1=c1.values==1
            I2=c2.values==1
            t12=np.zeros((len(c1)))
            t1=np.zeros((len(c1)))
            t12[I1&I2]=1
            t1[I1]=1
            sp=sum(t12)/len(c1) #支持度
            co=sum(t12)/sum(t1) #置信度
            #取置信度大于等于 c0 的关联规则
            if co>=c0 and sp>=s0:
                list1.append(c[k]+'--'+c[q])
                list2.append(sp)
                list3.append(co)
#定义字典, 用于存放关联规则及其置信度、支持度
```

115

```
R={'rule':list1,'support':list2,'confidence':list3}
#将字典转化为数据框
R=pd.DataFrame(R)
#将结果导出到Excel
R.to_excel('rule1.xlsx')
```

执行结果如表 5-6 所示。

表 5-6　　　　　　　　　　　　　　一对一关联规则挖掘示例结果

| ID | rule | support | confidence |
| --- | --- | --- | --- |
| 0 | 排骨—西红柿 | 0.444444444 | 0.8 |
| 1 | 茄子—排骨 | 0.222222222 | 0.5 |
| 2 | 茄子—西红柿 | 0.222222222 | 0.5 |
| 3 | 茄子—鸡蛋 | 0.222222222 | 0.5 |
| 4 | 袜子—鸡蛋 | 0.222222222 | 0.666666667 |
| 5 | 西红柿—排骨 | 0.444444444 | 0.8 |

### 5.8.4　多对一关联规则挖掘及 Python 实现

一对一、多对一关
联规则与应用举例

多对一关联规则是指前件有多个项，而后件只有一个项的关联规则。多对一关联规则在应用中具有非常积极的意义，但是挖掘起来比较困难，特别是大规模的问题，寻找到感兴趣的关联规则可能需要耗费极大的计算精力。作为关联规则挖掘中的经典算法——Apriori 算法，针对中小规模的关联规则挖掘问题具有较好的适用性。下面介绍 Apriori 算法的基本原理及 Python 实现方法。

#### 1．Apriori 算法：挖掘频繁项集

Apriori 算法的主要思路是找出存在于事务数据集中的最大频繁项集，再利用得到的最大频繁项集与预先设定的最小置信度阈值生成强关联规则。算法具体过程如下：

Step1：设置预定的最小支持度阈值和最小置信度阈值。

Step2：在研究数据中找出所有频繁项集（支持度必须大于等于给定的最小支持度阈值），在这个过程中连接步和剪枝步互相融合，最终得到最大频繁项集 $L_k$。

（1）连接步。目的是找到 $K$ 项集。对给定的最小支持度阈值，分别对 1 项候选集 $C_1$，剔除小于该阈值的项集得到 1 项频繁项集 $L_1$；下一步由 $L_1$ 自身连接产生 2 项候选项集 $C_2$，保留 $C_2$ 中满足约束条件的项集得到 2 项频繁项集，记为 $L_2$；再由 $L_2$ 与 $L_2$ 连接产生 3 项候选项集 $C_3$，保留 $C_3$ 中满足约束条件的项集得到 3 项频繁项集，基于 $L_3$……这样循环下去得到最大频繁项集 $L_k$。

（这里运用到关联规则中的置信度和支持度的计算公式）。

（2）剪枝步。紧接着连接步，在产生候选项 $C_k$ 的过程中起到减小搜索空间的目的。由于 $C_k$ 是 $L_{k-1}$ 与 $L_{k-1}$ 连接产生的，根据 Apriori 算法的性质频繁项集的所有非空子集也必须是频繁项集，所有不满足该性质的项集不会存在于 $C_k$ 中，该过程就是剪枝。

Step3：由频繁项集产生强关联规则，经 Step2 可知未超过预定的最小支持度阈值的项集

已经被剔除，如果剩下的这些规则又满足了预定的最小置信度阈值，那么就挖掘出了强关联规则。

综合以上所述，根据支持度和置信度两个指标，我们可以准确并稳定地衡量某条关联规则，因此需要根据实际情况设定相应的最小支持度和最小置信度，就可以筛选出符合我们要求的关联规则。

下面基于表 5-5 所示的数据说明 Apriori 算法的执行流程，执行步骤如下：

Step1：扫描数据集，对每个候选计数，并设置最小支持度为 3，得到 1 项候选项集 $C_1$ 和 1 项频繁项集 $L_1$。

Step2：由 $L_1$ 与 $L_1$ 连接，得到 2 项候选项集 $C_2$ 和 2 项频繁项集 $L_2$。

Step3：由 $L_2$ 与 $L_2$ 连接，得到 3 项候选项集 $C_3$ 和 3 项频繁项集 $L_3$，这里 $L_3$ 为空集，算法终止。

其中候选项集和频繁项集的产生过程如图 5-22 所示。

$C_2$

| 项集 | 支持度计数 |
| --- | --- |
| 土豆，排骨 | 1 |
| 土豆，茄子 | 0 |
| 土豆，袜子 | 1 |
| 土豆，西红柿 | 1 |
| 土豆，酸奶 | 0 |
| 土豆，鸡蛋 | 1 |
| 排骨，茄子 | 2 |
| 排骨，袜子 | 1 |
| 排骨，西红柿 | 4 |
| 排骨，酸奶 | 1 |
| 排骨，鸡蛋 | 2 |
| 茄子，袜子 | 0 |
| 茄子，西红柿 | 2 |
| 茄子，酸奶 | 1 |
| 茄子，鸡蛋 | 2 |
| 袜子，西红柿 | 1 |
| 袜子，酸奶 | 1 |
| 袜子，鸡蛋 | 2 |
| 西红柿，酸奶 | 1 |
| 西红柿，鸡蛋 | 1 |
| 酸奶，鸡蛋 | 1 |

$C_1$

| 项集 | 支持度计数 |
| --- | --- |
| 土豆 | 2 |
| 排骨 | 5 |
| 茄子 | 4 |
| 袜子 | 3 |
| 西红柿 | 5 |
| 酸奶 | 2 |
| 鞋子 | 1 |
| 鸡蛋 | 5 |

$L_1$

| 项集 | 支持度计数 |
| --- | --- |
| 土豆 | 2 |
| 排骨 | 5 |
| 茄子 | 4 |
| 袜子 | 3 |
| 西红柿 | 5 |
| 酸奶 | 2 |
| 鸡蛋 | 5 |

$L_2$

| 项集 | 支持度计数 |
| --- | --- |
| 排骨，茄子 | 2 |
| 排骨，西红柿 | 4 |
| 排骨，鸡蛋 | 2 |
| 茄子，西红柿 | 2 |
| 茄子，鸡蛋 | 2 |
| 袜子，鸡蛋 | 2 |

$C_3$

| 项集 | 支持度计数 |
| --- | --- |
| 排骨，茄子，西红柿 | 1 |
| 排骨，茄子，鸡蛋 | 1 |
| 排骨，茄子，袜子 | 0 |
| 排骨，西红柿，鸡蛋 | 1 |
| 排骨，西红柿，袜子 | 1 |
| 排骨，鸡蛋，袜子 | 0 |

图 5-22

### 2. 基于频繁项集产生关联规则

关联规则置信度的计算公式为：

$$\text{Confidence}(A \Rightarrow B) = P(B|A) = \frac{\text{Support}(A \cap B)}{\text{Support}(A)} = \frac{\text{Support\_count}(A \cap B)}{\text{Support\_count}(A)}$$

可以利用其支持度计数来计算关联规则的置信度。例如，由图 5-22 所示的 1 项频繁项集 $L_1$ 和 2 项频繁项集 $L_2$ 可以获得以下关联规则的置信度：

| 排骨—茄子 | confidence=2/5 |
| 排骨—西红柿 | confidence=4/5 |
| 排骨—鸡蛋 | confidence=2/5 |
| 茄子—西红柿 | confidence=2/5 |
| 茄子—鸡蛋 | confidence=2/5 |
| 袜子—鸡蛋 | confidence=2/3 |

### 3. Python 实现 Apriori 关联规则挖掘算法

这里主要介绍由广州泰迪智能科技有限公司基于 Python 开发的 Apriori 算法函数应用案例，该函数的示例程序如下（文件为 apriori.py）：

```python
from __future__ import print_function
import pandas as pd
#自定义连接函数，用于实现 L_{k-1} 到 C_k 的连接
def connect_string(x, ms):
  x = list(map(lambda i:sorted(i.split(ms)), x))
  l = len(x[0])
  r = []
  for i in range(len(x)):
    for j in range(i,len(x)):
      if x[i][:l-1] == x[j][:l-1] and x[i][l-1] != x[j][l-1]:
        r.append(x[i][:l-1]+sorted([x[j][l-1],x[i][l-1]]))
  return r
#寻找关联规则的函数
def find_rule(d, support, confidence, ms = u'--'):
  result = pd.DataFrame(index=['support', 'confidence']) #定义输出结果
  support_series = 1.0*d.sum()/len(d) #支持度序列
  column = list(support_series[support_series > support].index) #初步根据支持度筛选
  k = 0
  while len(column) > 1:
    k = k+1
    print(u'\n 正在进行第%s 次搜索...' %k)
    column = connect_string(column, ms)
    print(u'数目: %s...' %len(column))
    sf = lambda i: d[i].prod(axis=1, numeric_only = True) #新一批支持度的计算函数
    #创建连接数据
    d_2 = pd.DataFrame(list(map(sf,column)), index = [ms.join(i) for i in column]).T
    support_series_2 = 1.0*d_2[[ms.join(i) for i in column]].sum()/len(d)
    #计算连接后的支持度
    column = list(support_series_2[support_series_2 > support].index)
```

```
#新一轮支持度筛选
support_series = support_series.append(support_series_2)
column2 = []
for i in column: #遍历可能的推理, 如{A, B, C}究竟是 A+B-->C, B+C-->A, 还是 C+A-->B
  i = i.split(ms)
  for j in range(len(i)):
    column2.append(i[:j]+i[j+1:]+i[j:j+1])
cofidence_series = pd.Series(index=[ms.join(i) for i in column2])
#定义置信度序列
for i in column2: #计算置信度序列
  cofidence_series[ms.join(i)]= support_series[ms.join(sorted(i))]/support_
series[ms.join(i[:len(i)-1])]
  for i in cofidence_series[cofidence_series > confidence].index: #置信度筛选
    result[i] = 0.0
    result[i]['confidence'] = cofidence_series[i]
    result[i]['support'] = support_series[ms.join(sorted(i.split(ms)))]
  result = result.T.sort_values(['confidence','support'], ascending = False)
#结果整理, 输出
print(u'\n 结果为: ')
print(result)
return result
```

#### 4. 应用举例

以 5.8.1 小节中的超市购买记录数据为例, 利用关联规则挖掘算法挖掘其关联规则。将其数据整理到一个 Excel 表格中（文件命名为 tr.xlsx）, 其形式如表 5-7 所示。

表 5-7　　　　　　　　　　超市购买记录数据

| I1 | 西红柿 | 排骨 | 鸡蛋 | |
| I2 | 西红柿 | 茄子 | | |
| I3 | 鸡蛋 | 袜子 | | |
| I4 | 西红柿 | 排骨 | 茄子 | |
| I5 | 西红柿 | 排骨 | 袜子 | 酸奶 |
| I6 | 鸡蛋 | 茄子 | 酸奶 | |
| I7 | 排骨 | 鸡蛋 | 茄子 | |
| I8 | 土豆 | 鸡蛋 | 袜子 | |
| I9 | 西红柿 | 排骨 | 鞋子 | 土豆 |

首先我们利用 5.8.3 小节中的 Python 程序代码, 将以上事务数据转换为布尔值数据表, 记为 Data, 然后调用 apriori 函数即可挖掘其关联规则。示例代码如下:

```
import apriori                          #导入自行编写的 apriori 函数
outputfile = 'apriori_rules.xls'        #结果文件
support = 0.2                           #最小支持度
confidence = 0.4                        #最小置信度
ms = '---'                              #连接符, 默认为'---'
apriori.find_rule(Data, support, confidence, ms).to_excel(outputfile)
#保存结果到 Excel
```

执行结果为：

正在进行第 1 次搜索...
数目：21...
正在进行第 2 次搜索...
数目：4...
结果为：

|  | support | confidence |
|---|---|---|
| 西红柿---排骨 | 0.444444 | 0.800000 |
| 排骨---西红柿 | 0.444444 | 0.800000 |
| 袜子---鸡蛋 | 0.222222 | 0.666667 |
| 茄子---排骨 | 0.222222 | 0.500000 |
| 茄子---西红柿 | 0.222222 | 0.500000 |
| 茄子---鸡蛋 | 0.222222 | 0.500000 |

在输出结果中，"西红柿---排骨"代表规则"西红柿—排骨"的支持度为 0.444 444，置信度为 0.800 000，表示同时购买西红柿和排骨的顾客比例为 0.444 444，而购买西红柿的顾客当中也购买了排骨的比例是 0.800 000，与前文一致。

## 本章小结

本章介绍了 Python 数据分析与挖掘的核心模型包——机器学习包，即 scikit-learn。首先介绍了数据预处理模块，它包括缺失值处理、数据规范化和主成分分析等方法，其中主成分分析不仅可以用于数据降维，还可以基于主成分进行综合评价，后文将陆续介绍。其次介绍了数值线性回归模型，包括一元线性回归和多元线性回归，对于非线性回归模型，本章介绍了神经网络回归。再次，介绍了数据挖掘中的经典分类模型，包括逻辑回归模型、神经网络模型和支持向量机模型。最后，介绍了数据挖掘中的经典聚类算法——K-均值聚类算法。由于 scikit-learn 包没有关联规则内容，本章在 5.8 节介绍了关联规则的概念及一对一关联规则和多对一关联规则的 Python 实现方法。

## 本章练习

1. 油气藏的储量密度 $Y$ 与生油门限以下平均地温梯度 $X_1$、生油门限以下总有机碳百分比 $X_2$、生油岩体积与沉积岩体积百分比 $X_3$、砂泥岩厚度百分比 $X_4$、有机转化率 $X_5$ 有关，数据如表 5-8 所示。

表 5-8　　　　　　　　　　　　　　油气存储特征数据表

| 样本 | $X_1$ | $X_2$ | $X_3$ | $X_4$ | $X_5$ | $Y$ |
|---|---|---|---|---|---|---|
| 1 | 3.18 | 1.15 | 9.4 | 17.6 | 3 | 0.7 |
| 2 | 3.8 | 0.79 | 5.1 | 30.5 | 3.8 | 0.7 |
| 3 | 3.6 | 1.1 | 9.2 | 9.1 | 3.65 | 1 |
| 4 | 2.73 | 0.73 | 14.5 | 12.8 | 4.68 | 1.1 |

| 样本 | $X_1$ | $X_2$ | $X_3$ | $X_4$ | $X_5$ | $Y$ |
|------|-------|-------|-------|-------|-------|-----|
| 5 | 3.4 | 1.48 | 7.6 | 16.5 | 4.5 | 1.5 |
| 6 | 3.2 | 1 | 10.8 | 10.1 | 8.1 | 2.6 |
| 7 | 2.6 | 0.61 | 7.3 | 16.1 | 16.16 | 2.7 |
| 8 | 4.1 | 2.3 | 3.7 | 17.8 | 6.7 | 3.1 |
| 9 | 3.72 | 1.94 | 9.9 | 36.1 | 4.1 | 6.1 |
| 10 | 4.1 | 1.66 | 8.2 | 29.4 | 13 | 9.6 |
| 11 | 3.35 | 1.25 | 7.8 | 27.8 | 10.5 | 10.9 |
| 12 | 3.31 | 1.81 | 10.7 | 9.3 | 10.9 | 11.9 |
| 13 | 3.6 | 1.4 | 24.6 | 12.6 | 12.76 | 12.7 |
| 14 | 3.5 | 1.39 | 21.3 | 41.1 | 10 | 14.7 |
| 15 | 4.75 | 2.4 | 26.2 | 42.5 | 16.4 | 21.3 |

注：数据来源于《MATLAB 数据分析方法》。

任务如下：

（1）利用线性回归分析命令，求出 $Y$ 与 5 个因素之间的线性回归关系式系数向量（包括常数项），并在命令窗口输出该系数向量。

（2）求出线性回归关系的判定系数。

（3）今有一个样本 $X_1$=4，$X_2$=1.5，$X_3$=10，$X_4$=17，$X_5$=9，试预测该样本的 $Y$ 值。

2．企业到金融商业机构贷款，金融商业机构需要对企业进行评估。评估结果为 0 和 1 两种形式，0 表示企业两年后破产，将拒绝贷款；而 1 表示企业 2 年后具备还款能力，可以贷款。如表 5-9 所示，已知前 20 家企业的 3 项评价指标值和评估结果，试建立逻辑回归模型、支持向量机模型、神经网络模型对剩余 5 家企业进行评估。

表 5-9　　　　　　　　　　　　　企业贷款审批数据表

| 企业编号 | $X_1$ | $X_2$ | $X_3$ | $Y$ |
|----------|-------|-------|-------|-----|
| 1 | −62.8 | −89.5 | 1.7 | 0 |
| 2 | 3.3 | −3.5 | 1.1 | 0 |
| 3 | −120.8 | −103.2 | 2.5 | 0 |
| 4 | −18.1 | −28.8 | 1.1 | 0 |
| 5 | −3.8 | −50.6 | 0.9 | 0 |
| 6 | −61.2 | −56.2 | 1.7 | 0 |
| 7 | −20.3 | −17.4 | 1 | 0 |
| 8 | −194.5 | −25.8 | 0.5 | 0 |
| 9 | 20.8 | −4.3 | 1 | 0 |
| 10 | −106.1 | −22.9 | 1.5 | 0 |
| 11 | 43 | 16.4 | 1.3 | 1 |
| 12 | 47 | 16 | 1.9 | 1 |
| 13 | −3.3 | 4 | 2.7 | 1 |
| 14 | 35 | 20.8 | 1.9 | 1 |

| 企业编号 | $X_1$ | $X_2$ | $X_3$ | $Y$ |
|---|---|---|---|---|
| 15 | 46.7 | 12.6 | 0.9 | 1 |
| 16 | 20.8 | 12.5 | 2.4 | 1 |
| 17 | 33 | 23.6 | 1.5 | 1 |
| 18 | 26.1 | 10.4 | 2.1 | 1 |
| 19 | 68.6 | 13.8 | 1.6 | 1 |
| 20 | 37.3 | 33.4 | 3.5 | 1 |
| 21 | −49.2 | −17.2 | 0.3 | ? |
| 22 | −19.2 | −36.7 | 0.8 | ? |
| 23 | 40.6 | 5.8 | 1.8 | ? |
| 24 | 34.6 | 26.4 | 1.8 | ? |
| 25 | 19.9 | 26.7 | 2.3 | ? |

注：数据来源于《MATLAB 在数学建模中的应用（第 2 版）》。

3．我国各地区普通高等教育发展状况数据（见表 5-10）：$x_1$ 为每百万人口高等院校数，$x_2$ 为每十万人口高等院校毕业生数，$x_3$ 为每十万人口高等院校招生数，$x_4$ 为每十万人口高等院校在校生数，$x_5$ 为每十万人口高等院校教职工数，$x_6$ 为每十万人口高等院校专职教师数，$x_7$ 为高级职称占专职教师比例，$x_8$ 为平均每所高等院校的在校生数，$x_9$ 为国家财政预算内普通高教经费占国内生产总值比重，$x_{10}$ 为生均教育经费。任务如下：

（1）对以上指标数据做主成分分析，并提取主成分（累计贡献率达到 0.9 以上即可）。

（2）基于提取的主成分，对以下 30 个地区做 K-均值聚类分析（$K$=4），并在命令窗口输出各类别的地区名称。

表 5-10　　　　　　我国各省、直辖市及地区普通高等教育发展状况数据

| 省、直辖市及地区 | $x_1$ | $x_2$ | $x_3$ | $x_4$ | $x_5$ | $x_6$ | $x_7$ | $x_8$ | $x_9$ | $x_{10}$ |
|---|---|---|---|---|---|---|---|---|---|---|
| 北京 | 5.96 | 310 | 461 | 1557 | 931 | 319 | 44.36 | 2615 | 2.2 | 13631 |
| 上海 | 3.39 | 234 | 308 | 1035 | 498 | 161 | 35.02 | 3052 | 0.9 | 12665 |
| 天津 | 2.35 | 157 | 229 | 713 | 295 | 109 | 38.4 | 3031 | 0.86 | 9385 |
| 陕西 | 1.35 | 81 | 111 | 364 | 150 | 58 | 30.45 | 2699 | 1.22 | 7881 |
| 辽宁 | 1.5 | 88 | 128 | 421 | 144 | 58 | 34.3 | 2808 | 0.54 | 7733 |
| 吉林 | 1.67 | 86 | 120 | 370 | 153 | 58 | 33.53 | 2215 | 0.76 | 7480 |
| 黑龙江 | 1.17 | 63 | 93 | 296 | 117 | 44 | 35.22 | 2528 | 0.58 | 8570 |
| 湖北 | 1.05 | 67 | 92 | 297 | 115 | 43 | 32.89 | 2835 | 0.66 | 7262 |
| 江苏 | 0.95 | 64 | 94 | 287 | 102 | 39 | 31.54 | 3008 | 0.39 | 7786 |
| 广东 | 0.69 | 39 | 71 | 205 | 61 | 24 | 34.5 | 2988 | 0.37 | 11355 |
| 四川 | 0.56 | 40 | 57 | 177 | 61 | 23 | 32.62 | 3149 | 0.55 | 7693 |
| 山东 | 0.57 | 58 | 64 | 181 | 57 | 22 | 32.95 | 3202 | 0.28 | 6805 |
| 甘肃 | 0.71 | 42 | 62 | 190 | 66 | 26 | 28.13 | 2657 | 0.73 | 7282 |
| 湖南 | 0.74 | 42 | 61 | 194 | 61 | 24 | 33.06 | 2618 | 0.47 | 6477 |

续表

| 省、直辖市及地区 | $x_1$ | $x_2$ | $x_3$ | $x_4$ | $x_5$ | $x_6$ | $x_7$ | $x_8$ | $x_9$ | $x_{10}$ |
|---|---|---|---|---|---|---|---|---|---|---|
| 浙江 | 0.86 | 42 | 71 | 204 | 66 | 26 | 29.94 | 2363 | 0.25 | 7704 |
| 新疆 | 1.29 | 47 | 73 | 265 | 114 | 46 | 25.93 | 2060 | 0.37 | 5719 |
| 福建 | 1.04 | 53 | 71 | 218 | 63 | 26 | 29.01 | 2099 | 0.29 | 7106 |
| 山西 | 0.85 | 53 | 65 | 218 | 76 | 30 | 25.63 | 2555 | 0.43 | 5580 |
| 河北 | 0.81 | 43 | 66 | 188 | 61 | 23 | 29.82 | 2313 | 0.31 | 5704 |
| 安徽 | 0.59 | 35 | 47 | 146 | 46 | 20 | 32.83 | 2488 | 0.33 | 5628 |
| 云南 | 0.66 | 36 | 40 | 130 | 44 | 19 | 28.55 | 1974 | 0.48 | 9106 |
| 江西 | 0.77 | 43 | 63 | 194 | 67 | 23 | 28.81 | 2515 | 0.34 | 4085 |
| 海南 | 0.7 | 33 | 51 | 165 | 47 | 18 | 27.34 | 2344 | 0.28 | 7928 |
| 内蒙古 | 0.84 | 43 | 48 | 171 | 65 | 29 | 27.65 | 2032 | 0.32 | 5581 |
| 西藏 | 1.69 | 26 | 45 | 137 | 75 | 33 | 12.1 | 810 | 1 | 14199 |
| 河南 | 0.55 | 32 | 46 | 130 | 44 | 17 | 28.41 | 2341 | 0.3 | 5714 |
| 广西 | 0.6 | 28 | 43 | 129 | 39 | 17 | 31.93 | 2146 | 0.24 | 5139 |
| 宁夏 | 1.39 | 48 | 62 | 208 | 77 | 34 | 22.7 | 1500 | 0.42 | 5377 |
| 贵州 | 0.64 | 23 | 32 | 93 | 37 | 16 | 28.12 | 1469 | 0.34 | 5415 |
| 青海 | 1.48 | 38 | 46 | 151 | 63 | 30 | 17.87 | 1024 | 0.38 | 7368 |

4. 公路运量主要包括公路客运量和公路货运量两个方面。根据研究，某地区的公路运量主要与该地区的人数、机动车数量和公路面积有关，表 5-11 给出了某个地区 20 年的公路运量相关数据。根据相关部门数据，该地区 2010 年和 2011 年的人数分别为 73.39 万和 75.55 万，机动车数量分别为 3.9635 万辆和 4.0975 万辆，公路面积分别为 0.9880 万平方千米和 1.0268 万平方千米。请利用 BP 神经网络预测该地区 2010 年和 2011 年的公路客运量和公路货运量。

表 5-11　　　　　　　　　　　　　　　运力数据表

| 年份 | 人数 /万人 | 机动车数量 /万辆 | 公路面积 /万平方千米 | 公里客运量 /万人 | 公里货运量 /万吨 |
|---|---|---|---|---|---|
| 1990 | 20.55 | 0.6 | 0.09 | 5126 | 1237 |
| 1991 | 22.44 | 0.75 | 0.11 | 6217 | 1379 |
| 1992 | 25.37 | 0.85 | 0.11 | 7730 | 1385 |
| 1993 | 27.13 | 0.9 | 0.14 | 9145 | 1399 |
| 1994 | 29.45 | 1.05 | 0.2 | 10460 | 1663 |
| 1995 | 30.1 | 1.35 | 0.23 | 11387 | 1714 |
| 1996 | 30.96 | 1.45 | 0.23 | 12353 | 1834 |
| 1997 | 34.06 | 1.6 | 0.32 | 15750 | 4322 |
| 1998 | 36.42 | 1.7 | 0.32 | 18304 | 8132 |
| 1999 | 38.09 | 1.85 | 0.34 | 19836 | 8936 |
| 2000 | 39.13 | 2.15 | 0.36 | 21024 | 11099 |
| 2001 | 39.99 | 2.2 | 0.36 | 19490 | 11203 |

续表

| 年份 | 人数<br>/万人 | 机动车数量<br>/万辆 | 公路面积<br>/万平方千米 | 公里客运量<br>/万人 | 公里货运量<br>/万吨 |
|------|------|------|------|------|------|
| 2002 | 41.93 | 2.25 | 0.38 | 20433 | 10524 |
| 2003 | 44.59 | 2.35 | 0.49 | 22598 | 11115 |
| 2004 | 47.3 | 2.5 | 0.56 | 25107 | 13320 |
| 2005 | 52.89 | 2.6 | 0.59 | 33442 | 16762 |
| 2006 | 55.73 | 2.7 | 0.59 | 36836 | 18673 |
| 2007 | 56.76 | 2.85 | 0.67 | 40548 | 20724 |
| 2008 | 59.17 | 2.95 | 0.69 | 42927 | 20803 |
| 2009 | 60.63 | 3.1 | 0.79 | 43462 | 21804 |

注：数据来源于《MATLAB 在数学建模中的应用（第 2 版)》。

5. 假设有以下数据集，每行代表一个顾客在超市的购买记录。

I1：西红柿、排骨、鸡蛋、毛巾、水果刀、苹果。

I2：西红柿、茄子、水果刀、香蕉。

I3：鸡蛋、袜子、毛巾、肥皂、苹果、水果刀。

I4：西红柿、排骨、茄子、毛巾、水果刀。

I5：西红柿、排骨、酸奶、苹果。

I6：鸡蛋、茄子、酸奶、肥皂、苹果、香蕉。

I7：排骨、鸡蛋、茄子、水果刀、苹果。

I8：土豆、鸡蛋、袜子、香蕉、苹果、水果刀。

I9：西红柿、排骨、鞋子、土豆、香蕉、苹果。

任务如下：

（1）试利用关联规则支持度和置信度定义挖掘出任意两个商品之间的关联规则。

（2）试利用 Apriori 关联规则挖掘算法函数进行关联规则挖掘。

最小支持度和最小置信度分别为 0.2 和 0.4。

第 **6** 章　深度学习与实现

2016 年 3 月 9 日，一场非比寻常的围棋比赛引起了世界的关注，代表人类当下最高围棋水平的韩国棋手李世石与 Google 研发的围棋软件 AlphaGo 之间的巅峰对决，最后的结果是人类输了！这样类似的人类和计算机对决的比赛还发生在 1997 年 IBM 公司研发的计算机深蓝（Deep Blue）与当时人类国际象棋世界冠军 Garry Kaspatov 之间，结果也是人类输了。围棋每盘棋的总变化量约为 $10^{808}$，国际象棋的总变化量约为 $10^{201}$，这个差别是非常大的。而 AlphaGo 的运算能力大约是"深蓝"的 3 万倍，这场 AlphaGo 与人类的对决引起了世界范围的热议。AlphaGo 本身具有自我学习能力，其主要工作原理就是深度学习。那么什么是深度学习呢？本章内容主要包含深度学习的简介、深度学习的一些常用框架，以及比较热门的卷积神经网络等。

## 6.1　深度学习简介

在 2006 年，加拿大多伦多大学教授、机器学习领域的泰斗 Geoffrey Hinton 和他的学生在《Science》上发表了一篇文章，引发了深度学习在学术界和工业界的浪潮。他们提出了在非监督数据上建立多层神经网络的一个有效方法——深度学习，其本质是通过构建具有多隐层的机器学习模型和海量的训练数据，来学习更有用的特征，从而最终提升分类或预测的准确性。

深度学习的精确定义，众说纷纭。简单来说，深度学习是机器学习的一个分支：一种从数据中学习表示的新方法。它强调学习具有越来越有意义的连续的表示层，而这些表示层一般是通过神经网络的模型学习得到的。"深度学习"中的"深度"指的并不是利用这种方法所获取的更深层次的理解，而是指一系列连续的表示层，数据模型中包含多少表示层，这被称为模型的深度。一般来说，深度学习通常包含数十个甚至上百个连续的表示层，这些表示层全都是从训练数据中自动学习的。

总之，深度学习的概念源于人工神经网络。随着计算机硬件性能的不断提升，各类丰富的数据集和算法进一步发展。深度学习最成功的应用莫过于视觉和听觉等感知问题，比如图像处理、人脸识别、语音识别等。依托于互联网，各项成熟技术的应用，使深度学习的发展在实践中取得革命性的突破并开始朝着软硬件方向进一步的发展，比如以 AI 芯片硬件和 AlphaGo 为代表的软件方面的快速发展，表明新的智能时代正在到来！

## 6.2　深度学习框架简介

深度学习的本质是有许多隐含层的各种神经网络拓扑，且其深度神经网络的层数往往很庞大，那么如何简化这些复杂的网络结构呢？接下来介绍几种当下比较热门、好用的深度学习模型框架，如 Caffe、Theano、PaddlePaddle 和 TensorFlow 等。这得益于各大主流科技公司的开源生态模式，它们快速推动了深度学习框架在工业界的应用，以及促进学术界的进一步发展。

### 6.2.1　Caffe 框架

Caffe 是由华人博士贾扬清于 2013 年主导开发，主要面向使用卷积神经网络的应用场景，是最早的深度学习框架之一，需要进行编译和安装。Caffe 支持 C、C++、Python 等，以及命令行接口，以其速度和可转性和在卷积神经网络建模中的适用性而闻名。但是由于 Caffe 不支持精细粒度网络层和给定体系结构，对循环神经网络和语言建模的总体支持比较差，因此必须用低级语言建立复杂的层类型。2017 年 Caffe 的升级版本 Cafffe2 推出，Caffe2 目前已经融入 PyTorch 库。

### 6.2.2　Theano 框架

Theano 是最早的深度学习框架之一，是一个基于 Python、定位底层运算的计算库 Theano 支持 GPU 和 CPU 运算，速度更快，功能强大，可以高效地进行数值表达和计算，为后来的深度学习框架提供了模板。由于 Theano 开发效率较低，模型编译时间较长，且开发人员 Theano 团队已经停止了该项目的更新，因此该框架走向了"凋零"。

### 6.2.3　PaddlePaddle 框架

PaddlePaddle 框架是由百度自主研发的开源深度学习平台，是我国第一款深度学习框架，中文名字是飞桨。它集深度学习核心框架、基础模型库、端到端开发套件、工具组件和服务平台于一体，2016 年正式开源，支持 CPU/GPU 的单机和分布式模式，对 NLP 相关支持比较好，目前正处于快速发展中。

### 6.2.4　TensorFlow 框架

TensorFlow 是深度学习领域中最常用的软件库之一，TensorFlow 是完全开源的，为大多数复杂的深度学习模型预先编写好了代码，比如递归神经网络和卷积神经网络。它支持 Python、C++、Java、Go，几乎所有开发者都可以从自己熟悉的语言开始深度学习，并且 TensorFlow 构建了活跃的社区和完善的文档体系，大大降低了学习成本。不过社区和文档以英文为主，中文支持有待加强。

TensorFlow 发展初期的版本有点混乱，到目前为止有两个大版本，2.0 和 1.x 版本。TensorFlow 2.0 是一个与 TensorFlow 1.x 使用体验完全不同的框架，并且互不兼容，在编程风格、函数接口设计等方面也大相径庭，Google 即将停止支持 TensorFlow 1.x，所以不建议学习 TensorFlow 1.x 版本。

深度学习的核心是算法的设计思想，深度学习框架只是实现算法的工具。如何在众多的框架中做选择呢？对于刚刚接触深度学习，以学习为目的的开发者，我们建议从 TensorFlow 框架开始学习。TensorFlow 作为当前最流行的深度学习框架之一，获得了极大的成功，因此通过学习 TensorFlow 框架开始深度学习的旅程吧！

## 6.3　TensorFlow 基础

本节主要介绍 TensorFlow 的安装、基础函数的应用，还有关于 TensorFlow 的案例运用等。

### 6.3.1　TensorFlow 安装

TensorFlow Python API 目前支持 Python 2.7 和 Python 3.3 以上版本，支持 GPU 运算需要 CUDA Toolkit 7.0 和 cuDNN 6.5 V2 以上版本。由于 GPU 不同的显卡类型和对应的 CUDA 安装、TensorFlow 版本等有严格的限制要求，因此本节主要以 CPU 版的 TensorFlow 安装运用为例。安装的方法有很多种，本书使用 Navigator 安装，步骤如下所述。

（1）在计算机程序里，找到 Anaconda Navigaor，单击即可运行，第一次初始化时间都很久，运行后的界面如图 6-1 所示。

图 6-1

（2）首先单击左侧"Environments"，然后单击"Channels"，单击"Add"，输入网址后按 Enter 键，单击"Update Channels"。具体步骤如图 6-2 所示。

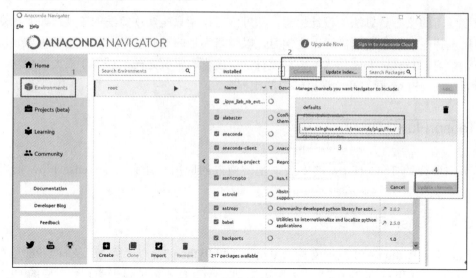

图 6-2

（3）单击"Environments"，然后单击第二列最下面的"Create"按钮，创建名字 tensorflow，注意选择安装 TensorFlow 的版本和与之匹配的 Python 版本，最后单击"Create"按钮，如图 6-3 所示。现在还没有安装好，只是匹配了一些 TensorFlow 运行需要的库，这个过程需要一些时间，才能建立 TensoFlow 的操作环境。

图 6-3

（4）等待 TensorFlow 运行环境的库准备完毕，接下来下载 TensorFlow。单击第三列上面的"Installed"，选择 ALL，然后在右边文本框输入 tensorflow，就会显示 Anaconda 提供的 TensorFlow 不同版本，选择的是 CPU 版 2.1.0，如图 6-4 所示。

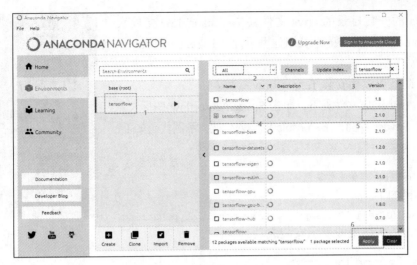

图 6-4

（5）配置 Spyder。

根据前面的安装教程，运行配置好 TensorFlow 框架。需要在 Anaconda Prompt 输入代码 activate TensorFlow，然后进入 Python 界面，这比较麻烦，而且编程界面对于初学者不是很友好，所以选择 Anaconda 安装带有 TensorFlow 框架的 Spyder。

在 Anaconda Navigaor 界面，单击"Environments"，选择第二列新建的 TensorFlow 环境，单击第三列上面的"Installed"，选择 ALL，然后在右边文本框输入 spyder，选择 spyder，单击右下角"Apply"按钮，安装完成即可，如图 6-5 所示。同理，其他库比如 Pandas 安装也是如此过程。

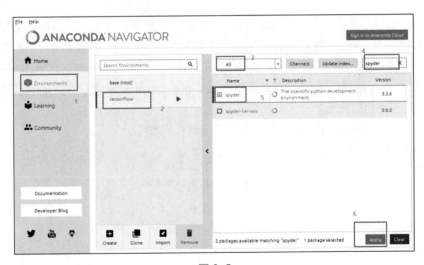

图 6-5

安装完成后，在启动程序 Anaconda 下面会看到 Spyder(tensorflow)的图标，如图 6-6 所示。单击这个图标就可以直接使用安装好的 TensorFlow 框架。

（6）配置 Pycharm。

如果需要用到 PyCharm 开发软件，注意要在新建项目选择 Python 版本时，手动添加位于 Anaconda 的安装目录的 envs 文件夹中 TensorFlow 文件夹内的 python.exe，然后就可以用这里创建的 TensorFlow 框架了。

（7）验证是否成功安装 TensorFlow。

在程序 Anaconda 文件夹下，单击 Spyder(tensorflow)图标（见图 6-6）打开 Spyder 界面，在 Console 框输入代码。示例代码如下：

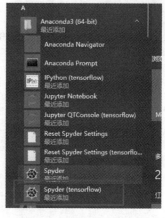

```
import tensorflow as tf    #加载 TensorFlow
hello = tf.constant('Hello, TensorFlow!')   #赋值常量
print(hello)  #输出结果
```

执行结果如下：

```
tf.Tensor(b'Hello, TensorFlow!', shape=(), dtype=string)
```

输出以上所示结果即表示安装成功。

图 6-6

### 6.3.2  TensorFlow 命令

TensorFlow 是一个面向深度学习算法的科学计算库，内部数据保存在张量对象，所有的运算操作也都是基于张量对象进行。由于 TensorFlow 2.0 支持动态图优先模式，在计算时可以同时获得计算图与数值结果，搭建网络也像搭积木一样，层层堆叠，故在学习深度学习算法之前，先学习 TensorFlow 张量的基础操作方法。

运行 TensorFlow 程序，先导入 TensorFlow 模块。从 TensorFlow 2.0 开始，默认启用 Eager 模式，Eager 模式是一个命令式、由运行定义的接口，一旦从 Python 中被调用，其操作立即执行，不需要事先构建静态图。

#### 1. 张量介绍

张量（Tensor），其本质是一个多维数组，可以把张量看作 $N \times N$ 维数组，但其本质代表着更大的范围，tf.Tensor 对象具有数据类型和形状属性，根据张量的不同用途，可将 TensorFlow 中的张量分为 2 种类型，分别是 tf.Variable 和 tf.constant。tf.Variable 表示变量 Tensor，需要指定初始值，常用于定义可变参数。tf.constant 表示常量 Tensor，需要指定初始值，用于定义不变化的张量。

例如，在 Spyder(tensorflow)中输入代码。示例代码如下：

```
import tensorflow as tf
a = tf.Variable([[1,2],[3,4]])  # (2,2) 的二维变量
b = tf.constant([[1,2],[3,4]])  # (2,2) 的二维常量
print(a)
print(b)
```

执行结果如下：

```
<tf.Variable 'Variable:0' shape=(2, 2) dtype=int32, numpy=
array([[1, 2],
       [3, 4]])>
tf.Tensor(
[[1 2]
 [3 4]], shape=(2, 2), dtype=int32)
```

a 输出得到的结果可以看出是 tf.Variable 变量，输出包含了其数据类型 dtype、形状 shape

和对应的 NumPy 数组等信息，同样，b 输出得到的结果输出也包含了张量的属性，这里直观地可以看出变量与常量的区别。

由上面的常量、变量输出结果可以知道，数据结构中有 NumPy 数组，因此 Tensors 和 NumPy ndarrays 可以自动相互转换。使用 numpy()方法可以将 Tensors 显示转换为 NumPy 数组。示例代码如下：

```
c = a.numpy()   #提取 NumPy 数组
print(c)
```

执行结果如下：

```
[[1 2]
 [3 4]]
```

反过来，用 tf.convert_to_tensor()函数可以把 NumPy 数据类型转化成张量。示例代码如下：

```
d = tf.convert_to_tensor(c)    #NumPy 数据类型转化成张量
print(d)
```

执行结果如下：

```
tf.Tensor(
[[1 2]
 [3 4]], shape=(2, 2), dtype=int32)
```

这里列举几个经常会用到的特殊常量 Tensor 的方法，如表 6-1 所示。

表 6-1　　　　　　　　　　特殊常量 Tensor 的使用说明

| 方法 | 使用说明 |
| --- | --- |
| tf.zeros() | 新建指定形状且全为 0 的常量 Tensor |
| tf.zeros_like() | 参考某种形状，新建全为 0 的常量 Tensor |
| tf.ones() | 新建指定形状且全为 1 的常量 Tensor |
| tf.ones_like() | 参考某种形状，新建全为 1 的常量 Tensor |
| tf.fill() | 新建一个指定形状且全为某个标量值的常量 Tensor |

### 2．Eager 模式

从 TensorFlow 2.0 开始，默认情况下会启用 Eager 模式。Eager 模式是一个命令式、由运行定义的接口，一旦从 Python 被调用，其包含的操作立即被执行，即命令式编程环境，可立即评估操作，无须构建图。TensorFlow 还有一个很重要的功能是，使用 GPU 进行计算可以加速运算。

TensorFlow 2.0 提供了丰富的操作库，例如 tf.add()、tf.matmul()、tf.linalg.inv()，使用这些库函数会生成 tf.Tensors，然后自动转换为原生 Python 类型，而使用 numpy()方法可以与 NumPy 对应的函数一起运用。

运行下列例子，示例代码如下：

```
import tensorflow as tf
a = tf.Variable([[1,2],[3,4]])  # (2,2) 的二维变量
b = tf.constant([[5,6],[7,8]])  # (2,2) 的二维常量
print(a)
```

执行结果如下：

```
<tf.Variable 'Variable:0' shape=(2, 2) dtype=int32, numpy=
array([[1, 2],
```

131

```
    [3, 4]])>
```

也可以用表示加法运算的 tf.add() 库函数：

```
print(tf.add(a,b))
```

执行结果如下：

```
tf.Tensor(
[[ 6  8]
 [10 12]], shape=(2, 2), dtype=int32)
```

张量里常用的一些库函数都能在 NumPy 中找到对应，故熟悉 NumPy 的函数很重要。这里列举几个经常会用到的库函数的方法，如表 6-2 所示。

表 6-2                            常用库函数的使用说明

| 方法 | 使用说明 |
| --- | --- |
| tf.add() | 加法计算 |
| tf.matmul() | 矩阵相乘计算 |
| tf.multiply() | 矩阵对应元素相乘 |
| tf.square() | 求平方计算 |
| tf.reduce_mean() | 计算 Tensor 某一维度上的平均值 |
| tf.reduce_sum() | 计算 Tensor 指定方向的所有元素的累加和 |
| tf.reduce_max() | 计算 Tensor 指定方向的各个元素的最大值 |

### 3. 常用模块介绍

上面已学习了 TensorFlow 2.0 的一些基础知识，接下来学习 TensorFlow 的常用模块。本质来说是对框架的运用，实际上就是运用各种封装好的类和函数。由于 TensorFlow API 数量太多，更新迭代得太快，因此建议养成随时查阅官方文档的习惯，如表 6-3 所示。

表 6-3                            常用模块的使用说明

| 模块 | 使用说明 |
| --- | --- |
| tf.data | 输入数据处理模块，提供 tf.data.Dataset 等类，用于封装的数据 |
| tf.image | 图像处理模块，提供像图像裁剪、变换、编码、解码等类 |
| tf.linalg | 线性代数模块，提供大量线性代数计算方法和类 |
| tf.losses | 损失函数模块，用于神经网络定义损失函数 |
| tf.math | 数学计算模块，提供大量数学计算函数 |
| tf.saved_model | 模型保存模块，用于模型的保存和恢复 |
| tf.train | 提供训练的组件模块，如优化器、学习率衰减策略等 |
| tf.nn | 提供构建神经网络的底层函数，帮助实现深度神经网络各类功能层 |

## 6.3.3   TensorFlow 案例

为了熟悉 TensorFlow 框架的应用，这里举一个比较简单的拟合线性模型案例。构建一个简单的线性模型 $f(x) = Wx + b$，$W$ 和 $b$ 为参数，运用 TensorFlow 框架的步骤有：获取训练数据、定义模型、定义损失函数、模型训练。接下来按步骤进行详细介绍。

### 1. 获取训练数据

构建一个简单的线性模型 $f(x) = Wx + b$，$W$ 和 $b$ 为参数。令 $W$=3.0，$b$=1.0，运用 tf.random.normal() 产生 1000 个随机数，产生 $x$，$y$ 数据。示例代码如下：

```
W = 3.0    # W参数设置
b =1.0     # b参数设置
num = 1000
# x随机输入
x = tf.random.normal(shape=[num])
# 随机偏差
c = tf.random.normal(shape=[num])
# 构造y数据
y = W * x + b + c
print(y)
```

执行结果如下：

```
<tf.Tensor: id=27481, shape=(1000,), dtype=float32, numpy=
array([ 5.082836 , -1.5567464 ,  0.8388922 ,  0.5975957 , -1.8583007 ,
        3.4691072 , -0.46266577,  3.6029766 ,  0.20698868,  3.400014  ,
        …          …            …            …            …          # 数据过多，省略
        1.531948 ,  4.544757 , -2.3614318 ,  2.3366177 ,  4.5476093 ,
        1.5863258 ,  5.6305704 ,  4.859169 , -1.6694468 ,  1.1994925 ],
       dtype=float32)>
```

数据已经获取，接下来需要对数据进行分析（假装对数据不了解，先看看数据的形态）。画一下直观图看看数据状况，这里用 Matplotlib 库画图，用蓝色绘制训练数据。示例代码如下：

```
import matplotlib.pyplot as plt    #加载画图库
plt.scatter(x, y, c='b')    # 画离散图
plt.show()    # 展示图
```

执行结果如图 6-7 所示。

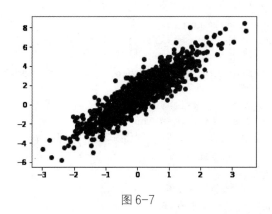

图 6-7

从图 6-7 可以看出，该样本数据的分布呈线性分布，因此可以尝试用线性模型进行进一步的讨论。

### 2. 定义模型

通过样本数据的离散图可以判断，模型呈线性规律变化，因此可以建立一个线性模型，

即 $f(x) = Wx + b$。把该线性模型定义为一个简单的类，其中封装了变量和计算，变量设置用 tf.Variable()。示例代码如下：

```python
class LineModel(object):    # 定义一个 LineModel 的类
    def __init__(self):
        # 初始化变量
        self.W = tf.Variable(5.0)
        self.b = tf.Variable(0.0)

    def __call__(self, x):    #定义返回值
        return self.W * x + self.b
```

### 3. 定义损失函数

损失函数是衡量给定输入的模型输出与期望输出的匹配程度，由图 6-7 可知数据比较集中，没有异常点，因此采用均方误差（L2 范数损失函数），$f(x_i)$ 表示第 $i$ 个预测值，$Y_i$ 表示第 $i$ 个真实值，计算公式如下：

$$loss = \frac{1}{2n} \sum_{i=1}^{n} (Y_i - f(x_i))^2$$

在 TensorFlow 里对应的函数是 tf.reduce_mean()，示例代码如下：

```python
def loss(predicted_y, true_y):    # 定义损失函数
    return tf.reduce_mean(tf.square(true_y -predicted_y))    # 返回均方误差值
```

### 4. 模型训练

根据前面的步骤，已经建立初步的线性模型并获得原始的训练数据，接下来就开始运用这些数据和模型来训练得到模型的变量（$W$ 和 $b$）。tf.GradientTape()实现自动求导求微分功能，运用 tf.train.Optimizer()函数，能实现多类梯度下降法的运算。示例代码如下：

```python
def train(model, x, y, learning_rate):    #定义训练函数
    # 记录 loss 计算过程
    with tf.GradientTape() as t:
        current_loss = loss(model(x), y)    #损失函数计算
        # 对 W, b 求导
        d_W, d_b = t.gradient(current_loss, [model.W, model.b])
        # 减去梯度×学习率
        model.W.assign_sub(d_W*learning_rate)    #减法操作
        model.b.assign_sub(d_b*learning_rate)
```

接下来，运用构建的模型和训练循环反复训练模型，并观察 $W$ 和 $b$ 的变化。示例代码如下：

```python
model= LineModel()    #运用模型实例化
# 计算 W、b 参数值的变化
W_s, b_s = [], []    #增加新中间变量
for epoch in range(15):    #循环 15 次
    W_s.append(model.W.numpy())    #提取模型的 W 参数添加到中间变量 w_s
    b_s.append(model.b.numpy())
    # 计算损失函数 loss
    current_loss = loss(model(x), y)
    train(model,x, y, learning_rate=0.1)    # 运用定义的 train 函数训练
    print('Epoch %2d: W=%1.2f b=%1.2f, loss=%2.5f' %
        (epoch, W_s[-1], b_s[-1], current_loss))    #输出训练情况
```

```
# 画图，把 W、b 的参数变化情况画出来
epochs = range(15)    #这个迭代数据与上面循环数据一样
plt.plot(epochs, W_s, 'r',
         epochs, b_s, 'b')  #画图
plt.plot([W] * len(epochs), 'r--',
         [b] * len(epochs), 'b-*')
plt.legend(['pridect_W', 'pridet_b', 'true_W', 'true_b'])  # 图例
plt.show()
```

最后计算迭代变化情况，执行结果如下：

```
Epoch  0: W=5.00 b=0.00, loss=6.18178
Epoch  1: W=4.58 b=0.21, loss=4.19386
Epoch  2: W=4.25 b=0.38, loss=2.96108
Epoch  3: W=3.99 b=0.51, loss=2.19658
Epoch  4: W=3.78 b=0.61, loss=1.72248
Epoch  5: W=3.62 b=0.70, loss=1.42847
Epoch  6: W=3.49 b=0.76, loss=1.24614
Epoch  7: W=3.39 b=0.81, loss=1.13307
Epoch  8: W=3.31 b=0.85, loss=1.06295
Epoch  9: W=3.25 b=0.88, loss=1.01946
Epoch 10: W=3.20 b=0.91, loss=0.99249
Epoch 11: W=3.16 b=0.93, loss=0.97577
Epoch 12: W=3.13 b=0.94, loss=0.96540
Epoch 13: W=3.11 b=0.96, loss=0.95896
Epoch 14: W=3.09 b=0.97, loss=0.95497
```

由以上结果可以得知，大约 10 次迭代后，$W$ 和 $b$ 的值比较接近真实值，如图 6-8 所示。

由图 6-8 可以看出变化，$W$ 值越来越接近 3，$b$ 的值越来越接近 1，这个和模型定义的真实参数越来越接近，因此可以判断该模型比较满足条件。

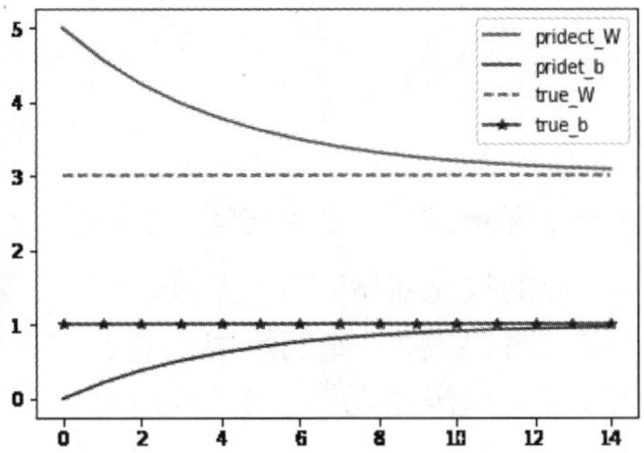

图 6-8

## 6.4　多层神经网络

第 5 章介绍了神经网络的结构、数学模型及其应用。神经网络的基本单元是神经元，多层神经元的连接形成神经网络，由输入层、隐含层、输出层组成多层神经网络。在传统的神经网络中，采用迭代的算法来训练整个网络，随机设定初值，计算当前网络的输出，然后根据当前输出和实际样本之间的差进行反馈，从而改变前面各层的参数，直到收敛。神经网络曾经有一段时间非常流行，但是随着网络层数的增加，神经网络面临着残差传播到最前面的层已经变得太小，梯度越来越稀疏，无法收敛到局部最小值等难题，于是神经网络陷入了困境。

直到 2006 年，加拿大多伦多大学教授、机器学习领域的泰斗 Geoffrey Hinton 提出了在非监督数据上建立多层神经网络的一个有效方法。简单地说，这个方法分为两步，一是每次训练一层网络，二是调优。它解决了传统神经网络的一大难点，于是多层神经网络再一次蓬勃发展。

本节主要介绍多层网络的结构特点、数学模型及简单应用。

### 6.4.1 多层神经网络结构及数学模型

多层神经网络，即由多层结构组成的网络系统。它的每一层都由若干个神经元结点构成，每一层的任意一个结点都与上一层的每一个结点相连，由结点来提供输入，经过计算产生该结点的输出并作为下一层结点的输入。第一层称为输入层，最后一层称为输出层，其他中间层称为隐含层，整个网络中信号从输入层向输出层单向传播，可用一个有向无环图表示多层神经网络结构，如图6-9所示。

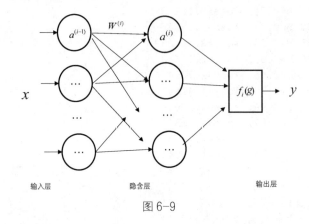

图 6-9

用 $i$ 表示神经网络所在层的序号，$f_i(g)$ 表示第 $i$ 层神经元的激活函数，$W^{(i)}$ 表示第 $i-1$ 层到第 $i$ 层的权重矩阵，$b^{(i)}$ 表示第 $i-1$ 层到第 $i$ 层偏置向量，$z^{(i)}$ 表示第 $i$ 层神经元的输入向量，$a^{(i)}$ 表示第 $i$ 层神经元的输出向量。由多层神经网络第 $i-1$ 层神经元输出向量 $a^{(i-1)}$ 计算第 $i$ 层神经元的输出向量 $a^{(i)}$，需经过一个激活函数计算，其公式如下：

$$a^{(i)} = f_i(W^{(i)}a^{(i-1)} + b^{(i)})$$

从上述公式可知，多层神经网络可以通过逐层神经元进行信息传递，整个网络可以看成一个复合函数 $\phi(x:W,b)$，将输入向量 $x$ 作为第一层的输入向量 $a^{(0)}$，第 $i$ 层的输出向量 $a^{(i)}$ 作为整个函数输出，即用公式表示其参数传递过程如下：

$$x = \cdots \rightarrow a^{(i-1)} \rightarrow a^{(i)} = \phi(x:W,b) \rightarrow y$$

其中，$W,b$ 分别表示多层神经网络中所有层的连接权重矩阵和偏置向量。

在一般实践过程中，主要运用多层神经网络用来解决分类问题和回归问题，接下来简单介绍一下。

#### 1. 分类问题

多层神经网络本质上，可以看成一个非线性复合函数 $\phi:\mathbb{R}^D \rightarrow \mathbb{R}^{D'}$，将输入 $x \in \mathbb{R}^D$ 映射到输出 $\phi(x) \in \mathbb{R}^{D'}$，也可以看成一种特征转换方法，将输出 $\phi(x)$ 作为分类器的输入进行分类。

简单来说，给定一个训练样本 $(x,y)$，先利用多层神经网络将 $x$ 映射到 $\phi(x)$，然后将 $\phi(x)$ 映射到分类器 $g(\bullet)$，公式如下：

$$\hat{y} = g(\phi(x),\theta)$$

其中，$g(\bullet)$ 为线性或非线性的分类器，$\theta$ 为分类器 $g(\bullet)$ 的参数，$\hat{y}$ 为分类器的输出。

### 2. 回归问题

根据上述分类问题的分析，相应地如果 $g(\bullet)$ 为 Logistic 分类器或者 Softmax 回归分类器，那么 $g(\bullet)$ 一样可以看作是网络的最后一层，也即神经网络直接输出不同类别的后验概率。

对二分类问题 $y \in \{0,1\}$，运用逻辑回归，那么 Logistic 分类器是神经网络的最后一层，这时输出层只有一个神经元，其激活函数就是 Logistic 函数，网络的输出可以直接作为类别 $y=1$ 的后验概率：

$$P(y-1|x) = a^i$$

其中，$a^i$ 为第 $i$ 层神经元的活性值。

对多分类问题 $y \in \{1,2,\cdots,C\}$，一般比如使用 Softmax 回归分类器，即网络最后一层设置 $C$ 个神经元，其激活函数是 softmax 函数，神经网络网络最后一层的输出 $z^{(i)}$ 可以作为每个类的后验概率：

$$\hat{y} = \mathrm{soft\,max}(z^{(i)})$$

其中，$z^{(i)}$ 为第 $i$ 层神经元的净输入，$\hat{y}$ 为第 $i$ 层神经元的活性值。

## 6.4.2 多层神经网络分类问题应用举例

在图像处理方面的一个经典案例就是手写数字的识别问题，本例使用 MNIST 数据集。这是机器学习领域一个经典的数据集，在 20 世纪 80 年代由美国国家标准与技术研究院（National Institute of Standards and Technology，NIST）收集得到。训练集由 250 个人手写的数字构成，其中 50% 是高中学生，50% 是人口普查局的工作人员，测试集也是同样比例的手写数字数据，其数据集里面包含了 60000 张训练图像和 10000 张测试图像，划分了 10 个类别（数字 0~9）的手写数字灰度图像（标准图像是 28 像素×28 像素），运用这个数据集来验证多层神经网络分类问题。

多层神经网络分类问题应用举例

### 1. MNIST 数据集

本例用的 MNIST 数据集集成在 TensorFlow 框架中，因此加载 TensorFlow 框架，用 mnist.load_data() 函数获取。示例代码如下：

```
#加载 TensorFlow 框架
import tensorflow as tf
mnist = tf.keras.datasets.mnist  #MNIST 数据集加载
#将数据集划分成训练集与测试集
(x_train_all, y_train_all),(x_test, y_test) = mnist.load_data()
```

这里的 x_train_all 和 x_test 表示训练集和测试集 x 输入，x 是手写数字图像样本，而 y_train_all 和 y_test 表示标签数字，取值范围是 0~9，图像与标签是一一对应的。

在计算机存储里面，灰度图像没有色彩的黑白图像，是由黑白像素组成的，像素点的数值范围是 0~255，数字为 0 代表黑色，白色为 255。由于 MNIS 数据集的各类图像数据有差异，一般进行归一化处理。示例代码如下：

```
#将 Mnist 数据集简单归一化
x_train_all, x_test = x_train_all / 255.0, x_test / 255.0
```

数据集下载、归一化之后，把数据划分成训练集与测试验证集。MNIST 数据集共有 60000数据，划分训练集个数 50000，剩下 10000 为验证集。示例代码如下：

```
# 对数据集进行划分，50000 个为训练集，10000 个为验证集
x_train, x_valid = x_train_all[:50000], x_train_all[50000:]  #验证集 10000 个
y_train, y_valid = y_train_all[:50000], y_train_all[50000:]
print(x_train.shape)
```

执行结果如下：

```
(50000, 28, 28)
```

数据集加载完之后，可以输出观察 MINST 数据集中的数据是不是相符。定义一个函数提取单张图片。示例代码如下：

```
#输出一张照片
import matplotlib.pyplot as plt    #加载画图模块
def show_single_image(img_arr):    #定义一个提取图像函数
    plt.imshow(img_arr,cmap='binary')    #展示图像
    plt.show()
show_single_image(x_train[1])
```

执行结果如图 6-10 所示。

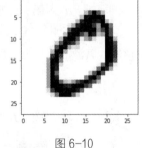

图 6-10

### 2. 多层神经网络模型构建

本例用的 MNIST 数据集已经准备就绪，接下来就需要进行多层神经网络的构建工作。本节运用的是 TensorFlow 核心组件 Keras 搭建网络结构。

本案例中的网络结构包含 4 个 Dense 层，它们是全连接的神经层。第 0 层即输入层，由28×28=784 数组层，第 1、2、3 层都是隐含层。最后一层输出层是 10 个 softmax 层，它将返回一个由 10 个概率值（总和为 1）组成的数组，每个概率值表示当前数字图像属于 10 个数字类别中某一个的概率。

在设计多层神经网络时，网络的结构配置等超参数可以按着经验自由设置，只需要遵循少量的约束，比如隐含层 1 的输入节点数必须和数据的实际特征长度匹配，每层的输入层节点数与上一层输出节点数匹配，输出层的激活函数和节点数需要根据任务的具体设定进行设计。神经网络结构的自由度较大，如图 6-11 所示。网络结构中每层的输出节点数不一定要设计为[256,128,64,10]，也可以是[256,256,64,10]、[512,64,32,10]等。至于哪一组超参数是最优的，这需要大量的实验和各方面的知识积累，或者可以通过技术，比如 AutoML 技术，搜索出较优设定等方法实现。

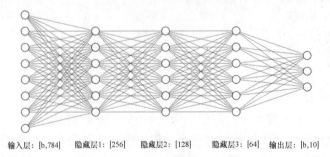

输入层：[b,784]　　隐藏层1：[256]　　隐藏层2：[128]　　隐藏层3：[64]　　输出层：[b,10]

图 6-11

在 TensorFlow 框架中实现网络层的架构，可以用层的方式，这样更加简洁。先新建各个网络层，本例用的是层实现方式 layers.Dense(units, activation)，再指定输出节点数 Units 和激活函数类型即可，本例每层用的是 relu 激活函数。如果网络有点复杂，需要考虑过拟合情况，将训练和测试的准确率差距变小，这时可以在每层添加 dropout 函数改善过拟合的情况，或者用正则化改善过拟合的情况。本例用 dropout 函数实现，示例代码如下：

```
#将模型的各层堆叠起来，以层的方式搭建 tf.keras.Sequential 模型
import tensorflow.keras as keras
from tensorflow.keras import models, layers, optimizers #序列模型
model = tf.keras.models.Sequential([
  tf.keras.layers.Flatten(input_shape=(28, 28)),  #输入层
  tf.keras.layers.Dense(256, activation=tf.nn.relu),  #隐含层 1
  tf.keras.layers.Dropout(0.2),   #20%的神经元不工作，防止过拟合
  tf.keras.layers.Dense(128, activation=tf.nn.relu),  #隐含层 2
  tf.keras.layers.Dense(64, activation=tf.nn.relu),  #隐含层 3
  tf.keras.layers.Dense(10, activation=tf.nn.softmax)   #输出层
])
```

### 3. 模型编译步骤

多层神经网络框架建立之后，需要对模型进行编译，步骤包括确定优化器、损失函数、训练效果中计算准确率等。这里采用 model.compile()实现，优化器用 Adam 算法，损失函数采用交叉熵方法，示例代码如下：

```
#Adam 算法为训练选择优化器和确定 sparse_categorical_crossentropy 为损失函数
model.compile(optimizer='adam',  #Adam 算法为训练选择优化器
            loss='sparse_categorical_crossentropy',  #损失函数采用交叉熵方法，速度会更快
            metrics=['accuracy'])   #计算准确率
# 输出网络参数
model.summary()
```

执行结果如下：

```
Model: "sequential_3"
```

| Layer (type) | Output Shape | Param # |
| --- | --- | --- |
| flatten_3 (Flatten) | (None, 784) | 0 |
| dense_12 (Dense) | (None, 256) | 200960 |
| dropout_2 (Dropout) | (None, 256) | 0 |
| dense_13 (Dense) | (None, 128) | 32896 |
| dense_14 (Dense) | (None, 64) | 8256 |
| dense_15 (Dense) | (None, 10) | 650 |

```
Total params: 242,762
Trainable params: 242,762
Non-trainable params: 0
```

### 4．模型训练

在多层神经网络模型进行编译之后，确定好各类参数，然后开始对训练集样本进行训练，获取模型的参数。训练神经网络，采用的是 model.fit()方法，在 Keras 中这一步是通过调用网络的 fit()方法来完成的。在训练数据上拟合模型，把训练集导入，训练次数根据需要自行决定（本例为了排版方便，训练 5 次）。示例代码如下：

```
# 训练模型
model.fit(x_train, y_train, epochs=5)
```

执行结果如下：

```
Train on 50000 samples
Epoch 1/5
50000/50000 [==============================] - 9s 189us/sample - loss: 0.2706 -
accuracy: 0.9182
Epoch 2/5
50000/50000 [==============================] - 8s 170us/sample - loss: 0.1255 -
accuracy: 0.9617
Epoch 3/5
50000/50000 [==============================] - 9s 172us/sample - loss: 0.0943 -
accuracy: 0.9703
Epoch 4/5
50000/50000 [==============================] - 8s 157us/sample - loss: 0.0792 -
accuracy: 0.9753
Epoch 5/5
50000/50000 [==============================] - 8s 152us/sample - loss: 0.0645 -
accuracy: 0.9803
Out[38]: <tensorflow.python.keras.callbacks.History at 0x1d583684ec8>
```

从上面的训练过程中可以看到两个数值：一个是网络在训练数据上的损失（Loss），另一个是网络在训练数据上的精确度（Accuracy），可以看出在训练数据上第 5 次训练就达到了0.9803 的精确度。

### 5．模型验证

多层神经网络模型已经训练完毕，多层神经网络已经构建完毕，接下来需要验证一下这个模型准确率如何，用 model.evaluate()方法进行。示例代码如下：

```
# 验证模型：
loss,accuracy = model.evaluate(x_test,y_test,verbose=2)
```

执行结果如下：

```
10000/10000 - 1s - loss: 0.0675 - accuracy: 0.9793
```

从上面的结果可以看到，测试验证集的准确率达到了 0.9793。

## 6.4.3 多层神经网络回归问题应用举例

在 6.4.2 小节中讨论了多层神经网络在分类问题的应用，分类的目的是从一系列的分类中选择一个分类。在回归问题中，需要预测出如价格或概率这样的连续值输出。因此，本小节采用经典的汽车的英里加仑数据集，简称 Auto MPG 数据集。该数据集提供了许多的汽车数据，包含汽缸数（Cylinders）、排量（Displacement）、马力（Horsepower）、重量（Weight）、加速度（Acceleration）、车型年号（Model Year）和产地（Origin）等属性，最后对每加仑行驶的英里（Miles Per Gallon），即 MPG 值进行预测。

### 1. Auto MPG 数据集

本例采用的数据集可以从 UCI 机器学习库中获取，用 tf.keras.utils.get_file()函数下载数据集，需要注意数据集下载后的路径。示例代码如下：

```
# 加载画图、TensroFlow 等必要模块
import matplotlib.pyplot as plt  #画图模块
import pandas as pd   #数据读取、处理模块
import seaborn as sns #数据可视化、画各类图形
import tensorflow as tf

#下载数据
dataset_path = tf.keras.utils.get_file("auto-mpg.data",
"http://archive.ics.uci.edu/ml/machine-learning-databases/auto-mpg/auto-mpg.data")
print(dataset_path)    # 注意下载数据之后的地址
```

执行结果如下：

```
C:\Users\Lukas\.keras\datasets\auto-mpg.data
```

### 2. 数据集清洗与划分

对已下载的数据集进行读写，使用 Pandas 包的 read_csv()函数可快速有效读取数据。由于数据众多，本例选取气缸数、排量、马力、重量、加速、车型年号和产地等属性来进行研究。示例代码如下：

```
#使用 Pandas 导入数据集
column_names = ['MPG','Cylinders','Displacement','Horsepower','Weight',
                'Acceleration', 'Model Year', 'Origin']     #选定需要的数据属性
raw_dataset = pd.read_csv(dataset_path, names=column_names,
                na_values = "?", comment='\t',
                sep=" ", skipinitialspace=True)    #读取刚下载的数据
dataset = raw_dataset.copy()  #复制数据集
print(dataset.shape)
print(dataset.tail())   #查看最后 5 行数据
```

执行结果如下：

```
(392, 10)
    MPG Cylinders Displacement ...  Acceleration Model Year Origin
393 27.0      4         140.0 ...      15.6           82       1
394 44.0      4          97.0 ...      24.6           82       2
395 32.0      4         135.0 ...      11.6           82       1
396 28.0      4         120.0 ...      18.6           82       1
397 31.0      4         119.0 ...      19.4           82       1
```

数据集导入之后，由于它是一个原始状态的数据集，因此需要对数据进行清理缺漏值、空值等操作，确保数据有效性，使用 isna()函数判断是否有空值，使用 dropa()函数去除空值。示例代码如下：

```
#数据清洗,数据集中包括一些缺漏值、空值等异常值
dataset.isna().sum()  #判断是否有空值并计算总数
```

执行结果如下：

```
MPG              0
Cylinders        0
Displacement     0
Horsepower       6
Weight           0
Acceleration     0
Model Year       0
Origin           0
dtype: int64
```

为了保证数据值简单可用，删除这些异常值的行。示例代码如下：

```
dataset = dataset.dropna()
print(dataset.shape)
print(dataset.head())
```

执行结果如下：

```
 (392, 10)
MPG  Cylinders  Displacement  ...  Acceleration  Model Year  Origin
0  18.0       8          307.0  ...          12.0          70       1
1  15.0       8          350.0  ...          11.5          70       1
2  18.0       8          318.0  ...          11.0          70       1
3  16.0       8          304.0  ...          12.0          70       1
4  17.0       8          302.0  ...          10.5          70       1
```

由以上数据初步处理，Origin 的列数据实际上代表分类（不同国家），不仅仅是一个数字，所以把它转换为独热（One-hot）编码。先把 Origin 这一列数据拿出来，再把 USA、Europe、Japan 3 个国家的 Origin 增加变成 3 列数据，用 0-1 表示，这就是独热编码的实质。示例代码如下：

```
origin = dataset.pop('Origin')    #把这列取出, pop()函数移除列表中元素并赋值
dataset['USA'] = (origin == 1)*1.0      #添加 USA 列, 当 orgin 为 1 的时候赋值 1
dataset['Europe'] = (origin == 2)*1.0
dataset['Japan'] = (origin == 3)*1.0
dataset.tail() #倒数 5 行数据
```

执行结果如下：

```
  MPG  Cylinders  Displacement  Horsepower  ...  Model Year  USA  Europe  Japan
393  27.0       4         140.0        86.0  ...          82  1.0     0.0    0.0
394  44.0       4          97.0        52.0  ...          82  0.0     1.0    0.0
395  32.0       4         135.0        84.0  ...          82  1.0     0.0    0.0
396  28.0       4         120.0        79.0  ...          82  1.0     0.0    0.0
397  31.0       4         119.0        82.0  ...          82  1.0     0.0    0.0
```

数据集清理完毕之后，把数据划分为训练数据集和测试数据集，这里用 sample()函数完成数据集划分。按照"二八原则"，数据的 80%是训练集，20%是测试集。示例代码如下：

```
#划分训练数据集和测试数据集, 将数据集划分为一个训练数据集和一个测试数据集
train_dataset = dataset.sample(frac=0.8,random_state=0)  #训练集占 80%
test_dataset = dataset.drop(train_dataset.index)
print(train_dataset.shape)
```

执行结果如下：

```
 (314, 10)
```

数据集确定之后，观察这些数据的大概形状、分布情况等。可以借助 describe() 函数快速查看训练集的总体的数据统计等各种信息。示例代码如下：

```
#也可以查看总体的数据统计
```

```
train_stats = train_dataset.describe()
train_stats.pop("MPG")
train_stats = train_stats.transpose()
print(train_stats)
```

执行结果如下：

```
               count       mean          std  ...      50%      75%      max
Cylinders      314.0    5.477707     1.699788  ...      4.0     8.00      8.0
Displacement   314.0  195.318471   104.331589  ...    151.0   265.75    455.0
Horsepower     314.0  104.869427    38.096214  ...     94.5   128.00    225.0
Weight         314.0 2990.251592   843.898596  ...   2822.5  3608.00   5140.0
Acceleration   314.0   15.559236     2.789230  ...     15.5    17.20     24.8
Model Year     314.0   75.898089     3.675642  ...     76.0    79.00     82.0
USA            314.0    0.624204     0.485101  ...      1.0     1.00      1.0
Europe         314.0    0.178344     0.383413  ...      0.0     0.00      1.0
Japan          314.0    0.197452     0.398712  ...      0.0     0.00      1.0
```

画图查看训练集中几列数据的联合分布图。示例代码如下：

```
sns.pairplot(train_dataset[["MPG", "Cylinders", "Displacement", "Weight"]],
diag_kind="kde")
```

执行结果如图 6-12 所示。

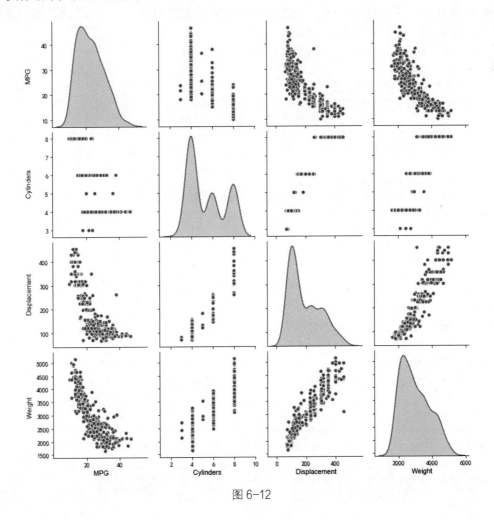

图 6-12

已经了解了数据集的清洗、划分及总体分布情况，接下来，从训练集和测试集的 MPG 标签中分离特征，这个标签是使用训练模型进行预测的 MPG 值。由于上述数据每一列的大小、范围都不一样，故有必要进行标准化处理，标准过程这里定义一个 norm()函数。示例代码如下：

```
train_labels = train_dataset.pop('MPG')  #训练集去掉 MPG 值
test_labels = test_dataset.pop('MPG')
#数据标准化
def norm(x):
  return (x - train_stats['mean']) / train_stats['std']  #标准化公式

normed_train_data = norm(train_dataset)
normed_test_data = norm(test_dataset)
```

### 3. 多层神经网络模型构建

所有的数据集准备工作已经就绪，接下来就是构建模型，使用 TensorFlow 的层模式 keras.layers.Dense()方法构建多层神经网络模型。本节的模型包含两个紧密相连的隐含层，以及返回单个输出层，即 3 层网络，结点分布是[64,64,1]，激活函数用的是 relu 函数，自定义 RMSprop 优化器，学习率是 0.001，这些是按实验者的经验设置参数，模型的构建步骤包含于一个名为 build_model 的函数中。示例代码如下：

```
#建立 3 层网络，结点[64,64,1]，激活函数用的是 relu 函数
def build_model():
  model = tf.keras.Sequential([
    tf.keras.layers.Dense(64, activation='relu',
                          input_shape=[len(train_dataset. keys())]),
    tf.keras.layers.Dense(64, activation='relu'),
    tf.keras.layers.Dense(1)
  ])
#自定义 RMSprop 优化器，学习率是 0.001
  optimizer = tf.keras.optimizers.RMSprop(0.001)
  model.compile(loss='mse',    #损失函数用 mse
            optimizer=optimizer,
            metrics=['mae', 'mse'])
  return model

#模型实例化
model = build_model()
```

检查模型结构，使用 summary()方法来输出该模型的简单描述。示例代码如下：

```
model.summary()
```

执行结果如下：

```
Model: "sequential_10"
```

| Layer (type) | Output Shape | Param # |
| --- | --- | --- |
| dense_41 (Dense) | (None, 64) | 704 |
| dense_42 (Dense) | (None, 64) | 4160 |

```
dense_43 (Dense)              (None, 1)                   65
=====================================================================
Total params: 4,929
Trainable params: 4,929
Non-trainable params: 0
```

### 4. 模型训练

多层神经网络模型已经构建完毕，接下来对模型运用 fit()方法进行 100 个周期的训练，并在 history 对象中记录训练和验证的准确性。示例代码如下：

```
#对模型进行100个周期的训练，并在history对象中记录训练和验证的准确性
history = model.fit(
  normed_train_data, train_labels,
  epochs=100, validation_split = 0.2, verbose=0)  #verbose=0表示不输出训练记录
#输出训练的各项指标值
hist = pd.DataFrame(history.history)
hist['epoch'] = history.epoch
hist.tail()
```

执行结果如下：

```
       loss         mae         mse    val_loss    val_mae    val_mse   epoch
95  6.438148    1.783447    6.438148    8.820378    2.195471   8.820378      95
96  6.230543    1.774188    6.230543    9.132760    2.220285   9.132760      96
97  6.272827    1.786977    6.272826    8.617878    2.255281   8.617878      97
98  6.058633    1.735627    6.058633    9.056997    2.217674   9.056997      98
99  6.226841    1.750750    6.226840    8.613014    2.242635   8.613014      99
```

为了更直观地体现上面的训练结果，把平均绝对误差与均方误差的结果用图形表示。示例代码如下：

```
#把训练结果用图形表示出来
def plot_history(history):
  hist = pd.DataFrame(history.history)
  hist['epoch'] = history.epoch

  plt.figure()
  plt.xlabel('训练次数')
  plt.ylabel('平均绝对误差[MPG]')
  plt.plot(hist['epoch'], hist['mae'],
         label='训练误差')
  plt.plot(hist['epoch'], hist['val_mae'],
         label = '测试集误差')
  plt.ylim([0,5])
  plt.legend()

  plt.figure()
  plt.xlabel('训练次数')
  plt.ylabel('均方误差[$MPG^2$]')
  plt.plot(hist['epoch'], hist['mse'],
         label='训练误差')
  plt.plot(hist['epoch'], hist['val_mse'],
```

```
        label = '测试集误差')
    plt.ylim([0,20])
    plt.legend()
    plt.show()
```

```
plot_history(history)    #把平均绝对误差与均方误差的图画出来
```
执行结果如图 6-13 所示。

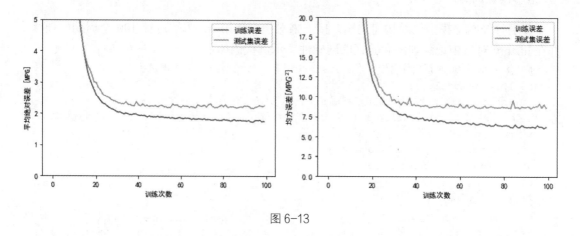

图 6-13

### 5. 模型验证

多层神经网络模型已经训练好，可以使用测试集看看泛化模型的效果，用 evaluate()方法来实现。示例代码如下：

```
#用测试集来看看泛化模型的效果
loss, mae, mse = model.evaluate(normed_test_data, test_labels, verbose=2)
print("测试集的平均绝对误差是：{:5.2f} MPG".format(mae))
```
执行结果如下：

```
78/78 - 0s - loss: 5.3656 - mae: 1.7645 - mse: 5.3656
测试集的平均绝对误差是：1.76 MPG
```

最后，运用已经训练好的模型，预测验证一下测试集中的数据预测 MPG 值，画出预测图来表示，使用 predict()方法实现。示例代码如下：

```
test_predictions = model.predict(normed_test_data).flatten()
# 画图表示
plt.scatter(test_labels, test_predictions)
plt.xlabel('真实值[MPG]')
plt.ylabel('预测值[MPG]')
plt.axis('equal')
plt.axis('square')
plt.xlim([0,plt.xlim()[1]])
plt.ylim([0,plt.ylim()[1]])
plt.plot([-100, 100], [-100, 100])
```
执行结果如图 6-14 所示。

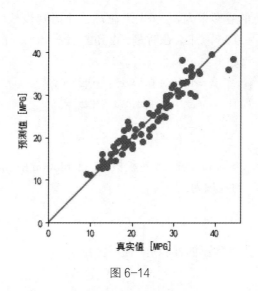

图 6-14

从图 6-14 所示的预测结果可以看出，预测效果比较好。

## 6.5 卷积神经网络

卷积神经网络（Convolutional Neural Network，CNN），也称 ConvNet，是一种具有局部连接、权重共享、池化汇聚等特性的多层神经网络，也是一种用来处理具有类似网络结构的数据的神经网络，例如时间序列数据（时间轴上有规律地采样形成的一维网络数据）和图像数据（可以看成二维的像素网格数据），还是计算机视觉、图像处理等使用的一种深度学习模型，在图像和视频分析的各种任务（比如图像分类、人脸识别、物体识别、图像分割等）上，其准确率一般也远远超出其他的神经网络模型。

CNN 一般由卷积层、池化汇聚层和全连接层交叉堆叠而成，目前比较流行的 CNN 主要有 LeNet、AlexNet、ZFnet、VGG-Net、GoogLeNet、ResNet 等，这些 CNN 基本是在 ILSVRC 比赛中被证明其优越性而被广泛应用。本节主要介绍最基本的 CNN 卷积运算原理、池化（pooling）等主要操作步骤，并给出一个经典简单的 CNN 结构搭建和代码实现的案例。

### 6.5.1 卷积层计算

卷积层（Convolution Layer）的作用是提取一个局部区域的特征，不同的卷积核相当于不同的特征提取器，这里先明确一个概念，卷积，也叫褶积，是数学分析中一种重要的运算，运用在信号处理或图像处理中。卷积的"卷"指翻转平移操作，"积"指积分运算，其一维卷积数学表达式如下：

$$(f * g)(n) = \int_{-\infty}^{\infty} f(\tau) g(n - \tau) \mathrm{d}\tau \quad （连续形式）$$

$$(f * g)(n) = \sum_{\tau = -\infty}^{\infty} f(\tau) g(n - \tau) \quad （离散形式）$$

一维卷积经常用在信号处理过程，计算信号的延迟积累。假设一个信号发生器每个时刻 $t$

147

产生一个信号 $x_t$，其信息的衰减率为 $\varpi_k$（表示在 $k-1$ 个时间步长后信息为原来的 $\varpi_k$ 倍），假设 $\varpi_1 = 1$、$\varpi_2 = 0.5$、$\varpi_3 = 0.25$，那么在时刻 $t$ 收到的信号 $y_t$ 为当前时刻产生的信息与以前时刻延迟信息的叠加，计算如下：

$$y_t = 1 \times x_t + 0.5 \times x_{t-1} + 0.25 \times x_{t-2}$$
$$= \varpi_1 \times x_t + \varpi_2 \times x_{t-1} + \varpi_3 \times x_{t-2}$$
$$= \sum_{k=1}^{3} \varpi_k x_{t-k+1}$$

其中，$\varpi_1, \varpi_2, \cdots$ 成为滤波器（Filter）或卷积核（Convolution Kernel）。假设滤波器长度 $K$，它和一个信号序列 $x_1, x_2, \cdots$ 的卷积为：

$$y_t = \sum_{k=1}^{K} \varpi_k x_{t-k+1}$$

那么，信号序列 $x$ 和滤波器 $\varpi$ 的卷积可以定义为：

$$y = \varpi * x$$

其中，$*$ 表示卷积运算。

二维卷积计算一般经常用在图像处理中，故需要对一维卷积进行扩展，给定一个图像 $X \in \mathbb{R}^{M \times N}$ 和滤波器 $W \in \mathbb{R}^{U \times V}$，一般 $U << M$、$V << N$，根据上述公式，有：

$$y_{i,j} = \sum_{u=1}^{U} \sum_{v=1}^{V} \varpi_{uv} x_{i-u+1, j-v+1}$$

一个输入信息 $X$ 和滤波器 $W$ 的二维卷积定义为：

$$Y = W * X$$

其中 $*$ 表示二维卷积计算。

在图像处理中，卷积经常作为特征提取的有效方法，一幅图像在经过卷积操作后得到结果称为特征映射（Feature Map）。为便于理解，仅讨论单通道输入、单卷积核的情况，输入 $X$ 为 5×5 的矩阵，卷积核为 3×3 的矩阵，首先将卷积核大小的感受野（输入 $X$ 左上方绿框）与卷积核对应元素相乘，如图 6-15 所示。

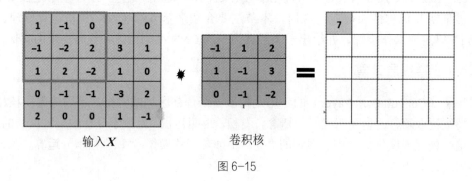

图 6-15

图 6-15 展开计算得：

$$\begin{pmatrix} 1 & -1 & 0 \\ -1 & -2 & 2 \\ 1 & 2 & -2 \end{pmatrix} * \begin{pmatrix} -1 & 1 & 2 \\ 1 & -1 & 3 \\ 0 & -1 & -2 \end{pmatrix} = \begin{pmatrix} -1 & -1 & 0 \\ -1 & 2 & 6 \\ 0 & -2 & 4 \end{pmatrix}$$

得到 3×3 的矩阵后，把这矩阵的 9 个元素值全部相加，得：

$$-1-1+0-1+2+6+0-2+4=7$$

得到的值为 7，写入输出矩阵的第一行第一列，如图 6-15 所示。

完成第一个感受野区域的特征提取后，感受野向右移动一个步长单位（Stride，默认 1），用同样的计算方法，如图 6-16 所示。

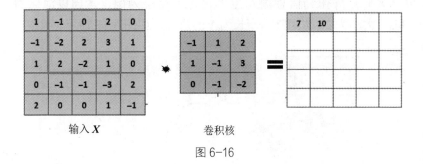

输入 **X**　　卷积核

图 6-16

按照上述方法，每次感受野向右移动 1 个步长单位。若超出输入边界，则向下移动 1 个步长单位，并回到行首。直到感受野移动至最右边、最下方位置，如图 6-17 所示。

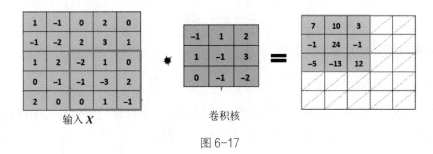

输入 **X**　　卷积核

图 6-17

同理，多通道输入、多卷积核是深度神经网络的计算，简单来说是上述例子计算过程的重复。注意多通道输入的情况下，卷积核的通道数量需要和输入的通道数量相匹配等，篇幅有限，这里就不一一展开了。

### 6.5.2　池化层计算

池化层（Pooling Layer），也叫汇聚层。一般来说卷积层的神经元个数过多容易出现过拟合。为了解决这个问题，可以在卷积层之后加上一个池化层，通过降低特征维数，降低特征的数量来减少参数数量，进行特征选择和避免过拟合，这就是池化层的作用。

池化层基于局部相关性的思想，通过从局部相关的一组元素中进行采样或信息聚合，从而得到新的元素值。一般有两种计算方法。

（1）最大池化（Max Pooling）：对于一个区域 $R_{m,n}^d$，选择这个区域内所有神经元的最大活性值作为这个区域的表示，$x_i$ 表示区域内每个神经元的活性值。计算公式如下：

$$y_{n,m}^d = \max_{i \in R_{n,m}^d} x_i$$

（2）平均池化（Average Poling）：一般是取区域内所有神经元活性值的平均值。计算公式如下：

$$y_{n,m}^d = \frac{1}{\left|R_{n,m}^d\right|} \sum_{i \in R_{n,m}^d} x_i$$

例如：以 5×5 矩阵作为信息输入 $X$ 的最大池化层为例，考虑以池化的感受野窗口（Receptive Fields）大小为 2×2 矩阵，步长为 1 的情况，如图 6-18 所示。

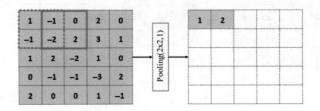

图 6-18

绿色虚线方框代表第一个感受野的位置，感受野元素集合为：

$$[1,-1;-1,-2]$$

用最大池化采样的计算方法，得：

$$x' = \max([1,-1;-1,-2]) = 1$$

计算完当前位置的感受野后，该感受野的窗口类似卷积计算，按步长为 1 向右移动，见图 6-24 的绿色实线方框，用同样的最大池化采样计算得：

$$x' = \max([-1,0;-2,2]) = 2$$

同理，逐渐移动感受野至最右边，此时窗口已经到达矩阵边缘，按着卷积层同样的方式，感受野窗口向下移动一个步长，并回到行首，继续计算，如图 6-19 所示。

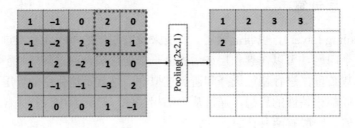

图 6-19

如此循环往复计算，直至最下方、最右边，获得最大池化层的输出，长宽为 4×4，略小于输入 $X$ 的矩阵，如图 6-20 所示。

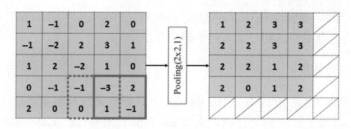

图 6-20

由于池化层在计算的时候根据上一层的参数权重计算，没有需要学习的参数，计算简单，可以有效减低特征图的尺寸，非常适合图片类型的数据，因此在计算机视觉、图像处理等领域中得到广泛的应用。

### 6.5.3 全连接层计算

在 CNN 结构中，经多个卷积层和池化层后，连接着 1 个或 1 个以上的全连接层（Fully Connected Layers，FC Layers）。该层与多层神经网络类似，全连接层中的每个神经元与其前一层的所有神经元进行全连接，把卷积层和池化层的输出展开成一维形式，在后面接上与普通网络结构相同的回归网络或者分类网络，最后全连接层在整个 CNN 中起到"分类器"的作用，如图 6-21 所示。

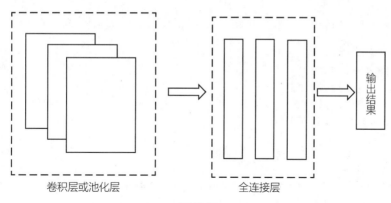

图 6-21

全连接层与 6.4 节多层神经网络内容基本内容差不多，由于篇幅有限，理论部分请查看 6.4 节内容。

### 6.5.4 CNN 应用案例

本节介绍 CNN 的经典案例——图像识别问题。本节引用经典的普适物体识别数据集 Cifar-10 进行分类任务，Cifar-10 数据集是由"深度学习之父"Hinton 的两个学生 Alex Krizhevsky、Ilya Sutskever 收集的一个用于图像物体识别的数据集，该数据集里包括 60000 张 32 像素×32 像素的彩色图像，一共标注为 10 类，每一类图片共有 6000 张，其中训练集 50000 张，测试集 10000 张。这 10 类分别是飞机（Airplane）、汽车（Automobile）、

卷积神经网络
应用举例

鸟（Bird）、猫（Cat）、鹿（Deer）、狗（Dog）、青蛙（Frog）、马（Horse）、船（Ship）和卡车（Truck），比较适合图像识别分类入门的数据集。

### 1. CIFAR-10 数据集

本例子使用的数据集大小为 162MB，最好先下载好放在计算机本地。下载的数据集文件名为 cifar-10-python.tar.gz，将此文件改名为 cifar-10-batches-py.tar.gz，Windows 操作系统下保存在 C:\Users\×××\.keras\datasets 目录中（×××表示用户名）。

数据集准备就绪，运用 TensorFlow 中的 cifar10.load_data()方法读取数据，并进行简单标准化处理，画出部分图像预览图。示例代码如下：

```
#加载必要的模块、框架
import tensorflow as tf
from tensorflow.keras import datasets, layers, models
import matplotlib.pyplot as plt

# 数据加载
(train_images, train_labels), (test_images, test_labels) =
datasets.cifar10.load_data()
print(train_images.shape, ' ', train_labels.shape) #看看数据集情况
# 数据集简单归一化
train_images, test_images = train_images / 255.0, test_images / 255.0
#数据集的类型
class_names = ['airplane', 'automobile', 'bird', 'cat', 'deer',
               'dog', 'frog', 'horse', 'ship', 'truck']

# 画出数据集的大概预览
plt.figure(figsize=(10,10))
for i in range(25):
    plt.subplot(5,5,i+1)
    plt.xticks([])
    plt.yticks([])
    plt.grid(False)
    plt.imshow(train_images[i], cmap=plt.cm.binary)
    plt.xlabel(class_names[train_labels[i][0]])
plt.show()
```

执行结果如图 6-22 所示。

```
(50000, 32, 32, 3)   (50000, 1)
```

由图 6-22 可以看出图片数据集 CIFAR-10 是 3 通道的彩色 RGB 图，训练集是 50000 张 32 像素×32 像素的图片数据，是现实中真实的图片，而且里面的物体比例、特征等都不相同，因此本数据集比 6.4.2 小节运用的 MNIST 数据集复杂得多。

### 2. CNN 模型构建

数据集已准备就绪，接下来运用 CNN 模型对数据集 CIFAR-10 进行分类。用 TensorFlow 框架自带的二维卷积层计算 layers.Conv2D()方法，池化层用 layers.MaxPool2D()最大池化抽样方法，此 CNN 模型架构如图 6-23 所示（各框上下方的数字代表其参数）。

图 6-22

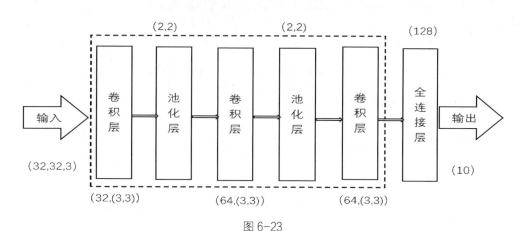

图 6-23

此 CNN 模型构建了 3 个卷积层和 2 个池化层。其中第一层卷积层设置 32 个卷积核，卷积核为 3×3，激活函数用 relu；第二层、第三层卷积层同样设置 64 个卷积核，卷积核为 3×3，激活函数用 relu；后面的池化层采用最大池化抽样，窗口是 2×2，全连接层采用 128 层，输出是 10 个品类。示例代码如下：

```
#CNN 模型构建
model = models.Sequential()
#卷积层
#input_shape 表示卷积层输入 、filter 表示卷积核大小
```

```
#stride 表示卷积步长
#padding 表示控制卷积核处理边界的策略，激活函数用 relu
model.add(layers.Conv2D(input_shape=(32, 32, 3),
        filters=32, kernel_size=(3,3), strides=(1,1), padding='valid',
            activation='relu')) #32 个卷积核，卷积核大小 3×3
#池化层，最大池化抽样，窗口是 2×2
model.add(layers.MaxPool2D(pool_size=(2,2)))
#卷积层，64 个卷积核，卷积核大小 3×3
model.add(layers.Conv2D(filters=64, kernel_size=(3,3), strides=(1,1),
        padding='valid', activation='relu'))
#池化层，窗口是 2×2
model.add(layers.MaxPool2D(pool_size=(2,2)))
#卷积层，64 个卷积核，卷积核大小 3×3
model.add(layers.Conv2D(filters=64, kernel_size=(3,3), strides=(1,1),
        padding='valid',activation='relu'))
#全连接层、flattern()将卷积和池化后提取的特征摊平后输入全连接网络
model.add(layers.Flatten())
model.add(layers.Dense(128, activation='relu'))
# 分类层——输出 10 个种类分类
model.add(layers.Dense(10))
```

### 3. 模型编译步骤

CNN 模型框架搭建完成之后，需要对模型进行编译，步骤包括确定优化器、损失函数、训练效果中计算准确率等。这里采用 model.compile()实现，优化器用 Adam 算法，损失函数用交叉熵方法，并把训练准确率变化图像画出来。示例代码如下：

```
#CNN 模型编译
#优化器用 Adam 算法，损失函数用交叉熵方法
model.compile(optimizer='adam',
loss=tkeras.losses.SparseCategoricalCrossentropy(from_logits=True),
        metrics=['accuracy'])
model.summary()  #输出模型参数结构
```

执行结果如下：

```
Model: "sequential_4"
```

| Layer (type) | Output Shape | Param # |
|---|---|---|
| conv2d_9 (Conv2D) | (None, 30, 30, 32) | 896 |
| max_pooling2d_6 (MaxPooling2 | (None, 15, 15, 32) | 0 |
| conv2d_10 (Conv2D) | (None, 13, 13, 64) | 18496 |
| max_pooling2d_7 (MaxPooling2 | (None, 6, 6, 64) | 0 |
| conv2d_11 (Conv2D) | (None, 4, 4, 64) | 36928 |
| flatten_4 (Flatten) | (None, 1024) | 0 |
| dense_9 (Dense) | (None, 128) | 131200 |

```
dense_10 (Dense)              (None, 10)                1290
=================================================================
Total params: 188,810
Trainable params: 188,810
Non-trainable params: 0
```

### 4. 模型训练

CNN 模型已经构建完毕，接下来运用 fit()方法对模型进行 10 个周期的训练（本数据集比较大，在配置比较好的计算机运行的速度会快点），并在 history 对象中记录训练和验证的准确性，并画出其训练 LOSS 变化曲线图。示例代码如下：

```
#CNN 模型训练
history = model.fit(train_images, train_labels, epochs=10,
                    validation_data=(test_images, test_labels))
# history 对象有一个 history 成员，它是一个字典，包含训练过程中的所有数据
plt.plot(history.history['accuracy'], label='accuracy')
plt.plot(history.history['val_accuracy'], label = 'val_accuracy')
plt.xlabel('Epoch')
plt.ylabel('Accuracy')
plt.ylim([0.5, 1])
plt.legend(loc='lower right')
```

执行结果如图 6-24 所示。

```
Train on 50000 samples, validate on 10000 samples
Epoch 1/10
50000/50000 [==============================] - 8s 152us/sample - loss: 0.4929 -
accuracy: 0.8257 - val_loss: 0.8823 - val_accuracy: 0.7217
Epoch 2/10
50000/50000 [==============================] - 7s 140us/sample - loss: 0.4546 -
accuracy: 0.8397 - val_loss: 0.9151 - val_accuracy: 0.7223
Epoch 3/10
50000/50000 [==============================] - 7s 139us/sample - loss: 0.4160 -
accuracy: 0.8514 - val_loss: 0.9840 - val_accuracy: 0.7088
Epoch 4/10
50000/50000 [==============================] - 7s 139us/sample - loss: 0.3792 -
accuracy: 0.8633 - val_loss: 1.0078 - val_accuracy: 0.7095
Epoch 5/10
50000/50000 [==============================] - 7s 139us/sample - loss: 0.3443 -
accuracy: 0.8770 - val_loss: 1.0652 - val_accuracy: 0.7140
Epoch 6/10
50000/50000 [==============================] - 7s 138us/sample - loss: 0.3185 -
accuracy: 0.8857 - val_loss: 1.1137 - val_accuracy: 0.7139
Epoch 7/10
50000/50000 [==============================] - 7s 139us/sample - loss: 0.2903 -
accuracy: 0.8964 - val_loss: 1.1723 - val_accuracy: 0.7020
Epoch 8/10
50000/50000 [==============================] - 7s 138us/sample - loss: 0.2733 -
accuracy: 0.9018 - val_loss: 1.2600 - val_accuracy: 0.7034
Epoch 9/10
```

```
    50000/50000 [==============================] - 7s 138us/sample - loss: 0.2443 -
accuracy: 0.9124 - val_loss: 1.3244 - val_accuracy: 0.7005
    Epoch 10/10
    50000/50000 [==============================] - 7s 139us/sample - loss: 0.2192 -
accuracy: 0.9213 - val_loss: 1.4273 - val_accuracy: 0.6936
    10000/10000 - 1s - loss: 1.4273 - accuracy: 0.6936
```

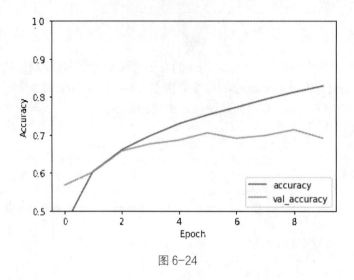

图 6-24

### 5．模型验证

CNN 模型已经训练好，可以使用测试集，看看泛化模型的效果如何，用 evaluate()方法来实现。示例代码如下：

```
#用测试集来看看泛化模型的效果如何
test_loss, test_acc = model.evaluate(test_images, test_labels, verbose=2)
print(test_acc)  #输出准确率
```

执行结果如下：

```
0.6915
```

最后运用已经训练好的 CNN 模型，对测试集的一些图片进行预测，画出预测图来表示，使用 predict()方法实现。示例代码如下：

```
prediction = model.predict_classes(test_images)
print("展示测试集第一张图片的模型识别是:")
print("%s\n" % (prediction[0]))
print("测试集第一张的实际结果是: ")
print(test_labels[0])
print("展示该图片")
plt.imshow(test_images[0])
plt.show()
```

展示测试集第一张图片的模型识别是：

```
3
```

测试集第一张的实际结果是：

```
[3]
```

展示该图片结果如图 6-25 所示。

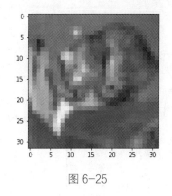

图 6-25

## 6.6 循环神经网络

循环神经网络（Recurrent Neural Network，RNN）是一类具有短期记忆能力的神经网络。其神经元不但可以接受其他神经元的信息，也可以接受自身的信息，形成具有环路的网络结构，因此叫循环神经网络。一般而言，RNN 比较适用于处理序列数据的神经网络，就像卷积网络比较适用于处理网格化数据，比如图像的神经网络。RNN 能让网络具有短期记忆能力来处理一些时序数据，并利用其历史信息。

### 6.6.1 RNN 结构及数学模型

RNN 是一类具有内部循环的神经网络，如图 6-26 所示。输入层 $x$、输出层 $y$、隐含层 $h$ 和多层神经网络一样，$U$ 是输入层到隐含层的权重，$V$ 是隐含层到输出层的权重，区别的是中间隐含层部分多了一个返回的箭头，这就是 RNN 特有的特征，其权重矩阵为 $W$。

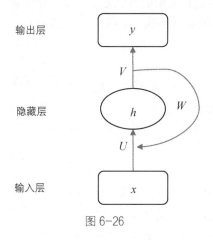

图 6-26

因此 RNN 的隐含层 $h$，不仅仅取决于当前输入层 $x$，还取决于上一次隐含层的权重，而权重矩阵 $W$ 就是隐含层上一次的权重作为当前的输入的权重。

具体来说，图 6-26 按时间线展开，可得到图 6-27 所示的 RNN 结构。

157

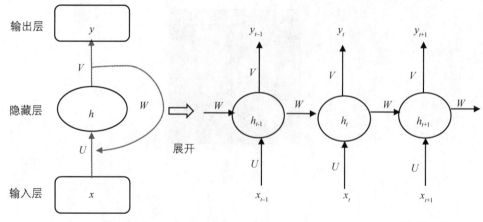

图 6-27

在这个简单的 RNN 结构中，$t$ 时刻接收到输入 $x_t$ 之后，隐含层的神经元活性值是 $h_t$，输出是 $y_t$，隐含层的神经元活性值 $h_t$ 不仅取决于输入层的 $x_t$，还和上一个隐含层 $h_{t-1}$ 相关，用下面的公式表示循环神经网络的计算方法：

$$z_t = Uh_{t-1} + Wx_t + b$$
$$y_t = f(z_t)$$

其中，$z_t$ 表示隐含层的净输入，$b$ 表示偏置向量，$f(\cdot)$ 表示非线性激活函数，一般用 Logistic 函数或 tanh 函数，上述公式也可直接写成：

$$y_t = f(Uh_{t-1} + Wx_t + b)$$

基于简单 RNN 的各类变种 RNN 有很多，对于简单 RNN 来说处理一些简单任务是比较有效的，随着 RNN 的复杂化，就越来越容易在学习过程中出现梯度消失或爆炸问题。对于该问题，当下有不少学者提出各种比较实用的改进方法，以下介绍其中一种比较经典的 RNN——长短期记忆网络（Long Short-Term Memory Network，LSTM）。

### 6.6.2 LSTM

LSTM 是循环神经网络的一个经典变体，它可以有效地解决循环神经网络的梯度爆炸或消失问题。LSTM 主要的改进方向有两个，一是定义了新的内部状态（Internal State），二是增加了门控机制（Gating Mechanism）来控制信息传递的路径，从而有效地解决这些问题。

#### 1. 新的内部状态

LSTM 引入一个新的内部状态 $c_t \in \mathbb{R}^D$ 专门进行线性的循环信息传递，同时非线性地输出信息到隐含层的外部状态 $h_t \in \mathbb{R}^D$，其计算方法如下：

$$c_t = f_t \odot c_{t-1} + i_t \tilde{c}_t$$
$$h_t = o_t \odot \tanh(c_t)$$

其中，$f_t \in [0,1]^D$、$i_t \in [0,1]^D$ 和 $o_t \in [0,1]^D$ 为 3 个门（Gate），用于控制信息传递的路径，$\odot$ 表示向量元素乘积，$c_{t-1}$ 为上一时刻的记忆单元，$\tilde{c}_t \in \mathbb{R}^D$ 是通过非线性函数得到的候选状态：

$$\tilde{c}_t = \tanh(U_c h_{t-1} + W_c x_t + b_c)$$

即在每个时刻 $t$，LSTM 的内部状态 $c_t$ 记录了当前时刻的历史信息。

### 2. 门控机制

门控机制在数字电路中，门为一个二值变量{0,1}，其中 0 代表关闭状态，不许信息通过；1 代表开发状态，允许信息通过。而 LSTM 引入门控机制来控制信息传递的路径，上述公式计算$c_t$和$h_t$中，3 个门分别是输入门$i_t$、遗忘门$f_t$和输出门$o_t$，这 3 个门的作用如下：

（1）输入门$i_t$控制当前时刻的候选状态$\tilde{c}_t$有多少信息保存。

（2）遗忘门$f_t$控制上一个时刻的内部状态$c_{t-1}$需要遗忘多少信息。

（3）输出门$o_t$控制当前时刻的内部状态$c_t$有多少信息需要输出给外部状态$h_t$。

特别地，当$f_t = 0$、$i_t = 1$时，记忆单元将历史信息清空，并将候选状态向量$\tilde{c}_t$写入，此时记忆单元$c_t$依然会与上一个时刻的历史信息相关；当$f_t = 1$、$i_t = 0$时，记忆单元将复制上一时刻的内容，不写入新的信息。

LSTM 中的门取值范围为 0～1，表示以一定的比例允许信息通过，这 3 个门的计算方法如下：

$$f_t = \sigma(U_f h_{t-1} + W_f x_t + b_f)$$
$$i_t = \sigma(U_i h_{t-1} + W_i x_t + b_i)$$
$$o_t = \sigma(U_o h_{t-1} + W_o x_t + b_o)$$

其中，$\sigma(\cdot)$表示 Logistic 函数，其输出范围是$(0,1)$，$x_t$为当前时刻的输入，$h_{t-1}$表示上一时刻的外部状态。

LSTM 的计算过程如下：

（1）利用上一时刻的外部状态$h_{t-1}$和当前时刻的输入$x_t$，计算上述 3 个门和$\tilde{c}_t$。

（2）结合遗忘门$f_t$和输入门$i_t$更新记忆单元$c_t$。

（3）结合输出门$o_t$，将内部状态信息传递到外部状态$h_t$。

计算过程示意图如图 6-28 所示。

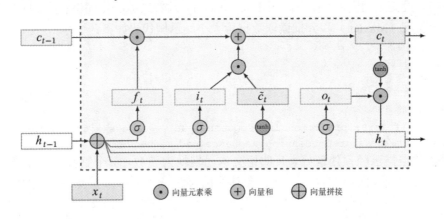

图 6-28

通过 LSTM 循环单元，整个网络可以建立长距离的时序依赖关系，RNN 中的隐含层状态$h$存储了历史信息，可以看作一种记忆。在简单的 RNN 中，隐含层状态每个时刻都被重写，因此可以看作一种短期记忆（Short-Term Memory）。而在 LSTM 中，记忆单元$c$可以在某个时刻捕捉到某个关键信息，并有能力将此关键信息保存一定的时间间隔。该保存信息的周期要长于短期记忆，但又远远短于长期记忆（Long-Term Memory，可以看作网络参数，隐含了从训练数据中学习的信息，更新周期远远慢于短期记忆），因此称长短期记忆网络。

### 6.6.3 RNN 应用案例

循环神经网络
应用举例

本小节介绍 RNN 的经典案例——电影评论情感分类问题。本小节引用的是 IMDB 电影评论数据集，根据电影评论的文本内容预测评论的情感标签。IMDB 电影评论数据集分为用于训练的 25000 条评论和用于测试的 25000 条评论，训练集和测试集都包含 50%的正面评价和 50%的负面评价的英文数据。

#### 1. IMDB 数据集

本例采用的数据集已经集成在 TensorFlow-datasets（包括上文的 MNIST 数据集、CIFAR-10 数据集、Auto MPG 数据集等）中，故可以直接安装该数据集来获取，或者用 TensorFlow 下的 Keras 数据集也是一样的，利用 imdb.load_data()方法加载数据集。由于数据集已经进行了处理，需要给词汇固定长度来读取。示例代码如下：

```
#加载需要用到的模块
from keras.preprocessing import sequence
from keras.models import Sequential
from keras.layers import Dense, Dropout, Embedding, LSTM, Bidirectional
from keras.datasets import imdb
import tensorflow as tf
#词汇表收录的单词数
max_features = 10000
#加载数据
 (x_train, y_train), (x_test, y_test) = imdb.load_data(num_words=max_features)
```

由于 RNN 的输入是固定长度的，要给定固定的输入长度。也就是说 IMDB 数据集里的电影评论的长度必须相同，需要借助 pad_sequences() 函数来标准化评论长度，同时给定一个句子的固定长度（Maxlen）和分批读取数据量大小。示例代码如下：

```
#一个句子长度
maxlen = 100
#一个批次数据量大小
batch_size = 32
#RNN 输入长度固定
x_train = tf.keras.preprocessing.sequence.pad_sequences(x_train, maxlen=maxlen)
x_test = tf.keras.preprocessing.sequence.pad_sequences(x_test, maxlen=maxlen)
```

由于该数据集已经预处理好，其评论文本已转换为整数，每个整数表示字典中的特定单词，关于文本处理的详细内容，后文会具体由讲解，故本小节重点介绍 RNN 的构建运用过程。

#### 2. RNN 模型构建

数据集已准备就绪，接下来构建 RNN 模型。由于 RNN 模型有很多变种，本小节用比较常见的简单 RNN 模型。由于处理的是文本序列问题，故在处理的时候需要有一个 Embedding 层，也叫单词表示层，单词的表示向量可以直接通过训练的方式得到，Embedding 层负责把单词编码为某个向量，采用数字编码的单词，只需要查询对应位置上返回的向量即可。一般在构建神经网络之前，完成单词到向量的转换，得到的表示向量可以继续通过神经网络完成后续任务，在 TensorFlow 框架通过 layers.Embedding() 来定义。示例代码如下：

```
model = Sequential()
#嵌入层
model.add(Embedding(max_features,
 #词汇表大小中收录单词数量，也就是嵌入层矩阵的行数
                     128, # 每个单词的维度，也就是嵌入层矩阵的列数
                     input_length=maxlen)) # 一篇文本的长度
```

文本单词转换成向量之后，就可以搭建循环神经网络了。本例用 TensorFlow 框架下的 LSTM() 方法实现，构建 128 层的 LSTM 隐含层，输出层用 Dense() 方法，由于是二分类问题，输出的是 1。示例代码如下：

```
#定义 LSTM 隐含层
model.add(LSTM(128, dropout=0.2, recurrent_dropout=0.2))
#模型输出层
model.add(Dense(1, activation='sigmoid'))
```

### 3. 模型编译步骤

RNN 模型搭建完成，接下来需要对模型进行编译，步骤包括确定优化器、损失函数、训练效果中计算准确率等。这里采用 model.compile() 实现，优化器用 Adam 算法，损失用 binary_crossentropy 方法。示例代码如下：

```
#模型编译
model.compile(loss='binary_crossentropy',
              optimizer='adam',
              metrics=['accuracy'])
model.summary()
```

执行结果如下：

```
Model: "sequential_3"
```

| Layer (type) | Output Shape | Param # |
| --- | --- | --- |
| embedding_3 (Embedding) | (None, 100, 128) | 1280000 |
| lstm_3 (LSTM) | (None, 128) | 131584 |
| dense_3 (Dense) | (None, 1) | 129 |

```
Total params: 1,411,713
Trainable params: 1,411,713
Non-trainable params: 0
```

### 4. 模型训练

CNN 模型已经构建完毕，接下来对模型运用 fit() 方法进行 5 个周期的训练。示例代码如下：

```
#训练过程
model.fit(x_train, y_train,
```

```
        batch_size=batch_size,  #遍历 1 遍数据集的批次数=len(x_train)/batch_size
        epochs=5,                        #遍历整个数据集 5 遍
        validation_data=[x_train, y_train]) #验证集
```

执行结果如下：

```
    "Converting sparse IndexedSlices to a dense Tensor of unknown shape. "
Train on 25000 samples, validate on 25000 samples
Epoch 1/5
25000/25000 [==============================] - 240s 10ms/step - loss: 0.4658 -
accuracy: 0.7859 - val_loss: 0.3069 - val_accuracy: 0.8747
    Epoch 2/5
25000/25000 [==============================] - 227s 9ms/step - loss: 0.3330 -
accuracy: 0.8632 - val_loss: 0.2346 - val_accuracy: 0.9138
    Epoch 3/5
25000/25000 [==============================] - 251s 10ms/step - loss: 0.2669 -
accuracy: 0.8932 - val_loss: 0.3132 - val_accuracy: 0.8634
    Epoch 4/5
25000/25000 [==============================] - 237s 9ms/step - loss: 0.2115 -
accuracy: 0.9168 - val_loss: 0.1878 - val_accuracy: 0.9264
    Epoch 5/5
25000/25000 [==============================] - 217s 9ms/step - loss: 0.1672 -
accuracy: 0.9378 - val_loss: 0.1160 - val_accuracy: 0.9618
    25000/25000 [==============================] - 45s 2ms/step
```

### 5. 模型验证

简单的 RNN 模型已经训练好，使用测试集，看看泛化模型效果，用 evaluate()方法来实现。示例代码如下：

```
#模型验证
results = model.evaluate(x_test, y_test)
print(results)
```

执行结果如下：

```
25000/25000 [==============================] - 48s 2ms/step
[0.45406213108062743, 0.835640013217926]
```

可以看到其准确率近似 0.84。最后，可以把本次模型的情况输出处理。示例代码如下：

```
#模型的画图表示
import matplotlib.pyplot as plt
import matplotlib.image as mpimg
from keras.utils import plot_model
plot_model(model,to_file='RNN-IMDB.png',show_shapes=True)
RI = mpimg.imread('RNN-IMDB.png')  # 读取和代码处于同一目录下的 RNN-IMDB.png
plt.imshow(RI)  # 显示图片
plt.axis('off')  # 不显示坐标轴
plt.show()
```

执行结果如图 6-29 所示。

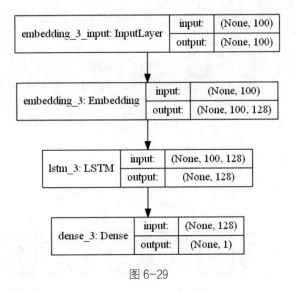

图 6-29

## 本章小结

本章介绍了深度学习的理论方法、TensorFlow 框架、经典的 CNN 和 RNN 理论及其案例应用。本章所有的案例均结合 TensorFlow 的 datasets 数据集进行，这也是快速入门深度学习的比较好练手的案例项目。

## 本章练习

1. 运用 CNN 对 MNIST 数据集进行分类。
2. 运用 RNN 对 CIFAR-10 数据集进行分类。

# 案例篇

## 第 7 章　基于财务与交易数据的量化投资分析

　　量化投资是金融数据分析的一个重要方向，本章通过一个具体案例介绍其基本的原理、方法及实现。首先，基于财务报表及财务指标数据，采用数量化的方法，对上市公司基本情况进行综合评价，从而选出优质的上市公司；其次，以选出的上市公司发行的 A 股股票作为研究对象，通过计算股票交易的技术分析指标，利用数据挖掘模型预测下一个交易日股票收盘价较开盘价的涨跌方向；最后，基于预测的结果设计量化投资策略并进行实证检验。下面将从案例背景、案例目标及实现思路、基于总体规模与投资效率指标的上市公司综合评价方法、技术分析指标选择与计算、量化投资模型与策略实现方面进行详细介绍。

### 7.1　案例背景

　　随着我国证券市场的不断壮大，证券及证券投资在社会经济和生活中也越来越重要，上市公司的数量也在不断增加，目前在上海证券交易所和深圳证券交易所上市交易的公司已经达到 3700 家。投资者面对众多不同行业、不同背景的公司的股票，除了基本政策面分析外，还希望对这些股票的基本面及市场交易机会进行客观理性的评估。传统的基本面分析投资方法，主要是通过实地调研、阅读公司投资及经营方面的公告、分析与研究财务报表等手段找到优质的上市公司并投资。在上市公司数量较少时，传统的基本面分析方法不失为一种有效的方法。然而，在庞大的上市公司数量及相关数据面前，传统的基本面分析方法有很大的局限性：一方面，在如此庞大的上市公司数据面前，我们无法及时完成分析，也更难找出优质的上市公司；另一方面，在信息高度发达的大数据时代，信息更新得非常快，我们更难以应接。因此，基于数量化的投资分析方法，即量化投资应运而生。所谓量化投资，就是采用计算机技术及数据挖掘模型，实现自己的投资理念或投资方法的一种过程。量化投资分析方法能够帮助我们快速分析并挖掘数据，从而找到我们需要的信息，这已经成为投资界人士所推崇的方法。

## 7.2　案例目标及实现思路

　　本案例的主要目标是基于年度财务数据及其指标，对上市公司进行综合评价，找出较为优质的上市公司。通过计算上市公司的股票交易的技术分析指标，利用数据挖掘模型预测下一个交易日上市公司的股票收盘价较开盘价涨跌方向，并基于预测的结果设计量化投资策略及实证检验。在上市公司综合评价方面，首先介绍基于总体规模与投资效率指标的上市公司综合评价，选择的总体规模指标包括上市公司的营业收入、营业利润、利润总额、净利润、资产总计、固定资产净额，选择的投资效率指标包括净资产收益率、每股净资产、每股资本公积、每股收益；然后获取、处理数据，把标准化的指标数据进行主成分分析，并基于主成分得分获得上市公司综合排名，从而选择排名靠前的上市公司的股票作为研究对象。在技术分析指标选择与计算方面，主要选择趋势型、超买超卖型、人气型等指标，包括 5 日、10 日、20 日移动平均线指标 MA，指数平滑异同平均线指标 MACD，随机指标 KDJ，6 日、12 日、24 日相对强弱指标 RSI，5 日、10 日、20 日乖离率指标 BIAS 和能量潮指标 OBV 等，并将这些指标作为自变量。因变量为涨跌趋势指标，即下一个交易日的股票收盘价较开盘价涨跌方向，上涨用+1 表示，下跌为-1，不变为 0，是一种分类型变量。以一定的计算周期计算其自变量和因变量，作为训练样本然后以其后的一定周期的数据作自变量，作为测试样本，并预测其涨跌方向，即因变量，最后根据预测的结果设计量化投资策略。这里选择的预测模型为逻辑回归模型。基本的实现思路如图 7-1 所示。

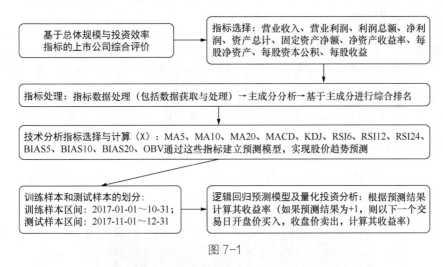

图 7-1

## 7.3　基于总体规模与投资效率指标的上市公司综合评价

　　上市公司的总体规模体现了公司的整体竞争能力、市场抗风险能力和影响力。总体规模较大的上市公司在市场上有优势。除此之外我们还需要考虑其投资效率，如果投资效率低下，那么其优势也许就不存在了。下面选择反映公司总体规模和投资效率方面的财务数据和财务指标，利用主成分分析模

基于总体规模与投资效率指标的综合评价

型进行综合评价。

### 7.3.1 指标选择

我们选择的总体规模指标包括上市公司的营业收入、营业利润、利润总额、净利润、资产总计、固定资产净额、投资效率指标（包括净资产收益率、每股净资产、每股资本公积、每股收益）等，一共 10 个指标。数据来源于 Tushare 金融大数据社区，具体信息如表 7-1 所示。

表 7-1　　　　　　　　　　　　上市公司的总体规模与投资效率指标

| 字段名称 | 字段中文名称 | 字段说明 |
| --- | --- | --- |
| revenue | 营业收入 | 企业经营过程中确认的营业收入 |
| operate_profit | 营业利润 | 与经营业务有关的利润 |
| total_profit | 利润总额 | 公司实现的利润总额 |
| n_income_attr_p | 净利润 | 公司实现的净利润 |
| total_asscts | 资产总计 | 资产各项目之总计 |
| fix_assets | 固定资产净额 | 固定资产原价 |
| roe | 净资产收益率 | 净利润/股东权益余额 |
| bps | 每股净资产 | 所有者权益合计期末值/实收资本期末值 |
| capital_rese_ps | 每股资本公积 | 资本公积期末值/实收资本期末值 |
| eps | 每股收益 | 净利润本期值/实收资本期末值 |

### 7.3.2 数据获取

本案例基于 Tushare 金融大数据社区提供的 Python API，获取所需的数据。Tushare 金融大数据社区提供免费、开源的各类金融数据获取 API，通过注册社区会员、获得积分即可提取数据，提取权限与积分有关，获得积分及相关事项可与积分管理员联系。本案例基于教师权限（积分值大于 5000）获取 2016 年度数据，下面给出详细的获取方法。

#### 1. Tushare 安装

实际上 Tushare 已经作为一个 Python 扩展包，利用安装 Python 扩展包的方法直接安装即可，如图 7-2 所示。图中显示已经成功安装了 Tushare 包，版本为 1.2.51。

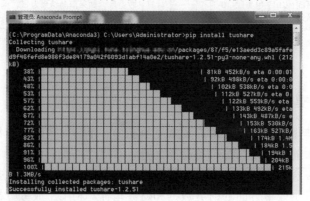

图 7-2

## 2．数据的获取

获取的数据包括股票基本信息，并从利润表、资产负债表和财务指标表中获取以上指标数据。示例代码如下：

```
import tushare as ts
import pandas as pd
#tushare API 初始化
ts.set_token('you token')
pro = ts.pro_api()
#获取股票基本信息，并保存为 Excel 文件
stkcode = pro.stock_basic(exchange='', list_status='L',
                        fields='ts_code,symbol,name,area,industry')
stkcode.to_excel('stkcode.xlsx')
#从利润表中获取营业收入、营业利润、利润总额、净利润等指标数据
income= pro.income_vip(period='20161231',
        fields='ts_code,revenue,operate_profit,total_profit,n_income_attr_p')
income=income.drop_duplicates(subset=['ts_code'])
#从资产负债表中获取资产总计、固定资产净额等指标数据
balance = pro.balancesheet_vip(period='20161231',
                            fields='ts_code,total_assets,fix_assets')
balance=balance.drop_duplicates(subset=['ts_code'])
#从财务指标表中获取净资产收益率、每股净资产、每股资本公积、每股收益等指标数据
indicator=pro.fina_indicator_vip(period='20161231',
                            fields='ts_code,roe,bps,capital_rese_ps,eps')
indicator=indicator.drop_duplicates(subset=['ts_code'])
#数据集成，以代码为键，内连接，并把集成后的数据导出 Excel 文件
tempdata=pd.merge(income,balance,how='inner',on='ts_code')
Data=pd.merge(tempdata,indicator,how='inner',on='ts_code')
Data.to_excel('Data.xlsx')
```

执行结果如图 7-3 所示。

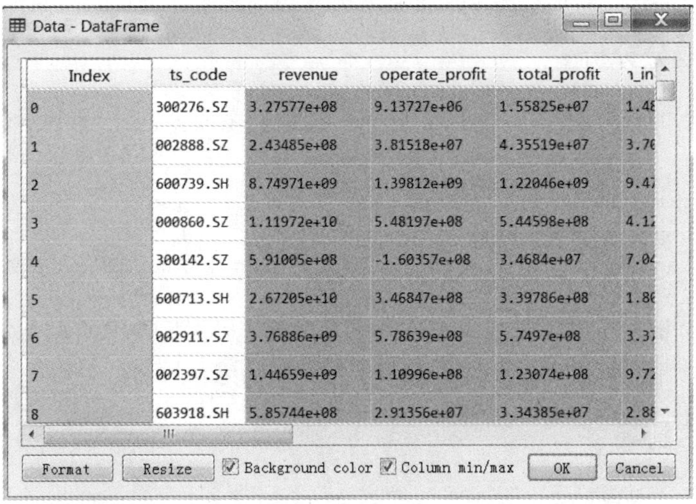

| Index | ts_code | revenue | operate_profit | total_profit | n_in |
|-------|---------|---------|----------------|--------------|------|
| 0 | 300276.SZ | 3.27577e+08 | 9.13727e+06 | 1.55825e+07 | 1.48 |
| 1 | 002888.SZ | 2.43485e+08 | 3.81518e+07 | 4.35519e+07 | 3.76 |
| 2 | 600739.SH | 8.74971e+09 | 1.39812e+09 | 1.22046e+09 | 9.47 |
| 3 | 000860.SZ | 1.11972e+10 | 5.48197e+08 | 5.44598e+08 | 4.12 |
| 4 | 300142.SZ | 5.91005e+08 | -1.60357e+08 | 3.4684e+07 | 7.04 |
| 5 | 600713.SH | 2.67205e+10 | 3.46847e+08 | 3.39786e+08 | 1.86 |
| 6 | 002911.SZ | 3.76886e+09 | 5.78639e+08 | 5.7497e+08 | 3.37 |
| 7 | 002397.SZ | 1.44659e+09 | 1.10996e+08 | 1.23074e+08 | 9.72 |
| 8 | 603918.SH | 5.85744e+08 | 2.91356e+07 | 3.34385e+07 | 2.88 |

图 7-3

### 7.3.3　数据处理

**1．筛选指标值大于 0 的数据**

对上市公司评价，首先是选择指标值大于 0 的公司，指标值小于 0 的公司可能存在公司资产为负值或者利润为负值等问题，这类的数据首先排除在外。

**2．去掉空值**

空值即 nan 值应去掉，同时公司指标取值缺失的数据也建议排除在外。

**3．数据标准化**

指标的单位存在不统一或者存在有些指标的取值很大、有些指标的取值很小的情况，因此需要对指标数据做标准化处理。

计算思路及流程如下：

（1）读取 2016 年的数据，其中第 0 列为标识列（股票代码）。示例代码如下：

```
import pandas as pd
data=pd.read_excel('Data.xlsx')
```

（2）筛选指标值大于 0 的数据以及去掉空值。示例代码如下：

```
data=data[data>0]
data=data.dropna()
```

（3）数据标准化，注意标准化的数据需要去掉第 0 列（股票代码，标识列），这里数据标准化方法采用均值-方差规范化。示例代码如下：

```
from sklearn.preprocessing import StandardScaler
X=data.iloc[:,1:]
scaler = StandardScaler()
scaler.fit(X)
X=scaler.transform(X)
```

### 7.3.4　主成分分析

对标准化之后的指标数据 X 做主成分分析，提取其主成分，要求累计贡献率在 0.95 以上。示例代码如下：

```
from sklearn.decomposition import PCA
pca=PCA(n_components=0.95)              #累计贡献率为 0.95
Y=pca.fit_transform(X)                  #满足累计贡献率为 0.95 的主成分数据
gxl=pca.explained_variance_ratio_      #贡献率
```

通过主成分分析，可以获得其主成分，接下来就可以根据获得的主成分计算每个上市公司的综合得分了。根据综合得分，可以获得上市公司的综合排名。

### 7.3.5　综合排名

**1．计算综合得分**

综合得分等于提取的各个主成分与其贡献率的加权求和。示例代码如下：

```
import numpy as np
F=np.zeros((len(Y)))          #预定义综合得分数组 F
for i in range(len(gxl)):
    f=Y[:,i]*gxl[i]            #第 i 个主成分与第 i 个主成分贡献率的乘积
    F=F+f                      #数组累积求和
```

### 2. 整理排名结果

为了方便排名，采用序列作为排名结果存储数据结构。排名包括两种方式，一种索引为股票代码，方面后续计算收益率；另一种索引为股票中文简称，方便查看其排名结果。

第 1 种方式示例代码如下：

```
fs1=pd.Series(F,index=data['ts_code'].values) #构建序列，值为综合得分 F，索引为股票代
码
Fscore1=fs1.sort_values(ascending=False)    #结果排名，降序
```

第 2 种方式如下：

首先获取主成分分析指标数据对应的上市公司名称，可以通过 data 数据（经过处理的财务指标数据）中的股票代码关联股票基本信息表 stkcode.xlsx 筛选获得。stkcode.xlsx 详细信息如表 7-2 所示。

表 7-2　　　　　　　　　　　股票基本信息表

| ts_code | symbol | name | area | industry |
|---------|--------|------|------|----------|
| 000001.SZ | 000001 | 平安银行 | 深圳 | 银行 |
| 000002.SZ | 000002 | 万科 A | 深圳 | 全国地产 |
| 000004.SZ | 000004 | 国农科技 | 深圳 | 生物制药 |
| 000005.SZ | 000005 | 世纪星源 | 深圳 | 环境保护 |
| 000006.SZ | 000006 | 深振业 A | 深圳 | 区域地产 |
| 000007.SZ | 000007 | 全新好 | 深圳 | 酒店餐饮 |
| 000008.SZ | 000008 | 神州高铁 | 北京 | 运输设备 |

其中字段依次表示 Tushare 股票代码、股票标志、股票名称、地区、行业。示例代码如下：

```
stk=pd.read_excel('stkcode.xlsx')
stk=pd.Series(stk['name'].values,index=stk['ts_code'].values)
stk1=stk[data['ts_code'].values]  #主成分分析指标数据对应的上市公司名称
```

其次，以综合得分 F 为值，上市公司名称作为索引，构建序列，并按值做降序排列，以观察其排名结果。示例代码如下：

```
fs2=pd.Series(F,index=Co1.values)
Fscore2=fs2.sort_values(ascending=False)
```

最终得到两种方式的排名结果（部分）如图 7-4 所示。

| Fscore1 - Series | | Fscore2 - Series | |
|---|---|---|---|
| Index | 0 | Index | 0 |
| 601398.SH | 28.4127 | 工商银行 | 28.4127 |
| 601939.SH | 23.5445 | 建设银行 | 23.5445 |
| 601288.SH | 19.0735 | 农业银行 | 19.0735 |
| 601988.SH | 18.3512 | 中国银行 | 18.3512 |
| 600028.SH | 14.3213 | 中国石化 | 14.3213 |
| 601857.SH | 11.2914 | 中国石油 | 11.2914 |
| 601318.SH | 10.0208 | 中国平安 | 10.0208 |
| 600306.SH | 8.845 | 商业城 | 8.845 |
| 601328.SH | 7.93549 | 交通银行 | 7.93549 |

图 7-4

## 7.4　技术分析指标选择与计算

技术分析指标选择与计算

7.3 节介绍了上市公司的综合评价方法，通过综合评价可以获得上市公司的综合排名情况，如图 7-4 所示。在此基础上可以选择排名靠前的上市公司的股票作为研究对象，选择并计算其技术分析指标（自变量）和涨跌趋势指标（因变量）。本节主要选取了 6 种在中国证券交易市场上比较流行且有效的技术分析指标：移动平均线指标（MA）、指数平滑异同平均线指标（MACD）、随机指标（KDJ）、相对强弱指标（RSI）、乖离率指标（BIAS）、能量潮指标（OBV）、涨跌趋势指标。下面将详细介绍相关技术分析指标的计算公式、方法及计算情况。

### 7.4.1　移动平均线指标

移动平均线指标（MA）就是将某一定时期的收盘价之和除以该周期，按时间的长短可以分为短期、中期、长期 3 种。移动平均线可以反映出价格走势。

计算公式为：

$$MA_t(n) = \frac{1}{n}C_t + \frac{n-1}{n}MA_{t-1}(n)$$

$C_t$ 为第 $t$ 日股票价格；$n$ 为周期数，一般取 5、10、20，$t$ 为时间。Python 计算移动平均线的命令为 pd.rolling_mean(P, n)。

其中，P 为价格序列值，$n$ 为周期数。例如，计算 5 日移动平均线为：

```
pd.rolling_mean(P,5)
```

### 7.4.2　指数平滑异同平均线指标

指数平滑异同平均线指标是在移动平均线的基础上发展而成的，它利用两条不同速度（一条变动速率较快的短期移动平均线，一条变动速度较慢的长期移动平均线）的指数平滑移动平均线来计算二者之间的差别状况（DIF），作为研判行情的基础，然后计算出 DIF 的 9 日平滑移动平均线 DEA，MACD 即为 DIF 和 DEA 差值的两倍。

计算公式为：

$$MACD_t = 2 \times (DIF_t - DEA_t)$$

$$DIF_t = EMA_t(12) - EMA_t(26)$$

$$DEA_t = \frac{2}{10}DIF_t + \frac{8}{10}DEA_{t-1}$$

$$EMA_t(n) = \frac{2}{n+1}C_t + \frac{n-1}{n+1}EMA_{t-1}(n)$$

Python 计算指数平滑移动平均的命令为 pd.ewma(P, n)。

其中，P 为价格序列值，n 为周期数。例如，计算 12 日、26 日指数平滑移动平均线为：

```
Z12=pd.ewma(P, 12)
Z26=pd.ewma(P, 26)
```

则 DIF、DEA、MACD 计算算法如下：

```
DIF=Z12-Z26
If t=1
    DEA[t]=DIF[t]
If t>1
    DEA[t]=(2*DIF[t]+8*DEA[t-1])/10
MACD[t]=2*(DIF[t]-DEA[t])
```

### 7.4.3 随机指标

随机指标（KDJ）一般是用于股票分析的统计体系。根据统计学原理，通过一个特定的周期（常为 9 日、9 周等）内出现过的最高价、最低价及最后一个计算周期的收盘价，以及这三者之间的比例关系，计算最后一个计算周期的未成熟随机值 $RSV$，然后根据平滑移动平均线的方法计算 $K_t$ 值、$D_t$ 值与 $J_t$ 值，并绘成曲线图研判股票价格走势。

计算公式为：

$$K_t = \frac{2}{3}K_{t-1} + \frac{1}{3}RSV_t$$

$$D_t = \frac{2}{3}D_{t-1} + \frac{1}{3}K_t$$

$$J_t = 3D_t - 2K_t$$

$$RSV_t(n) = \frac{C_t - L_n}{H_n - L_n} \times 100\%$$

$H_n$、$L_n$ 分别表示 n 日内最高收盘价和最低收盘价，n=9。

Python 计算移动周期内的最大最小值命令为：

```
pd.rolling_max(P,n)
pd.rolling_min(P,n)
```

其中，P 为价格序列值，n 为周期数。例如，计算 9 日移动平均线的最大值和最小值为：

```
Lmin=pd.rolling_min(P,9)
Lmax=pd.rolling_max(P,9)
RSV=(L-Lmin)/(Lmax-Lmin)
```

则计算 KDJ 指标算法如下：

```
If t=1
   K[t]=RSV[t]
   D[t]=RSV[t]
If t>1
   K[t]=2/3*K[t-1]+1/3*RSV[t]
   D[t]=2/3*D[t-1]+1/3*K[t]
J[t]=3*D[t]-2*K[t]
```

### 7.4.4　相对强弱指标

相对强弱指标是利用一定时期内平均收盘涨数与平均收盘跌数的比值来反映股市走势的。"一定时期"的选择是不同的，一般而言，选择天数短，易对起伏的股市产生动感，不易平衡长期投资的心理准备，做空做多的短期行为增多。选择天数长，对短期的投资机会不易把握。因此 RSI 一般可选用天数为 6、12、24。

计算公式为：

$$RSI_t(n) = \frac{A}{A-B} \times 100\%$$

公式中，$A = n$ 日内收盘涨数；$B = n$ 日内收盘跌数；$n = 6, 12, 24$。

算法如下：

（1）预定义涨跌标识向量 z，即 z=np.zeros(len(P)-1)，其中 P 为价格序列。

（2）涨跌标识向量赋值。示例代码如下：

```
z[P(2:end)- P(1:end-1)≥0]=1      #涨
z[P(2:end)- P(1:end-1)<0]=-1     #跌
```

（3）涨跌情况统计。示例代码如下：

```
z1=pd.rolling_sum(z==1,N)       #N 日移动计算涨数
z2=pd.rolling_sum(z==-1,N)      #N 日移动计算跌数
```

（4）RSI 指标计算。示例代码如下：

```
for t= N to len(P)-1
     rsi[t]= z1[t]/(z1[t]+z2[t])
```

### 7.4.5　乖离率指标

乖离率指标（BIAS）是通过计算市场指数或收盘价与某条移动平均线之间的差距百分比，以反映一定时期内价格与其 MA 偏离程度的指标，从而得出价格在剧烈波动时因偏离移动平均趋势而造成回档或反弹的可能性，以及价格在正常波动范围内移动而形成继续原有势的可信度。

计算公式为：

$$乖离率 = \frac{当日收盘价 - n日平均价}{n日平均价} \times 100\% \quad n = 5, 10, 20$$

算法如下：

（1）预定义乖离率指标，即 bias=np.zeros((len(P)))，其中 P 为价格序列。

（2）计算 $n$ 日移动平均价格，即 man=pd.rolling_mean(P,n)。

（3）采用循环方式依次计算每日的乖离率指标。

```
for t= n to len(P)
        bias[t]=(P[t]-man[t])/man[t]
```

### 7.4.6 能量潮指标

能量潮指标（OBV）又叫能量潮，也叫成交量净额指标，是通过累计每日的需求量和供给量并予以数字化，制成趋势线，然后配合证券价格趋势图，从价格变动与成交量增减的关系上来推测市场趋势的一种技术分析指标。

计算公式为：

$$今日OBV = 前一日OBV + \text{sgn} \times 今日的成交量$$

其中，sgn 是符号函数，其数值由下面的式子决定：

若今日收盘价 ≥ 昨日收盘价，$\text{sgn} = +1$；

若今日收盘价 < 昨日收盘价，$\text{sgn} = -1$。

算法如下：

（1）记 P、S 分别为价格序列和成交量序列，预定义 obv=np.zeros((len(P)))。

（2）根据能量潮指标的计算公式及说明，采用循环的方式依次计算每日的 OBV。示例代码如下：

```
for t = 1 to len(P)
    if t=1
        obv[t]=S[t]
    if t>1
        if P[t]>=P[t-1]
            obv[t]=obv[t-1]+S[t]
        if P[t]<P[t-1]:
            obv[t]=obv[t-1]-S[t]
```

### 7.4.7 涨跌趋势指标

股价趋势预测主要是通过建立预测模型 $F(x, y)$ 进行的，$x$ 是自变量，$y$ 是因变量。本小节主要是将这些技术分析指标作为自变量 $x$ 输入，而因变量 $y$ 是根据股票每日的收盘价确定的。下一个交易日收盘价减去当日收盘价，若大于 0，则下一个交易日股价呈现上涨趋势，记为+1 类，反之则股价呈现下跌趋势，记为-1 类。因变量 $y$ 的计算方法如下。

（1）预定义 y= np.zeros(len(P1))，其中 P1 为开盘价格序列。

（2）预定义标识变量 z=np.zeros(len(y)–1)，并计算其涨跌方向。示例代码如下：

```
z[P2[2:end]-P1[2:end]>0]=1        #涨
z[P2[2:end]-P1[2:end]==0]=0       #平
z[P2[2:end]-P1[2:end]<0]=-1       #跌
```

P2 为收盘价序列。

（3）采用循环的方式依次计算每日涨跌趋势指标 y。示例代码如下：

```
for t = 1 to len(z)
    y[t]=z[t]
```

最终将该问题转化为分类问题或者模式识别问题，相关的模型如支持向量机、逻辑回归、神经网络等均能实现分类。

### 7.4.8　计算举例

下面以上汽集团（股票代码：600104）为例计算其指标。其数据区间为 2017 年 1 月 1 日—12 月 31 日。数据获取的示例代码如下：

```
dta = pro.daily(ts_code='600104.SH',
        start_date='20170101', end_date='20171231')
dta=dta.sort_values('trade_date')
dta.to_excel('dta.xlsx')
```

执行结果（部分）如图 7-5 所示。

| Index | ts_code | trade_date | open | high | low | close | pre_close | change | pct_chg | vol | amount |
|---|---|---|---|---|---|---|---|---|---|---|---|
| 243 | 600104.SH | 20170103 | 23.57 | 24.3 | 23.57 | 23.89 | 23.45 | 0.44 | 1.88 | 368556 | 882590 |
| 242 | 600104.SH | 20170104 | 23.97 | 24.5 | 23.89 | 24.29 | 23.89 | 0.4 | 1.67 | 335320 | 814803 |
| 241 | 600104.SH | 20170105 | 24.38 | 24.38 | 23.95 | 24.05 | 24.29 | -0.24 | -0.99 | 208594 | 502228 |
| 240 | 600104.SH | 20170106 | 24.04 | 24.16 | 23.78 | 23.91 | 24.05 | -0.14 | -0.58 | 229796 | 551372 |

图 7-5

字段依次为股票代码、交易日期、开盘价、最高价、最低价、收盘价、昨收价、涨跌额、涨跌幅、成交量和成交额。

根据前文介绍的指标定义、计算公式及实现算法，这里将各类指标的计算采用函数形式进行定义。示例代码如下（用 Ind.py 文件来统一保存这些指标计算函数）：

```python
# 计算移动平均线指标
import pandas as pd
def MA(data,N1,N2,N3):
    MAN1=pd.rolling_mean(data['close'].values,N1)
    MAN2=pd.rolling_mean(data['close'].values,N2)
    MAN3=pd.rolling_mean(data['close'].values,N3)
    return (MAN1,MAN2,MAN3)

# 计算指数平滑移动平均线指标
def MACD(data):
    import numpy as np
    EMA12 = pd.ewma(data['close'].values, 12)
    EMA26 = pd.ewma(data['close'].values, 26)
    DIF=EMA12- EMA26
    DEA=np.zeros((len(DIF)))
    MACD=np.zeros((len(DIF)))
    for t in range(len(DIF)):
        if t==0:
            DEA[t]= DIF[t]
        if t>0:
            DEA[t]=(2*DIF[t]+8*DEA[t-1])/10
        MACD[t]=2*(DIF[t]-DEA[t])
    return MACD

#计算随机指标
def KDJ(data,N):
```

```python
    import numpy as np
    Lmin=pd.rolling_min(data['low'].values,N)
    Lmax=pd.rolling_max(data['high'].values,N)
    RSV=(data['close'].values-Lmin)/(Lmax-Lmin)
    K=np.zeros((len(RSV)))
    D=np.zeros((len(RSV)))
    J=np.zeros((len(RSV)))
    for t in range(N,len(data)):
        if t==0:
            K[t]=RSV[t]
            D[t]=RSV[t]
        if t>0:
            K[t]=2/3*K[t-1]+1/3*RSV[t]
            D[t]=2/3*D[t-1]+1/3*K[t]
        J[t]=3*D[t]-2*K[t]
    return (K,D,J)


#计算相对强弱指标
def RSI(data,N):
    import numpy as np
    z=np.zeros(len(data)-1)
    z[data.iloc[1:,5].values-data.iloc[0:-1,5].values>=0]=1
    z[data.iloc[1:,5].values-data.iloc[0:-1,5].values<0]=-1
    z1=pd.rolling_sum(z==1,N)
    z2=pd.rolling_sum(z==-1,N)
    rsi=np.zeros((len(data)))
    for t in range(N-1,len(data)-1):
        rsi[t]=z1[t]/(z1[t]+z2[t])
    return rsi


def BIAS(data,N):
    import numpy as np
    bias=np.zeros((len(data)))
    man=pd.rolling_mean(data.iloc[:,5].values,N)
    for t in range(N-1,len(data)):
        bias[t]=(data.iloc[t,5]-man[t])/man[t]
    return bias


def OBV(data):
    import numpy as np
    obv=np.zeros((len(data)))
    for t in range(len(data)):
        if t==0:
            obv[t]=data['vol'].values[t]
        if t>0:
            if data['close'].values[t]>=data['close'].values[t-1]:
                obv[t]=obv[t-1]+data['vol'].values[t]
            if data['close'].values[t]<data['close'].values[t-1]:
                obv[t]=obv[t-1]-data['vol'].values[t]
    return obv
```

```
def cla(data):
    import numpy as np
    y=np.zeros(len(data))
    z=np.zeros(len(y)-1)
    z[data.iloc[1:,5].values-data.iloc[1:,2].values>0]=1
    z[data.iloc[1:,5].values-data.iloc[1:,2].values==0]=0
    z[data.iloc[1:,5].values-data.iloc[1:,2].values<0]=-1
    for i in range(len(z)):
        y[i]=z[i]
    return y
```

下面我们使用 Ind.py 文件中定义好的指标计算函数计算上汽集团的指标。计算时需要在计算文件夹中存放 Ind.py 文件，并在计算程序中导入该文件并调用指标计算函数以完成计算。示例代码如下：

```
import Ind
import pandas as pd
data=pd.read_excel('dta.xlsx')
MA= Ind.MA(data,5,10,20)
macd=Ind.MACD(data)
kdj=Ind.KDJ(data,9)
rsi6=Ind.RSI(data,6)
rsi12=Ind.RSI(data,12)
rsi24=Ind.RSI(data,24)
bias5=Ind.BIAS(data,5)
bias10=Ind.BIAS(data,10)
bias20=Ind.BIAS(data,20)
obv=Ind.OBV(data)
y=Ind.cla(data)
#将计算出的技术分析指标、交易日期以及股价的涨跌趋势利用字典整合在一起
pm={'交易日期':data['trade_date'].values}
PM=pd.DataFrame(pm)
DF={'MA5':MA[0],'MA10':MA[1],'MA20':MA[2],'MACD':macd,
    'K':kdj[0],'D':kdj[1],'J':kdj[2],'RSI6':rsi6,'RSI12':rsi12,
    'RSI24':rsi24,'BIAS5':bias5,'BIAS10':bias10,'BIAS20':bias20,'OBV':obv}
DF=pd.DataFrame(DF)
s1=PM.join(DF)
y1={'涨跌趋势':y}
ZZ=pd.DataFrame(y1)
s2=s1.join(ZZ)
#去掉空值
ss=s2.dropna()
#将 ss 中第 6 列不为 0 的值提取出来,存放到 Data 中
Data=ss[ss.iloc[:,6].values!=0]
```

执行以上示例代码，最终得到上汽集团的指标数据集 Data，其执行结果（部分）如图 7-6 所示。

| Index | 交易日期 | BIAS10 | BIAS20 | BIAS5 | D | J | K | MA10 | MA20 | MA5 |
|---|---|---|---|---|---|---|---|---|---|---|
| 19 | 20170206 | 0.0103462 | 0.0316525 | 0.00570387 | 0.670457 | 0.669699 | 0.670835 | 25.13 | 24.611 | 25.246 |
| 20 | 20170207 | 0.0102373 | 0.0312076 | 0.0048149 | 0.674153 | 0.659366 | 0.681547 | 25.202 | 24.6895 | 25.338 |
| 21 | 20170208 | -0.00158604 | 0.0180319 | -0.00474308 | 0.648195 | 0.752028 | 0.596279 | 25.22 | 24.734 | 25.3 |
| 22 | 20170209 | -0.00511722 | 0.0116819 | -0.00649659 | 0.602052 | 0.786626 | 0.509764 | 25.209 | 24.7855 | 25.244 |
| 23 | 20170210 | -0.00146785 | 0.0129384 | -0.00340513 | 0.562268 | 0.721403 | 0.4827 | 25.207 | 24.8485 | 25.256 |
| 24 | 20170213 | -0.0141292 | -0.00170803 | -0.0121689 | 0.489129 | 0.781683 | 0.342853 | 25.196 | 24.8825 | 25.146 |
| 25 | 20170214 | -0.0131448 | -0.00298903 | -0.00695332 | 0.416577 | 0.706786 | 0.271473 | 25.181 | 24.9245 | 25.024 |
| 26 | 20170215 | -0.0103856 | -0.00422414 | -0.0036856 | 0.354547 | 0.602667 | 0.230487 | 25.131 | 24.9755 | 24.962 |
| 27 | 20170216 | -0.0145621 | -0.0125135 | -0.00747408 | 0.303325 | 0.508214 | 0.20088 | 25.065 | 25.013 | 24.886 |
| 28 | 20170217 | -0.00574988 | -0.00598802 | 0.0027384 | 0.281116 | 0.369952 | 0.236698 | 25.044 | 25.05 | 24.832 |
| 29 | 20170220 | 0.0156094 | 0.01397 | 0.0195576 | 0.34012 | 0.184103 | 0.458120 | 25.049 | 25.0895 | 24.952 |

Format   Resize   ☑ Background color  ☑ Column min/max          OK   Cancel

图 7-6

## 7.5 量化投资模型与策略实现

首先，利用 7.3 节基于总体规模与投资效率指标的上市公司综合评价方法获得的排名结果，提取前 20 的上市公司的股票构建投资组合，并获取投资组合中各个股票在 2017 年的交易数据。其次，基于获取的股票交易数据计算技术分析指标（自变量）和涨跌趋势指标（因变量），并划分训练数据（2017年 1 月—10 月）和预测数据（2017 年 11 月—12 月），构建逻辑回归预测模型。这里要求模型的准确率在 0.7 以上（即针对训练数据的预测准确率）才

量化投资模型与
策略实现

执行量化投资策略。最后，根据模型的预测结果构建量化投资策略，即如果预测结果为+1，表示下一个交易日收盘价较开盘价可能会上涨，则以下一个交易日开盘价买入，收盘价卖出。计算每只股票的收益率，最终对每只股票的收益率求和获得投资组合的收益率，并与同期的沪深 300 指数收益率作为基准进行比较。下面进行详细介绍。

### 7.5.1 投资组合构建

根据排名结果提取排名 20 只股票代码构建投资组合，并批量获取投资组合中每只股票代码的交易数据，同时导出到 Excel 表格中，示例代码如下：

```
#提取综合排名前 20 的股票代码列表
import fun
r=fun.Fr()
c=r[0]
codelist=list(c.index[0:20])
#构建排名前 20 的股票代码的查询字符（连接）
codelist_str=str()
for i in range(len(codelist)):
    if i<len(codelist)-1:
        codelist_str=codelist[i]+','+codelist_str
    else:
        codelist_str= codelist_str+codelist[i]
print(codelist_str)
```

```
#批量获取20个股票代码交易数据stkdata，并导出到Excel
import tushare as ts
ts.set_token('you token')
pro = ts.pro_api()
stkdata = pro.daily(ts_code=codelist_str,
                    start_date='20170101', end_date='20171231')
stkdata=stkdata.sort_values(['ts_code','trade_date'])
stkdata.index=range(len(stkdata))#重新设置index属性
stkdata.to_excel('stkdata.xlsx')
```

执行结果中，20只股票代码查询字符输出结果如下：

```
300791.SZ,601658.SH,601088.SH,600016.SH,601668.SH,600104.SH,601166.SH,600000.SH,
600519.SH,600036.SH,601328.SH,600306.SH,601318.SH,601857.SH,600028.SH,601988.SH,
601288.SH,601939.SH,601398.SH,601998.SH
```

执行结果中，20只股票代码交易数据表结构如图7-5所示，这里不再给出。

### 7.5.2 基于逻辑回归的量化投资策略实现

首先读取投资组合的所有股票交易数据，并对每只股票计算技术指标（自变量）和涨跌趋势指标（因变量），以2017年1月—10月的数据为训练样本，2017年11月—12月数据为预测样本，训练逻辑回归模型并对预测样本进行预测。如果预测模型准确率在0.7（针对训练数据的预测准确率）以上，根据预测结果，如果为+1，则表示下一个交易日收盘价较开盘价可能会上涨，以下一个交易日开盘价买入，收盘价卖出，计算其投资收益率，完成一次交易机会，把所有的交易机会获得的投资收益率求和，即获得该只股票的收益率，所有股票的收益率之和就是投资组合的收益率。同时，我们计算沪深300指数同期的收益率，并与投资组合的收益率进行比较。示例代码如下：

```
import Ind
import pandas as pd
#获取投资组合所有股票交易数据
stkdata=pd.read_excel('stkdata.xlsx')
#获取投资组合所有股票代码列表
codelist=stkdata.iloc[:,0].value_counts()
codelist=list(codelist.index)
r_total=0 #预定义投资组合收益率
#对每支股票交易数据计算技术分析指标（自变量）和涨跌趋势指标（因变量）
#划分训练和测试样本，利用逻辑回归模型预测及计算收益率
for code in codelist:
    data=stkdata.iloc[stkdata.iloc[:,0].values==code,:]
    MA= Ind.MA(data,5,10,20)
    macd=Ind.MACD(data)
    kdj=Ind.KDJ(data,9)
    rsi6=Ind.RSI(data,6)
    rsi12=Ind.RSI(data,12)
    rsi24=Ind.RSI(data,24)
    bias5=Ind.BIAS(data,5)
    bias10=Ind.BIAS(data,10)
    bias20=Ind.BIAS(data,20)
    obv=Ind.OBV(data)
    y=Ind.cla(data)
```

```
#交易日期、技术分析指标、涨跌趋势指标合并为一个数据 Data
tdate={'交易日期':data['trade_date'].values}
tdate=pd.DataFrame(tdate)
Indicator={'MA5':MA[0],'MA10':MA[1],'MA20':MA[2],'MACD':macd,
    'K':kdj[0],'D':kdj[1],'J':kdj[2],'RSI6':rsi6,'RSI12':rsi12,
    'RSI24':rsi24,'BIAS5':bias5,'BIAS10':bias10,'BIAS20':bias20,'OBV':obv}
Indicator=pd.DataFrame(Indicator)
tempdata=tdate.join(Indicator)
Y={'涨跌趋势':y}
Y=pd.DataFrame(Y)
Data=tempdata.join(Y)
Data=Data.dropna() #去掉空值
Data=Data[Data.iloc[:,6].values!=0]#去掉第 6 列为 0 的数据

#训练和预测数据划分
x1=Data['交易日期'].values>=20170101
x2=Data['交易日期'].values<=20171031
index=x1&x2
x_train=Data.iloc[index,1:15]
y_train=Data.iloc[index,[15]]
x_test=Data.iloc[~index,1:15]
y_test=Data.iloc[~index,[15]]

#数据标准化
from sklearn.preprocessing import StandardScaler
scaler = StandardScaler()
scaler.fit(x_train)
x_train=scaler.transform(x_train)
x_test=scaler.transform(x_test)

#逻辑回归模型
from sklearn.linear_model import LogisticRegression as LR
clf = LR()
clf.fit(x_train, y_train)
result=clf.predict(x_test)     #预测结果
sc=clf.score(x_train, y_train)#模型准确率

result=pd.DataFrame(result) #预测结果转换为数据框
ff=Data.iloc[~index,0]#提取预测样本的交易日期
#将预测结果与实际结果整合在一起，进行比较
pm1={'交易日期':ff.values,'预测结果':result.iloc[:,0].values,
    '实际结果':y_test.iloc[:,0].values}
result1=pd.DataFrame(pm1)
z=result1['预测结果'].values-result1['实际结果'].values
R=len(z[z==0])/len(z)#预测准确率
#print(code,': ',sc,R)

if sc>0.7:
    r_list=[]
    for t in range(len(result1)-1):
```

```
            if result1['预测结果'].values[t]==1:
                p2=data.loc[data['trade_date'].values==
                        result1['交易日期'].values[t+1],'close'].values
                p1=data.loc[data['trade_date'].values==
                        result1['交易日期'].values[t+1],'open'].values
                r=(p2-p1)/p1
                r_list.append(r)
        r_stk=sum(r_list)
        r_total=r_total+r_stk
        print(code,': ',r_stk)
print('投资组合收益率: ',r_total)
hs300=pd.read_excel('hs300.xlsx')
x1=hs300['trade_date'].values>=20171101
x2=hs300['trade_date'].values<=20171231
index=x1&x2
p=hs300.iloc[index,2].values
r_hs300=(p[len(p)-1]-p[0])/p[0]
print('沪深300同期收益率: ',r_hs300)
```

执行结果如下所示：

```
601998.SH : [ 0.151964]
600104.SH : [ 0.15243924]
600036.SH : [ 0.21405722]
600306.SH : [ 0.13684347]
601088.SH : [ 0.1556948]
投资组合收益率: [ 1.3676071]
沪深300同期收益率: 0.00856543329428
```

执行结果中前5项为投资组合中符合策略执行条件的各股票收益率，最后两项为投资组合收益率和沪深300同期收益率。从结果可以看出，本策略获得了较好的效果。但是本策略的一个不足之处就是无法直接实现T+0交易，但是可以通过存量股票或者其他方式实现T+0。

## 本章小结

本章基于财务与交易数据，通过案例介绍了量化投资的全过程，包括上市公司的选择、技术分析指标选择与计算、量化投资模型与策略实现等。需要说明的是，本案例基于历史数据进行实证检验，并没有考虑到实际的市场政策风险、行业风险及突发事件影响，不构成投资建议。同时，本案例的交易方式是T+0，而我国市场并没有实行T+0交易机制，只能通过存量股票或者其他的金融投资工具来实现。本案例的意义在于通过真实的财务和交易数据，详细介绍了量化投资的全过程，对量化投资爱好者、个人投资者或机构投资者具有较好的参考作用。

## 本章练习

本章的案例，主要采用了2016年度的财务数据对上市公司进行综合评价，并选择上市公司2017年的股票交易数据构建股票价格涨跌趋势预测模型和实现量化投资策略。本章中的量化投资策略没有区分行业，请您根据申银万国行业一级分类标准，对各个行业的上市公司及其股票，基于最近3年的财务和交易数据，利用本章的方法进行量化投资分析。

第 **8** 章 众包任务定价优化方案

地理信息数据，主要以大地坐标系为基础，即地球经纬度。经纬度数据的处理与可视化，与常见的平面坐标数据有较大的差异，处理起来也相对复杂。本章基于众包平台的任务数据和注册会员数据，介绍基于经纬度的地理信息可视化、距离与相关特征指标的计算、模型的构建与实现等，从而为地理信息数据的处理和建模提供一定基础。下面将从案例背景、案例目标及其实现思路、数据获取与探索、指标计算、模型构建及方案评价等方面进行详细介绍。

## 8.1 案例背景

"拍照赚钱"是移动互联网时代的一种自助式服务模式。用户下载 App，注册成为 App 会员，然后从 App 上领取需要拍照的任务（如去超市检查某种商品的上架情况），赚取 App 对任务所标定的酬金。这种基于移动互联网的自助式劳务众包平台为企业提供各种商业检查和信息搜集服务，相比传统的市场调查方式，它可以大大节约调查成本，而且可有效地保证调查数据的真实性，缩短调查周期。因此 App 成为该类平台运行的核心，而 App 中的任务定价又是核心要素。如果定价不合理，有的任务就会无人问津，从而导致任务的失败。

案例背景、目标
及实现思路

附件 1 是一个已结束项目任务数据，包含每个任务的位置、任务定价和任务执行情况（"1"表示被执行，"0"表示未被执行）；附件 2 是会员信息数据，包含会员的位置、信誉值、参考其信誉给出的预订任务开始时间和预订任务限额，原则上会员信誉越高，越优先开始挑选任务，其限额也就越大（任务分配时实际上是根据预订限额所占比例进行配发的）。附件 1 和附件 2 的具体信息如表 8-1 和表 8-2 所示。

表 8-1　　　　　　　　　　　　　附件 1：已结束项目任务数据

| 任务号码 | 任务 GPS 纬度 | 任务 GPS 经度 | 任务标价/元 | 任务执行情况 |
|---|---|---|---|---|
| A0001 | 22.56614225 | 113.9808368 | 66 | 0 |
| A0002 | 22.68620526 | 113.9405252 | 65.5 | 0 |
| A0003 | 22.57651183 | 113.957198 | 65.5 | 1 |
| A0004 | 22.56484081 | 114.2445711 | 75 | 0 |
| A0005 | 22.55888775 | 113.9507227 | 65.5 | 0 |
| A0006 | 22.55899906 | 114.2413174 | 75 | 0 |
| A0007 | 22.54900371 | 113.9722597 | 65.5 | 1 |

······

表 8-2 附件 2：会员信息数据

| 会员编号 | 会员 GPS 纬度 | 会员 GPS 经度 | 预订任务限额/个 | 预订任务开始时间 | 信誉值 |
| --- | --- | --- | --- | --- | --- |
| B0001 | 22.947097 | 113.679983 | 114 | 6:30 | 67997.3868 |
| B0002 | 22.577792 | 113.966524 | 163 | 6:30 | 37926.5416 |
| B0003 | 23.192458 | 113.347272 | 139 | 6:30 | 27953.0363 |
| B0004 | 23.255965 | 113.31875 | 98 | 6:30 | 25085.6986 |
| ...... | | | | | |

注：案例内容及数据来源于 2017 年全国大学生数学建模竞赛 B 题。

根据附件 1 和附件 2 提供的数据，分析任务定价的影响因素，并构建任务定价模型，最后利用构建的任务定价模型，对附件 1 的任务重新定价，并对新定价方案与原定价方案进行评价。

## 8.2 案例目标及实现思路

本案例的主要目标包括掌握地理信息数据可视化基本技能，根据实际问题提炼分析指标并编程计算，构建分析模型和实现等。基本的实现思路如图 8-1 所示。

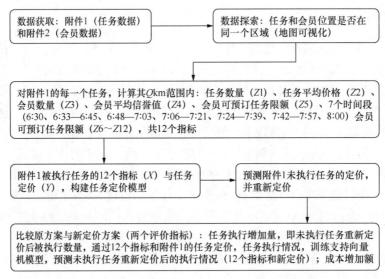

图 8-1

## 8.3 数据获取与探索

数据获取与探索

本节主要通过 Python 获取附件 1 的任务数据和附件 2 的会员数据，并将任务和会员的位置信息在地图上可视化展示。地图可视化主要采用 Python 第三方包：Folium。

### 8.3.1 Folium 地理信息可视化包安装

Folium 地理信息可视化包的安装，可以通过命令 pip install folium 实现，如图 8-2 所示。

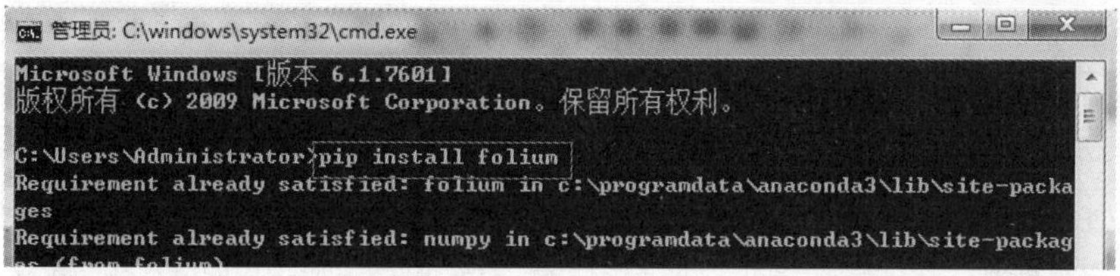

图 8-2

## 8.3.2　数据读取与地图可视化

通过 Python 读取附件 1 的任务数据和附件 2 的会员数据，利用 Folium 包，依次将任务位置和会员位置绘制在地图上，其中黑色圆点表示任务，红色圆点表示会员。示例代码如下：

```python
import pandas as pd
A=pd.read_excel('附件 1：已结束项目任务数据.xls')
B=pd.read_excel('附件 2：会员信息数据.xlsx')

#导入地图可视化包
import folium as f
#利用 Map()函数创建地图，参数依次为地图中心位置（纬度，经度）、地图缩放大小、地理坐标系编码
M=f.Map([A.iloc[0,1],A.iloc[0,2]],zoom_start=14,crs='EPSG3857')
#利用 Circle()函数在地图上画圆，参数依次为半径大小（单位：m）、圆心位置（纬度、经度）、颜色等
for t in range(len(A)):
    f.Circle(radius=50, location=[A.iloc[t,1],A.iloc[t,2]], color='black',
            fill=True, fill_color='black').add_to(M)
for t in range(len(B)):
    f.Circle(radius=50, location=[B.iloc[t,1],B.iloc[t,2]], color='red',
            fill=True, fill_color='red').add_to(M)

#保存地图为.html 文件，可以在浏览器打开
M.save('f.html')
```

运行程序并浏览执行结果，可以看出，任务位置和会员位置均在同一个区域上，并且任务与会员均相对集中，即具有聚集性。同时，存在部分任务和会员远离聚集中心。这些特点对指标的定义与设计具有较好的指导意义。

## 8.4　指标计算

探究影响任务定价的主要因素，是本案例的主要任务。实际上，一个任务的定价不仅与其周围的任务数量、会员数量有关，还与任务发布时间有一定的关系。通过分析数据，我们发现任务的发布时间有一定的规律，即任务从 6:30 开始发布第一批任务，之后每隔 3min 发布一批，最后一批的发布时间为 8:00。根据这些特点，我们可以设计相关指标并进行计算，下面进行详细介绍。

指标计算

### 8.4.1　指标设计

根据以上分析，对附件一的每个任务，我们设计了以下 12 个指标，如表 8-3 所示。

表 8-3          影响任务定价指标

| 字段名称 | 字段中文名称 | 字段说明 |
| --- | --- | --- |
| Z1 | 任务数量 | 对每一个任务，计算其 $Q$km 范围内的所有任务数量 |
| Z2 | 任务平均价格 | 对每一个任务，计算其 $Q$km 范围内的所有任务平均价格 |
| Z3 | 会员数量 | 对每一个任务，计算其 $Q$km 范围内的所有会员数量 |
| Z4 | 会员平均信誉值 | 对每一个任务，计算其 $Q$km 范围内的所有会员信誉平均值 |
| Z5 | 会员可预订任务限额 | 对每一个任务，计算其 $Q$km 范围内的所有会员所有时段可预订任务限额 |
| Z6 | 会员在 6:30 可预订任务限额 | 对每一个任务，计算其 $Q$km 范围内的所有会员在 6:30 可预订任务限额 |
| Z7 | 会员在 6:33-6:45 时段可预订任务限额 | 对每一个任务，计算其 $Q$km 范围内的所有会员在 6:33—6:45 时段可预订任务限额 |
| Z8 | 会员在 6:48-7:03 时段可预订任务限额 | 对每一个任务，计算其 $Q$km 范围内的所有会员在 6:48—7:03 时段可预订任务限额 |
| Z9 | 会员在 7:06-7:21 时段可预订任务限额 | 对每一个任务，计算其 $Q$km 范围内的所有会员在 7:06—7:21 时段可预订任务限额 |
| Z10 | 会员在 7:24-7:39 时段可预订任务限额 | 对每一个任务，计算其 $Q$km 范围内的所有会员在 7:24—7:39 时段可预订任务限额 |
| Z11 | 会员在 7:42-7:57 时段可预订任务限额 | 对每一个任务，计算其 $Q$km 范围内的所有会员在 7:42—7:57 时段可预订任务限额 |
| Z12 | 会员在 8:00 可预订任务限额 | 对每一个任务，计算其 $Q$km 范围内的所有会员在 8:00 可预订任务限额 |

注：$Q$ 为可设置参数，比如 5，则表示 5km。

### 8.4.2　指标计算方法

为了更好地理解指标的计算方法，便于编程计算，下面通过图示的方法介绍指标的具体计算过程。如图 8-3 所示，实心圆形代表任务，实心三角形代表会员，分布在同一个区域上，位置均由经度和纬度确定。以某个任务为圆心，5km 范围为半径，作一个圆。

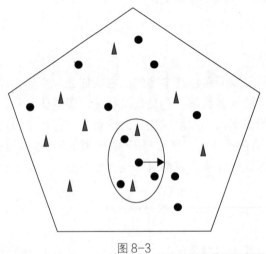

图 8-3

由图 8-4 可以看出，该任务在 5km 范围内有 4 个任务（包括自身）、2 个会员。对该任务来讲，指标 $Z1\sim Z12$ 计算思路如下：

$Z1=4$；

$Z2=$对应 4 个任务定价的平均值；

$Z3=2$；

$Z4=$对应 2 个会员信誉值的平均值；

$Z5=$对应 2 个会员可预订限额的总和；

$Z6=$对应 2 个会员在 6:30 可预订限额的总和；

$Z7=$对应 2 个会员在 6:33—6:45 时段可预订限额的总和；

$Z8=$对应 2 个会员在 6:48—7:03 时段可预订限额的总和；

$Z9=$对应 2 个会员在 7:06—7:21 时段可预订限额的总和；

$Z10=$对应 2 个会员在 7:24—7:39 时段可预订限额的总和；

$Z11=$对应 2 个会员在 7:42—7:57 时段可预订限额的总和；

$Z12=$对应 2 个会员在 8:00 可预订限额的总和。

本案例的关键是在计算任务之间、任务与会员之间的距离，从而确定每个任务在 5km 范围内具体包括哪些任务和会员，进而就可以计算其指标值了。

设定 $A$ 点（纬度 $\varphi_1$，经度 $\lambda_1$）和 $B$ 点（纬度 $\varphi_2$，经度 $\lambda_2$），则两点之间的距离$\Delta$可以用以下公式进行计算：

$$\Delta = 111.199[(\varphi_1 - \varphi_2)^2 + (\lambda_1 - \lambda_2)^2]^{\frac{1}{2}}$$

其中距离的单位为 km。

### 8.4.3 程序实现

为了更好地理解指标的具体编程计算过程，本小节详细介绍编程计算的诸多具体细节，我们先计算 $Z1\sim Z5$，再计算 $Z6\sim Z12$，从而完成所有 12 个指标的计算。

#### 1．Z1～Z5 的计算

首先，计算第 0 个任务到第 1 个任务、第 0 个任务到第 0 个会员之间的距离。这里计算比较简单，在获得给定两个任务、一个任务和一个会员的经纬度数据之后，直接利用经纬度距离公式计算即可，属于点对点的计算。示例代码如下：

```
import pandas as pd        #导入 Pandas 库
import math                #导入数学函数包
A=pd.read_excel('附件一：已结束项目任务数据.xls')
B=pd.read_excel('附件二：会员信息数据.xlsx')
A_W0=A.iloc[0,1]   #第 0 个任务的维度
A_J0=A.iloc[0,2]   #第 0 个任务的经度
A_W1=A.iloc[1,1]   #第 1 个任务的维度
A_J1=A.iloc[1,2]   #第 1 个任务的经度
B_W0=B.iloc[0,1]   #第 0 个会员的维度
B_J0=B.iloc[0,2]   #第 0 个会员的经度
#第 0 个任务到第 1 个任务之间的距离
```

```
d1=111.19*math.sqrt((A_W0-A_W1)**2+(A_J0-A_J1)**2*
math.cos((A_W0+A_W1)*math.pi/180)**2);
#第 0 个任务到第 0 个会员之间的距离
d2=111.19*math.sqrt((A_W0-B_W0)**2+(A_J0-B_J0)**2*
  math.cos((A_W0+B_W0)*math.pi/180)**2);
print('d1= ',d1)
print('d2= ',d2)
```

执行结果如下：

```
d1= 13.71765563354376
d2= 48.41201229628393
```

其次，第 0 个任务与所有任务、会员之间的距离。在点对点计算的基础上拓展到了点对线的计算，即第 0 个任务点与所有任务点（线）、第 0 个任务点与所有会员点（线）之间的距离计算，事实上在点对点计算的基础上增加一个循环即可实现。示例代码如下：

```
import pandas as pd       #导入 Pandas 库
import numpy as np        #导入 NumPy 库
import math               #导入数学函数库
A=pd.read_excel('附件 1：已结束项目任务数据.xls')
B=pd.read_excel('附件 2：会员信息数据.xlsx')
A_W0=A.iloc[0,1]  #第 0 个任务的维度
A_J0=A.iloc[0,2]  #第 0 个任务的经度
# 预定义数组 D1，用于存放第 0 个任务与所有任务之间的距离
# 预定义数组 D2，用于存放第 0 个任务与所有会员之间的距离
D1=np.zeros((len(A)))
D2=np.zeros((len(B)))
for t in range(len(A)):
    A_Wt=A.iloc[t,1]  #第 t 个任务的维度
    A_Jt=A.iloc[t,2]  #第 t 个任务的经度
    #第 0 个任务到第 t 个任务之间的距离
    d1=111.19*math.sqrt((A_W0-A_Wt)**2+(A_J0-A_Jt)**2*
      math.cos((A_W0+A_Wt)*math.pi/180)**2);
    D1[t]=d1
for k in range(len(B)):
    B_Wk=B.iloc[k,1] #第 k 个会员的维度
    B_Jk=B.iloc[k,2] #第 k 个会员的经度
    #第 0 个任务到第 k 个会员之间的距离
    d2=111.19*math.sqrt((A_W0-B_Wk)**2+(A_J0-B_Jk)**2*
        math.cos((A_W0+B_Wk)*math.pi/180)**2);
    D2[k]=d2
```

执行结果（部分）如图 8-4 所示。

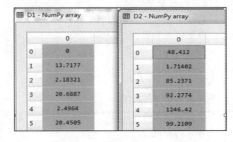

图 8-4

186

再次，对第 0 个任务计算指标 Z1、Z2、Z3、Z4、Z5。只需在点对线计算结果的基础上，根据案例分析中的指标计算方法进行计算即可，即主要通过逻辑索引找到满足条件的记录求和与求平均值。示例代码如下：

```python
import pandas as pd          #导入 Pandas 库
import numpy as np           #导入 NumPy 库
import math                  #导入数学函数包
A=pd.read_excel('附件 1：已结束项目任务数据.xls')
B=pd.read_excel('附件 2：会员信息数据.xlsx')
A_W0=A.iloc[0,1]  #第 0 个任务的维度
A_J0=A.iloc[0,2]  #第 0 个任务的经度
# 预定义数组 D1，用于存放第 0 个任务与所有任务之间的距离
# 预定义数组 D2，用于存放第 0 个任务与所有会员之间的距离
D1=np.zeros((len(A)))
D2=np.zeros((len(B)))
for t in range(len(A)):
    A_Wt=A.iloc[t,1]  #第 t 个任务的维度
    A_Jt=A.iloc[t,2]  #第 t 个任务的经度
    #第 0 个任务到第 t 个任务之间的距离
    d1=111.19*math.sqrt((A_W0-A_Wt)**2+(A_J0-A_Jt)**2*
        math.cos((A_W0+A_Wt)*math.pi/180)**2);
    D1[t]=d1
for k in range(len(B)):
    B_Wk=B.iloc[k,1]              #第 k 个会员的维度
    B_Jk=B.iloc[k,2]  #第 k 个会员的经度
    #第 0 个任务到第 k 个会员之间的距离
    D2=111.19*math.sqrt((A_W0-B_Wk)**2+(A_J0-B_Jk)**2*
        math.cos((A_W0+B_Wk)*math.pi/180)**2);
    D2[k]=d2
Z1=len(D1[D1<=5])
Z2=A.iloc[D1<=5,3].mean()
Z3=len(D2[D2<=5])
Z4=B.iloc[D2<=5,5].mean()
Z5=B.iloc[D2<=5,3].sum()
print('Z1= ',Z1)
print('Z2= ',Z2)
print('Z3= ',Z3)
print('Z4= ',Z4)
print('Z5= ',Z5)
```

执行结果如下所示：

```
Z1=  18
Z2=  66.19444444444444
Z3=  45
Z4=  1302.327115555555
Z5=  548
```

最后，计算所有任务的 Z1、Z2、Z3、Z4、Z5。前文介绍了第 0 个任务点与所有任务（线）、会员（线）之间的计算，在此基础上利用循环即可实现所有任务与所有任务、所有任务与所有会员之间的指标计算。示例代码如下：

```python
i import pandas as pd     #导入 Pandas 库
import numpy as np        #导入 NumPy 库
```

```
import math                 #导入数学函数包
A=pd.read_excel('附件1：已结束项目任务数据.xls')
B=pd.read_excel('附件2：会员信息数据.xlsx')
# 预定义,存放所有任务的指标 Z1、Z2、Z3、Z4、Z5
Z=np.zeros((len(A),6))
for t in range(len(A)):
    A_Wt=A.iloc[t,1]  #第 t 个任务的维度
    A_Jt=A.iloc[t,2]  #第 t 个任务的经度
    # 预定义数组 D1，用于存放第 t 个任务与所有任务之间的距离
    # 预定义数组 D2，用于存放第 t 个任务与所有会员之间的距离
    D1=np.zeros((len(A)))
    D2=np.zeros((len(B)))
    for i in range(len(A)):
      A_Wi=A.iloc[i,1]  #第 i 个任务的维度
      A_Ji=A.iloc[i,2]  #第 i 个任务的经度
      #第 t 个任务到第 i 个任务之间的距离
      d1=111.19*math.sqrt((A_Wt-A_Wi)**2+(A_Jt-A_Ji)**2*
        math.cos((A_Wt+A_Wi)*math.pi/180)**2);
      D1[i]=d1
    for k in range(len(B)):
      B_Wk=B.iloc[k,1]          #第 k 个会员的维度
      B_Jk=B.iloc[k,2]  #第 k 个会员的经度
      #第 q 个任务到第 k 个会员之间的距离
      d2=111.19*math.sqrt((A_Wt-B_Wk)**2+(A_Jt-B_Jk)**2*
        math.cos((A_Wt+B_Wk)*math.pi/180)**2);
      D2[k]=d2
    Z[t,0]=t
    Z[t,1]=len(D1[D1<=5])
    Z[t,2]=A.iloc[D1<=5,3].mean()
    Z[t,3]=len(D2[D2<=5])
    Z[t,4]=B.iloc[D2<=5,5].mean()
    Z[t,5]=B.iloc[D2<=5,3].sum()
```

执行结果（部分）如图 8-5 所示。其中第 0 列为任务编号，第 1～5 列依次为 Z1～Z5。

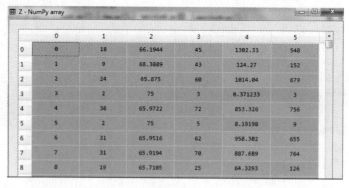

图 8-5

## 2．Z6～Z12 的计算

实际上，Z6～Z12 做对 Z5 做进一步的划分，即划分为 7 个时段。因此，Z6～Z12 的计算

方法与 $Z5$ 类似，区别在于逻辑索引位置需要进一步定位到所在的时段。为了便于使用，我们对定位时段的逻辑编写成函数的形式。函数定义示例代码如下（存放在 fun.py 文件中）：

```
import datetime
def find_I(h1,m1,h2,m2,D2,B):
    I1=B.iloc[:,4].values>=datetime.time(h1,m1)
    I2=B.iloc[:,4].values<=datetime.time(h2,m2)
    I3=D2<=5
    I=I1&I2&I3
    return I
```

其中函数的输入参数为时段开始时间（h1 表示小时、m1 表示分钟）、结束时间（h2 表示小时、m2 表示分钟），给定某个任务到所有会员之间的距离 $D2$ 和会员数据 $B$，返回值为对应时段的逻辑索引值。下面以第 0 个任务为例，计算 $Z5 \sim Z12$，按照分析，$Z5$ 应该等于 $Z6 \sim Z12$ 之和。示例代码如下：

```
import pandas as pd        #导入 Pandas 库
import numpy as np         #导入 NumyPy 库
import math                #导入数学函数模
import fun                 #导入定义的函数
A=pd.read_excel('附件 1: 已结束项目任务数据.xls')
B=pd.read_excel('附件 2: 会员信息数据.xlsx')
Z=np.zeros((len(A),13))
A_W0=A.iloc[0,1]  #第 0 个任务的维度
A_J0=A.iloc[0,2]  #第 0 个任务的经度
D2=np.zeros((len(B)))  #预定义,第 0 个任务与所有会员之间的距离
for k in range(len(B)):
    B_Wk=B.iloc[k,1]    #第 k 个会员的维度
    B_Jk=B.iloc[k,2]    #第 k 个会员的经度
    d2=111.19*math.sqrt((A_W0-B_Wk)**2+(A_J0-B_Jk)**2*
      math.cos((A_W0+B_Wk)*math.pi/180)**2);
    D2[k]=d2
Z5=B.iloc[D2<=5,3].sum()
Z6=B.iloc[fun.find_I(6,30,6,30,D2,B),3].sum()
Z7=B.iloc[fun.find_I(6,33,6,45,D2,B),3].sum()
Z8=B.iloc[fun.find_I(6,48,7,3,D2,B),3].sum()
Z9=B.iloc[fun.find_I(7,6,7,21,D2,B),3].sum()
Z10=B.iloc[fun.find_I(7,24,7,39,D2,B),3].sum()
Z11=B.iloc[fun.find_I(7,42,7,57,D2,B),3].sum()
Z12=B.iloc[fun.find_I(8,0,8,0,D2,B),3].sum()
Z6_12=sum([Z6,Z7,Z8,Z9,Z10,Z11,Z12])
print('Z5= ',Z5)
print('sum(Z6~Z12)=',Z6_12)
```

执行结果如下：

```
Z5=  548
sum(Z6~Z12)= 548
```

### 3. 所有指标的计算

将以上 $Z1 \sim Z5$，$Z6 \sim Z12$ 两个方面的指标计算代码稍微加工修改，即可得到所有 12 个指标的完整计算代码。示例代码如下：

```
import pandas as pd      #导入 Pandas 库
import numpy as np       #导入 NumyPy 库
import math              #导入数学函数模
import fun               #导入定义的函数
A=pd.read_excel('附件 1：已结束项目任务数据.xls')
B=pd.read_excel('附件 2：会员信息数据.xlsx')
Z=np.zeros((len(A),13))
for t in range(len(A)):
   A_Wt=A.iloc[t,1]  #第 t 个任务的维度
   A_Jt=A.iloc[t,2]  #第 t 个任务的经度
   D1=np.zeros(len(A))
   D2=np.zeros(len(B))
   for i in range(len(A)):
      A_Wi=A.iloc[i,1]  #第 i 个任务的维度
      A_Ji=A.iloc[i,2]  #第 i 个任务的经度
      d1=111.19*math.sqrt((A_Wt-A_Wi)**2+(A_Jt-A_Ji)**2*
         math.cos((A_Wt+A_Wi)*math.pi/180)**2);
      D1[i]=d1
   for k in range(len(B)):
      B_Wk=B.iloc[k,1]   #第 k 个会员的维度
      B_Jk=B.iloc[k,2]   #第 k 个会员的经度
      d2=111.19*math.sqrt((A_Wt-B_Wk)**2+(A_Jt-B_Jk)**2*
         math.cos((A_Wt+B_Wk)*math.pi/180)**2);
      D2[k]=d2
   Z[t,0]=t
   Z[t,1]=len(D1[D1<=5])
   Z[t,2]=A.iloc[D1<=5,3].mean()
   Z[t,3]=len(D2[D2<=5])
   Z[t,4]=B.iloc[D2<=5,5].mean()
   Z[t,5]=B.iloc[D2<=5,3].sum()
   Z[t,6]=B.iloc[fun.find_I(6,30,6,30,D2,B),3].sum()
   Z[t,7]=B.iloc[fun.find_I(6,33,6,45,D2,B),3].sum()
   Z[t,8]=B.iloc[fun.find_I(6,48,7,3,D2,B),3].sum()
   Z[t,9]=B.iloc[fun.find_I(7,6,7,21,D2,B),3].sum()
   Z[t,10]=B.iloc[fun.find_I(7,24,7,39,D2,B),3].sum()
   Z[t,11]=B.iloc[fun.find_I(7,42,7,57,D2,B),3].sum()
   Z[t,12]=B.iloc[fun.find_I(8,0,8,0,D2,B),3].sum()
np.save('Z',Z)
```

执行结果（部分）如图 8-6 所示。同时将结果文件保存为 Z.npy 文件，方便后续建模使用。

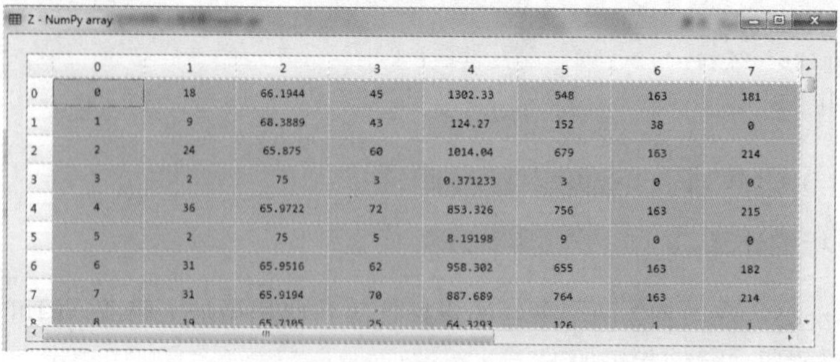


| | 0 | 1 | 2 | 3 | 4 | 5 | 6 | 7 |
|---|---|---|---|---|---|---|---|---|
| 0 | 0 | 18 | 66.1944 | 45 | 1302.33 | 548 | 163 | 181 |
| 1 | 1 | 9 | 68.3889 | 43 | 124.27 | 152 | 38 | 0 |
| 2 | 2 | 24 | 65.875 | 60 | 1014.04 | 679 | 163 | 214 |
| 3 | 3 | 2 | 75 | 3 | 0.371233 | 3 | 0 | 0 |
| 4 | 4 | 36 | 65.9722 | 72 | 853.326 | 756 | 163 | 215 |
| 5 | 5 | 2 | 75 | 5 | 8.19198 | 9 | 0 | 0 |
| 6 | 6 | 31 | 65.9516 | 62 | 958.302 | 655 | 163 | 182 |
| 7 | 7 | 31 | 65.9194 | 70 | 887.689 | 764 | 163 | 214 |
| 8 | 8 | 19 | 65.7105 | 25 | 64.3293 | 126 | 1 | 1 |

图 8-6

## 8.5　任务定价模型构建

本节我们利用计算的 12 个指标，对附件 1 执行完成的任务，构建任务定价模型。实际上，附件 1 共有 854 个任务样本数据，其中被执行的有 522 个，未被执行的有 332 个。需要注意的是，本节利用 522 个被执行的任务样本数据构建任务定价模型，并对 332 个未被执行的任务进行重新定价。下面将构建被执行任务的 12 个指标（$X$）与其定价（$Y$）之间任务定价模型，包括多元线性回归模型与神经网络模型。

任务定价模型
构建

### 8.5.1　指标数据预处理

这里的指标数据预处理，是针对所有任务 12 个指标数据进行预处理，包括空值处理、相关性分析、标准化处理和主成分分析，下面将一一介绍。

#### 1. 空值处理

我们会发现，在计算的 12 个指标中，存在空值，如图 8-7 所示。通过分析数据可知，如果该任务周围（比如 5km 范围内），一个会员也没有，则会员的平均信誉值无法计算，就出现了空值，而其他求和类的指标（比如 $Z5\sim Z12$）全变为 0 值。因此，该空值通过填充为 0，可以先将 12 个指标的存放数组 $Z$ 转换为数据框，进而利用数据框的 fillna() 方法进行填充即可。示例代码如下：

```
import numpy as np
import pandas as pd
Z=np.load('Z.npy')
Data=pd.DataFrame(Z[:,1:])
Data=Data.fillna(0)
```

执行结果如图 8-8 所示。

| | 0 | 1 | 2 | 3 | 4 | 5 |
|---|---|---|---|---|---|---|
| 296 | 296 | 1 | 70 | 0 | nan | |
| 297 | 297 | 1 | 75 | 0 | nan | |
| 298 | 298 | 14 | 71.4286 | 8 | 29.1717 | 1 |
| 299 | 299 | 14 | 71.4286 | 7 | 33.2873 | 1 |
| 300 | 300 | 14 | 71.4286 | 7 | 33.2873 | 1 |
| 301 | 301 | 14 | 71.4286 | 8 | 29.1717 | 1 |
| 302 | 302 | 1 | 75 | 0 | nan | |

图 8-7

#### 2. 相关性分析

我们计算了 12 个指标，那么指标之间是否存在较强的相关性呢？下面通过计算其相关系数矩阵来进行观察。示例代码如下：

```
R=Data.corr()
```

Data - DataFrame

| Index | 0 | 1 | 2 | 3 | 4 |
|---|---|---|---|---|---|
| 296 | 1 | 70 | 0 | 0 | 0 |
| 297 | 1 | 75 | 0 | 0 | 0 |
| 298 | 14 | 71.4286 | 8 | 29.1717 | 114 |
| 299 | 14 | 71.4286 | 7 | 33.2873 | 112 |
| 300 | 14 | 71.4286 | 7 | 33.2873 | 112 |
| 301 | 14 | 71.4286 | 8 | 29.1717 | 114 |
| 302 | 1 | 75 | 0 | 0 | 0 |

图 8-8

执行结果如图 8-9 所示。从图 8-9 可以看出，变量之间存在一定的相关性，相关系数最高达 0.94956。因此可以通过提取其主成分进行分析。在做主成分分析之前，先对指标数据作标准化处理。

R - DataFrame

| Index | 0 | 1 | 2 | 3 | 4 | 5 | 6 | 7 | 8 | 9 | 10 | 11 |
|---|---|---|---|---|---|---|---|---|---|---|---|---|
| 0 | 1 | -0.61612 | 0.703197 | 0.117067 | 0.740254 | 0.221523 | 0.288878 | 0.67701 | 0.54682 | 0.353876 | 0.558365 | 0.730319 |
| 1 | -0.61612 | 1 | -0.637442 | -0.236682 | -0.591313 | -0.223977 | -0.331366 | -0.38593 | -0.3613… | -0.466696 | -0.461521 | -0.549973 |
| 2 | 0.703197 | -0.637442 | 1 | 0.103925 | 0.745033 | 0.0422666 | 0.200093 | 0.628015 | 0.523935 | 0.383107 | 0.461526 | 0.94956 |
| 3 | 0.117067 | -0.236682 | 0.103925 | 1 | 0.381843 | 0.588993 | 0.451751 | 0.137975 | 0.105006 | 0.17113 | 0.196037 | 0.0726516 |
| 4 | 0.740254 | -0.591313 | 0.745033 | 0.381843 | 1 | 0.600282 | 0.682588 | 0.679009 | 0.73028 | 0.543601 | 0.732003 | 0.723339 |
| 5 | 0.221523 | -0.223977 | 0.0422666 | 0.588993 | 0.600282 | 1 | 0.671223 | 0.146441 | 0.381157 | 0.347796 | 0.568981 | -0.0144381 |
| 6 | 0.288878 | -0.331366 | 0.200093 | 0.451751 | 0.682588 | 0.671223 | 1 | 0.20941 | 0.497034 | 0.362163 | 0.420605 | 0.133269 |
| 7 | 0.67701 | -0.38593 | 0.628015 | 0.137975 | 0.679009 | 0.146441 | 0.20941 | 1 | 0.297241 | 0.262464 | 0.47054 | 0.657746 |
| 8 | 0.54682 | -0.361395 | 0.523935 | 0.105006 | 0.73028 | 0.381157 | 0.497034 | 0.297241 | 1 | 0.468725 | 0.516445 | 0.499932 |
| 9 | 0.353876 | -0.466696 | 0.383107 | 0.17113 | 0.543601 | 0.347796 | 0.362163 | 0.262464 | 0.468725 | 1 | 0.470236 | 0.28615 |
| 10 | 0.558365 | -0.461521 | 0.461526 | 0.196037 | 0.732003 | 0.568981 | 0.420605 | 0.47054 | 0.516445 | 0.470236 | 1 | 0.398002 |
| 11 | 0.730319 | -0.549973 | 0.94956 | 0.0726516 | 0.723339 | -0.0144381 | 0.133269 | 0.657746 | 0.499932 | 0.28615 | 0.398002 | 1 |

图 8-9

### 3. 标准化处理

可以使用 Python 提供的数据标准化模块进行处理，这里采用均值-方差规范化方法对原始指标数据进行标准化处理。示例代码如下：

```
from sklearn.preprocessing import StandardScaler
scaler = StandardScaler()
data=Data.as_matrix() #数据框转化为数组形式
scaler.fit(data)
data=scaler.transform(data)
```

经过标准化处理后，指标数据都转化为均值为 0，方差为 1 的无量纲标准化数据。执行结果如图 8-10 所示。

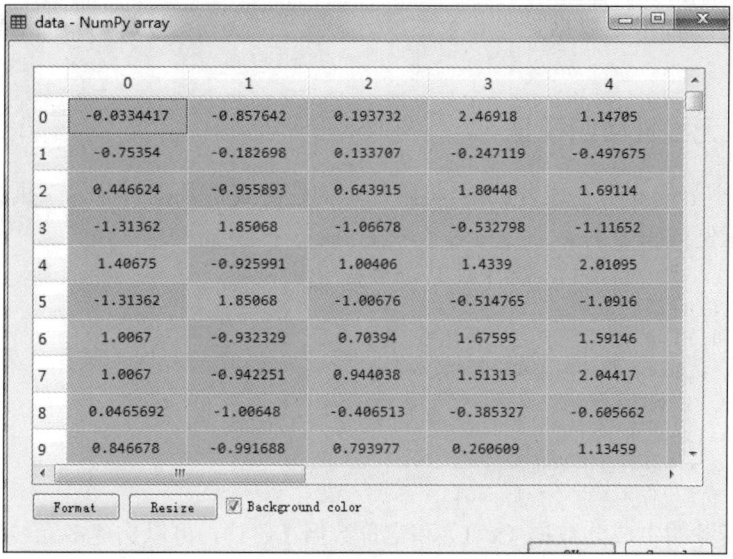


| | 0 | 1 | 2 | 3 | 4 |
|---|---|---|---|---|---|
| 0 | -0.0334417 | -0.857642 | 0.193732 | 2.46918 | 1.14705 |
| 1 | -0.75354 | -0.182698 | 0.133707 | -0.247119 | -0.497675 |
| 2 | 0.446624 | -0.955893 | 0.643915 | 1.80448 | 1.69114 |
| 3 | -1.31362 | 1.85068 | -1.06678 | -0.532798 | -1.11652 |
| 4 | 1.40675 | -0.925991 | 1.00406 | 1.4339 | 2.01095 |
| 5 | -1.31362 | 1.85068 | -1.00676 | -0.514765 | -1.0916 |
| 6 | 1.0067 | -0.932329 | 0.70394 | 1.67595 | 1.59146 |
| 7 | 1.0067 | -0.942251 | 0.944038 | 1.51313 | 2.04417 |
| 8 | 0.0465692 | -1.00648 | -0.406513 | -0.385327 | -0.605662 |
| 9 | 0.846678 | -0.991688 | 0.793977 | 0.260609 | 1.13459 |

图 8-10

### 4．主成分分析

对标准化处理后的数据做主成分分析，可以使用 Python 提供的主成分分析模块实现。示例代码如下：

```
from sklearn.decomposition import PCA
pca=PCA(n_components=0.9) #累计贡献率提取 0.9 以上
pca.fit(data)
x=pca.transform(data)  #返回主成分
tzxl=pca.components_    #特征向量
tz=pca.explained_variance_      #特征值
gxl=pca.explained_variance_ratio_  #累计贡献率
```

执行结果图 8-11 所示。

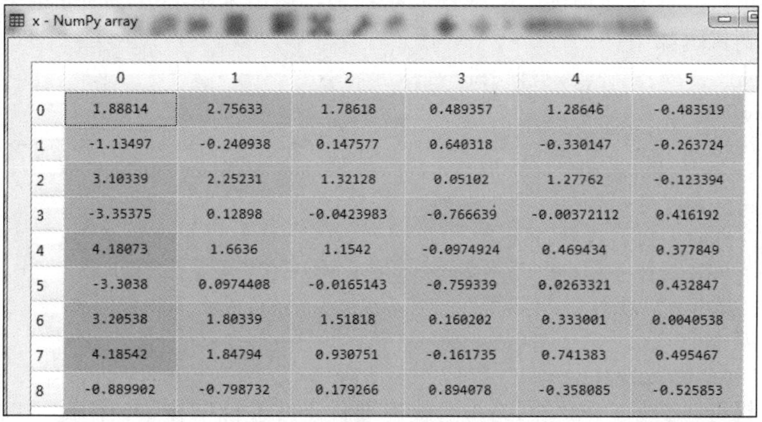


| | 0 | 1 | 2 | 3 | 4 | 5 |
|---|---|---|---|---|---|---|
| 0 | 1.88814 | 2.75633 | 1.78618 | 0.489357 | 1.28646 | -0.483519 |
| 1 | -1.13497 | -0.240938 | 0.147577 | 0.640318 | -0.330147 | -0.263724 |
| 2 | 3.10339 | 2.25231 | 1.32128 | 0.05102 | 1.27762 | -0.123394 |
| 3 | -3.35375 | 0.12898 | -0.0423983 | -0.766639 | -0.00372112 | 0.416192 |
| 4 | 4.18073 | 1.6636 | 1.1542 | -0.0974924 | 0.469434 | 0.377849 |
| 5 | -3.3038 | 0.0974408 | -0.0165143 | -0.759339 | 0.0263321 | 0.432847 |
| 6 | 3.20538 | 1.80339 | 1.51818 | 0.160202 | 0.333001 | 0.0040538 |
| 7 | 4.18542 | 1.84794 | 0.930751 | -0.161735 | 0.741383 | 0.495467 |
| 8 | -0.889902 | -0.798732 | 0.179266 | 0.894078 | -0.358085 | -0.525853 |

图 8-11

可以看出，原来的 12 个指标数据，经过主成分分析后，在累计贡献率 0.9 以上的要求下，降为 6 个综合指标数据，即 6 个主成分。基于这 6 个主成分数据，就可以构建任务定价模型了。

### 8.5.2　多元线性回归模型

基于 8.5.1 小节的 6 个主成分数据，将附件 1 的任务定价数据拆分为未执行任务和执行任务两种情况。示例代码如下：

```
A=pd.read_excel('附件1：已结束项目任务数据.xls')
A4=A.iloc[:,4].values
x_0=x[A4==0,:] #未执行任务主成分数据
x_1=x[A4==1,:] #执行任务主成分数据
y=A.iloc[:,3].values
y=y.reshape(len(y),1)
y_0=y[A4==0]#未执行任务定价数据
y_1=y[A4==1]#执行任务定价数据
```

采用执行任务的主成分数据（x_1）和定价数据（y_1），可以构建多元线性回归模型。示例代码如下：

```
from sklearn.linear_model import LinearRegression as LR
lr = LR()       #创建线性回归模型类
lr.fit(x_1, y_1) #拟合
Slr=lr.score(x_1,y_1)    # 判定系数 R²
c_x=lr.coef_        # x 对应的回归系数
c_b=lr.intercept_    # 回归系数常数项
print('判定系数：',Slr)
```

执行结果如下：

```
判定系数：  0.526173439562
```

从执行结果可以看出，多元线性回归模型的判定系数约为 0.52617，其线性关系较弱。因此考虑使用非线性神经网络模型。

### 8.5.3　神经网络模型

由于任务定价与计算的指标之间线性关系较弱，这里采用非线性神经网络模型构建任务定价模型。示例代码如下：

```
from sklearn.neural_network import MLPRegressor
#两个隐含层 300×5
clf = MLPRegressor(solver='lbfgs', alpha=1e-5,hidden_layer_sizes=(300,5),
        random_state=1)
clf.fit(x_1, y_1);
rv1=clf.score(x_1,y_1)#拟合优度
y_0r=clf.predict(x_0) #对未执行的任务，利用神经网络模型重新预测定价
print('拟合优度：',rv1)
```

执行结果如下：

```
拟合优度：  0.709159916233
```

从执行结果可以看出，神经网络拟合优度要优于线性回归模型，因此可以使用神经网络模型作为定价模型，对未执行的任务进行重新预测定价。y_0r 即为未执行任务重新预测的定价数据。8.6 节我们对定价方案进行评价。

## 8.6　方案评价

为了对原定价方案与新方案进行比较，我们设计两个评价指标：任务执行增加量，即未执行任务重新定价后将被执行的增加量；成本增加额。第一个指标的计算，我们通过 8.4 节计算的 12 个指标和附件 1 的任务定价，共 13 个指标数据作为自变量，附件 1 的任务完成情况指标数据作为因变量，训练支持向量机分类模型，并对附件 1 中未执行任务重新定价后的执行情

方案评价

况进行分类预测（预测的自变量为未被执行任务的 12 个指标和 8.5.3 小节神经网络模型预测的定价）。为了更合理地度量被执行的增加量，在支持向量机预测结果的基础上再乘以支持向量机的预测准确率。第二个指标的计算则直接利用新定价之和减去旧定价之和即可。

### 8.6.1　任务完成增加量

根据分析，首先构造支持向量机分类模型所需的训练数据和测试数据。示例代码如下：

```
xx=pd.concat((Data,A.iloc[:,[3]]),axis=1) #12 个指标和附件 1 的任务定价作为自变量
xx=xx.as_matrix()                         #转化为数组
yy=A4.reshape(len(A4),1)                   #任务执行情况指标数据作为因变量
#对自变量与因变量按训练 80%、测试 20% 随机拆分
from sklearn.model_selection import train_test_split
xx_train, xx_test, yy_train, yy_test = train_test_split(xx, yy, test_size=0.2,
random_state=4)
```

其次，导入支持向量机模型，并利用随机拆分的训练数据训练支持向量机模型，同时利用训练好的支持向量机模型对随机拆分的测试数据进行预测。最终获得模型准确率（针对训练数据）和预测准确率（针对测试数据），它们反映了模型的训练充分程度和预测能力。示例代码如下：

```
from sklearn import svm
#用高斯核，训练数据类别标签作平衡策略
clf = svm.SVC(kernel='rbf',class_weight='balanced')
clf.fit(xx_train, yy_train)
rv2=clf.score(xx_train, yy_train);#模型准确率
yy1=clf.predict(xx_test)
yy1=yy1.reshape(len(yy1),1)
r=yy_test-yy1
rv3=len(r[r==0])/len(r) #预测准确率
print('模型准确率: ',rv2)
print('预测准确率: ',rv3)
执行结果如下：
模型准确率:  0.979041916168
预测准确率:  0.6047904191616766
```

最后，计算任务完成增加量，示例代码如下：

```
xx_0=np.hstack((Z[A4==0,1:],y_0r.reshape(len(y_0r),1)))#预测自变量
P=clf.predict(xx_0)    #预测结果，1 表示被执行，0 表示未被执行
R1=len(P[P==1])        #预测被执行的个数
R1=int(R1*rv3)         #任务完成增加量
print('任务完成增加量: ',R1)
```

执行结果如下：

任务完成增加量： 52

## 8.6.2 成本增加额

成本增加额的计算很简单，直接利用未执行任务的新定价减去原定价即可。示例代码如下：

```
R2=sum(y_0r)-sum(y_0)    #成本增加额
print('成本增加额：',R2)
```

执行结果如下：

成本增加额： [-42.07972634]

从结果可以看出，新定价方案不仅使得任务完成增加量有所提高，同时成本略有减少。

## 8.6.3 完整实现代码

前文是对方案实现程序细节的具体说明，下面给出任务定价模型构建和方案评价的完整实现代码，方便读者有一个完整的认识。完整示例代码如下：

```
import numpy as np
import pandas as pd
Z=np.load('Z.npy')
Data=pd.DataFrame(Z[:,1:])
Data=Data.fillna(0)
R=Data.corr()


from sklearn.preprocessing import StandardScaler
scaler = StandardScaler()
data=Data.as_matrix() #数据框转化为数组形式
scaler.fit(data)
data=scaler.transform(data)
from sklearn.decomposition import PCA
pca=PCA(n_components=0.9) #累计贡献率提取在 0.9 以上
pca.fit(data)
x=pca.transform(data)    #返回主成分
tzxl=pca.components_      #特征向量
tz=pca.explained_variance_       #特征值
gxl=pca.explained_variance_ratio_  #累计贡献率


#线性回归
A=pd.read_excel('附件1：已结束项目任务数据.xls')
A4=A.iloc[:,4].values
x_0=x[A4==0,:] #未执行任务主成分数据
x_1=x[A4==1,:] #执行任务主成分数据
y=A.iloc[:,3].values
y=y.reshape(len(y),1)
y_0=y[A4==0]#未执行任务定价数据
y_1=y[A4==1]#执行任务定价数据
from sklearn.linear_model import LinearRegression as LR
lr = LR()     #创建线性回归模型类
lr.fit(x_1, y_1) #拟合
Slr=lr.score(x_1,y_1)  # 判定系数 R²
c_x=lr.coef_        # x 对应的回归系数
```

```
c_b=lr.intercept_    # 回归系数常数项
print('判定系数: ',Slr)

from sklearn.neural_network import MLPRegressor
#两个隐含层 300×5
clf = MLPRegressor(solver='lbfgs', alpha=1e-5,hidden_layer_sizes=(300,5),
random_state=1)
clf.fit(x_1, y_1);
rv1=clf.score(x_1,y_1)
y_0r=clf.predict(x_0)
print('拟合优度: ',rv1)

xx=pd.concat((Data,A.iloc[:,[3]]),axis=1) #12 个指标和附件 1 的任务定价作为自变量
xx=xx.as_matrix()                          #转化为数组
yy=A4.reshape(len(A4),1)                    #任务执行情况指标数据作为因变量
#对自变量与因变量按训练 80%、测试 20%随机拆分
from sklearn.model_selection import train_test_split
xx_train, xx_test, yy_train, yy_test = train_test_split(xx, yy, test_size=0.2,
 random_state=4)

from sklearn import svm
#用高斯核，训练数据类别标签作平衡策略
clf = svm.SVC(kernel='rbf',class_weight='balanced')
clf.fit(xx_train, yy_train)
rv2=clf.score(xx_train, yy_train);#模型准确率
yy1=clf.predict(xx_test)
yy1=yy1.reshape(len(yy1),1)
r=yy_test-yy1
rv3=len(r[r==0])/len(r) #预测准确率
print('模型准确率: ',rv2)
print('预测准确率: ',rv3)
xx_0=np.hstack((Z[A4==0,1:],y_0r.reshape(len(y_0r),1)))#预测自变量
P=clf.predict(xx_0)    #预测结果，1 表示被执行，0 表示未被执行
R1=len(P[P==1])        #预测被执行的个数
R1=int(R1*rv3)         #任务完成增加量
print('任务完成增加量: ',R1)
R2=sum(y_0r)-sum(y_0)    #成本增加额
print('成本增加额: ',R2)
```

## 本章小结

本章介绍了如何利用地理信息可视化包 Folium 进行绘图和学习数据探索的基本技能，并根据实际问题分析影响因素、设计指标及具体编程计算相关的诸多细节，在此基础上构建了分析模型和具体实现方法。本案例对地理信息数据的可视化探索、数据处理、指标设计与计算、模型构建与实现具有一定的参考意义。

## 本章练习

现有一批新的项目任务数据，包括任务编号、任务 GPS 纬度、任务 GPS 经度。请利用

197

本章学习的知识，对这一批任务进行定价，并评估任务的执行完成情况。具体数据请见附件 3：新项目任务数据，如表 8-4 所示。

表 8-4　　　　　　　　　　　　　新项目任务数据

| 任务编号 | 任务 GPS 纬度 | 任务 GPS 经度 |
|---------|-------------|-------------|
| C0001 | 22.73004117 | 114.2408795 |
| C0002 | 22.72704287 | 114.2996199 |
| C0003 | 22.70131065 | 114.2336007 |
| C0004 | 22.73235925 | 114.2866672 |
| C0005 | 22.71839144 | 114.2575495 |
| C0006 | 22.75392493 | 114.3819253 |
| C0007 | 22.72404221 | 114.2721836 |
| C0008 | 22.71937803 | 114.2732478 |
| ...... | | |

注：数据来源于 2017 年全国大学生数学建模竞赛 B 题。

# 第9章 地铁站点日客流量预测

城市公共交通网常常都承载巨大的客流量，巨大的客流量为公共交通网和交通智能调度带来了巨大的压力。地铁站点短时的客流预测是地铁智能调度系统中重要的决策基础与技术支持。利用历史刷卡数据，对数据进行预处理和相应的指标计算，能够准确有效地把握未来短时间内客流变化趋势，从而实时调整运营计划，对突发大客流做出及时预警和响应。

## 9.1 案例背景

近些年来，日益加重的城市交通拥堵问题成为制约经济发展的主要因素之一，因此以地铁为代表的城市轨道交通系统得到了大力的发展。地铁与其他的交通方式相比具有较大的优势，主要体现在运量大、污染小、能耗小，并且具有快捷、方便、安全、舒适的特点。

随着城市轨道交通网络规模持续扩大，客流时空分布规律愈加复杂。对作为客流生成源头的进出站客流，运营管理部门需实时监测，以准确把握未来短时间内客流变化趋势，从而实时调整运营计划，对突发大客流做出及时预警和响应。为此，高精度、小粒度的实时进出站客流量预测已成为精细化运营管理的关键。本案例通过郑州市 2015 年 8 月—11 月各地铁闸机刷卡数据，从数据中根据刷卡类型编号、刷卡日期两个字段提取不同时间进站和出站状态下的数据。提取所需数据后，预测 2015 年 12 月 1 日—7 日这 7 天内各个站点的日客流量（进站和出站的总人数），为节日安保、人流控制等提供预警支持。

附件 1～附件 4 是 2015 年 8 月—11 月郑州市各个站点的进出站的日客流量的数据。其中包含了乘客进出站的刷卡时间，进站和出站的记录等，附件 5 给出了各个字段的说明。附件 1～附件 4 部分原始数据如图 9-1 所示。

| FILE_ID | RECORD_ROW | CARD_ID | CARD_TYPE | TRADE_TYPE | TRADE_ADDRESS | TRADE_DATE | TERMINAL_ID | OPERATOR | TRADE_MON | TRADE_VAL | CURRENT_V |
|---|---|---|---|---|---|---|---|---|---|---|---|
| 4530161 | 2 | 66688877326 | 88 | 21 | | 2015-11-01-05.14.43.000000 | 12740011 | 0 | 0 | 0 | 0 |
| 4530163 | 9 | 66446666059 | 88 | 21 | 157 | 2015-11-01-05.42.36.000000 | 15742001 | 0 | 0 | 0 | 0 |
| 4530163 | 10 | 66688877360 | 88 | 21 | 157 | 2015-11-01-05.42.37.000000 | 15740012 | 0 | 0 | 0 | 0 |
| 4530163 | 2 | 66446666959 | 88 | 21 | 123 | 2015-11-01-05.42.54.000000 | 12340006 | 0 | 0 | 0 | 0 |
| 4530163 | 6 | 66688877300 | 88 | 21 | 155 | 2015-11-01-05.42.55.000000 | 15542031 | 0 | 0 | 0 | 0 |
| 4530165 | 2 | 66666769625 | 88 | 21 | 159 | 2015-11-01-05.43.04.000000 | 15940009 | 0 | 0 | 0 | 0 |
| 4530163 | 3 | 66688877254 | 88 | 21 | 125 | 2015-11-01-05.43.10.000000 | 12542010 | 0 | 0 | 0 | 0 |
| 4530163 | 4 | 66446666069 | 88 | 21 | 125 | 2015-11-01-05.43.13.000000 | 12540012 | 0 | 0 | 0 | 0 |
| 4530165 | 54 | 66687767119 | 88 | 21 | 121 | 2015-11-01-05.44.04.000000 | 12140007 | 0 | 0 | 0 | 0 |
| 4530164 | 4 | 66446666069 | 88 | 22 | 125 | 2015-11-01-05.44.09.000000 | 12542006 | 0 | 0 | 0 | 0 |
| 4530163 | 7 | 66446656064 | 88 | 21 | 155 | 2015-11-01-05.44.30.000000 | 15542031 | 0 | 0 | 0 | 0 |
| 4530162 | 2 | 66446666059 | 88 | 22 | 157 | 2015-11-01-05.45.57.000000 | 15742001 | 0 | 0 | 0 | 0 |
| 4530165 | 72 | 6.37163E+15 | 66 | 21 | 123 | 2015-11-01-05.46.14.000000 | 12342007 | 0 | 0 | 0 | 0 |
| 4530163 | 8 | 66446667938 | 88 | 21 | 155 | 2015-11-01-05.46.29.000000 | 15542010 | 0 | 0 | 0 | 0 |
| 4530163 | 5 | 66446666080 | 88 | 21 | 127 | 2015-11-01-05.46.31.000000 | 12742013 | 0 | 0 | 0 | 0 |
| 4530164 | 2 | 66446666959 | 88 | 22 | 123 | 2015-11-01-05.46.40.000000 | 12342003 | 0 | 0 | 0 | 0 |
| 4530165 | 73 | 6.37163E+15 | 66 | 21 | 123 | 2015-11-01-05.48.17.000000 | 12340005 | 0 | 0 | 0 | 0 |
| 4530165 | 3 | 6.37163E+15 | 66 | 21 | 159 | 2015-11-01-05.48.20.000000 | 15940009 | 0 | 0 | 0 | 3495 |
| 4530165 | 5 | 6.37163E+15 | 66 | 21 | 159 | 2015-11-01-05.48.26.000000 | 15940010 | 0 | 0 | 0 | 5750 |

图 9-1

注：数据来源于 2019 年广西大学生人工智能大赛第六赛道。

根据附件 1～附件 4 给出的数据，预测 2015 年 12 月 1 日—7 日这 7 天内每个站点的日客流量（交易类型为 21、22 次数之和），并画出 2015 年 8 月—11 月的客流量走势图，分析图形变化趋势，通过数据分析节假日、周末和非节假日、非周末能否成为影响地铁日客流量的影响因素。

## 9.2 案例目标及实现思路

本案例是以郑州市地铁客流量数据为例进行的交通-地铁客流量预测。客流量是指单位时间进入某个场所的人数，是反映该场所人流量和价值的重要指标，而日客流量是指单位时间为 1 天进入某个场所的人数。本案例则考虑采用日客流量数据进行分析。附件 1～附件 4 提供了郑州市地铁 2015 年 8 月—11 月各个站点流量的历史信息，通过数据筛选获取，以此来预测未来一段时间的交通流量。日客流量预测作为城市轨道交通规划的基础之一，在整个规划过程中有重要的作用，是轨道交通系统客运能力调配的重要参考。

本案例主要是通过郑州市 2015 年 8 月—11 月的数据，分别提取每个月各个站点的进站和出站的日客流量，对提取的数据进行可视化分析。目的是分析周末和节假日是否能成为影响日客流量的影响因素，然后对数据进行汇总，采用神经网络回归模型进行预测 2015 年 12 月 1 日—7 日客流量的数据，基本的实现思路如图 9-2 所示。

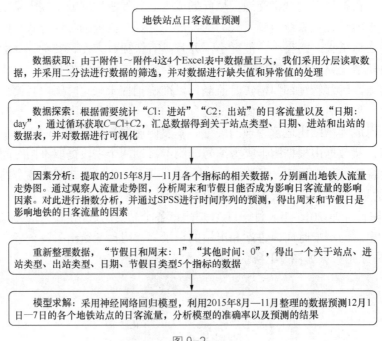

图 9-2

## 9.3 数据获取与探索

在地铁日客流量流量数据中，我们要提取出 3 个数据变量，站点、进站和出站标签、日

二分法思想与
数据处理

期。由于数据非常的大，我们采用二分法进行数据的筛选，本案例主要是以 2015 年 8 月的数据提取为代表，根据 2015 年 8 月数据代码，我们也可以得出 2015 年 9 月—11 月的相应的数据，然后对数据进行整理。

### 9.3.1 二分法查找思想

二分法（Bisection Method）实际上就是把数据一分为二的方法。当数据量非常大时，数据需要按顺序排列。如果采用普通方法进行大数据查找，是一项非常耗时的工作，采用二分法能够快速地查找到目标数据，从而节约大量的时间。其主要思路如下（设查找的数组区间为 array[low, high]）：

（1）确定该区间的中间位置 k。

（2）将查找的值 T 与 array[k]比较。若相等，查找成功返回此位置；否则确定新的查找区域，继续二分查找。区域确定如下：array[k]>T 由数组的有序性可知 array[k,k+1,…,high]>T，故新的区间为 array[low,…, k–1]；array[k]<T 类似上面查找区间为 array[k+1,…,high]。每一次查找与中间值比较，可确定是否查找成功，不成功则当前查找区间将缩小一半，递归查找即可。

将二分法定义为 find_index()函数，存于 fun.py 函数包中。示例代码所示：

```
#二分法查找
# fun.py 函数包
def find_index(A):
    a0=int(A.iloc[0,0][8:10])    #第一天
    a2=int(A.iloc[len(A)-1,0][8:10])    #最后一天
    tA=A    #赋值
    while 1:
        I1=int(len(tA)/2)-1    #数据折半
        I2=I1+1
        t0=int(tA.iloc[I1,0][8:10])
        #i1 的日期
        t2=int(tA.iloc[I2,0][8:10])    #I2 的日期
        if t2!=t0:    #判断 I1 和 I2 的日期
            r=(tA.iloc[I1,0][:10],tA.index[I1])
            return r
            break
        if t2==t0 and t2==a0:
            tA=tA.iloc[I2:,]    #后半部分
        if t2==t0 and t2==a2:
            tA=tA.iloc[:I1+1,]    #前半部分
```

### 9.3.2 每日数据索引范围提取

通过二分法查找函数 find_index()，可以从按时间排序好的 2015 年 8 月全量刷卡数据中查找得到每日数据的结束索引，从而可以快速获得每日的刷卡数据，进而计算得到每日各个站点的地铁客流量数据。其中查找每日数据的结束索引的示例代码如下：

```
import pandas as pd
import numpy as np
import time
```

```
import fun
start = time.clock()
A=pd.read_csv('acc_08_final.csv',sep=',',usecols=[5],nrows=1000)
S=pd.Series(A.iloc[:,0].values)  ##站点
Ad=S.unique()   ##去重站点
reader=pd.read_csv('acc_08_final.csv',sep=',',chunksize=100000,usecols=[6])
#每月最后一天，没有与之比较，故每月最后一天无法获得，取数据集最后一条记录即可
##提取1日—30日数据
R=[] #每日数据的结束索引
for A in reader:
    a0=int(A.iloc[0,0][8:10])
    a2=int(A.iloc[len(A)-1,0][8:10])
    if a0!=a2:
      r=fun.find_index(A)
      R.append(r)
end = time.clock()
print(end-start)
```

执行结果如图9-3所示。

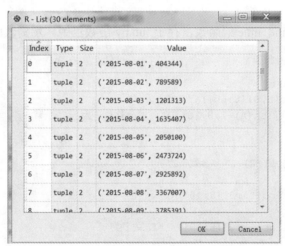

图9-3

## 9.4 指标计算

探究地铁日客流量的影响因子能够提高预测数据的准确率。客流量预测影响因子主要有刷卡地点、刷卡日期以及交易类型。故有选择性地从原始数据中抽取地点、日期和交易类型数据，进而根据交易类型统计各个站点进站和出站的日客流量并进行数据汇总。

指标设计

### 9.4.1 指标设计

通过分析原始数据，我们提取了5个关于影响地铁日客流量的指标，并对其进行字段的标签化处理，如表9-1所示。

| 表 9-1 | 数据标签 |
|---|---|
| 标签 | 指标 |
| Ad | 站点 |
| C1 | 进站人数 |
| C2 | 出站人数 |
| day | 日期 |
| C | 总客流量 |

## 9.4.2　指标计算方法

首先考虑进站人数的统计。根据顾客在同一天内在每个站点的刷卡类型进行统计，21 是进站人数用 $C1$ 表示，22 是出站人数用 $C2$ 表示，利用 $C1$、$C2$ 的数据再进行每天数据的求和 $C= C1+C2$，得出日客流量的数据。

指标计算

## 9.4.3　程序实现

### 1. $C1$、$C2$ 的计算

我们根据附件 1—附件 4 给出的 2015 年 8 月—11 月的数据，分别进行站点、日期、进站和出站客流量的提取。$C1$ 是表示同一天同一站点的进站人数的统计累加，则分别提取 1 日—31 日的进站客流量；$C2$ 是表示同一天同一站点的出站人数的统计累加，则分别提取 1 日—31 日的出站客流量。由于提取代码相似，则我们就以提取 2015 年 8 月数据为例进行介绍，以同样的方法也可以得出 2015 年 9 月—11 月的数据。示例代码如下：

```
#8 月数据的提取
A=pd.read_csv('acc_08_final.csv',sep=',',usecols=[4,5])##指定列交易类型和站点
# A=pd.read_csv('acc_09_final.csv',sep=',',usecols=[4,5])##指定列交易类型和站点
# A=pd.read_csv('acc_10_final.csv',sep=',',usecols=[4,5])##指定列交易类型和站点
#A=pd.read_csv('acc_11_final.csv',sep=',',usecols=[4,5])##指定列交易类型和站点
A=A.as_matrix()  #转矩阵
Ad_values=[]    #站点
day_values=[]  #日期
C1_values=[]  #进站人数
C2_values=[]  #出站人数
for Z in range(len(Ad)):   #站点循环
    for t in range(len(R)+1):  ##时间循环
        if t==0:
            data=A[:R[t][1]+1,:]
            I1=data[:,1]==Ad[Z]   #站点
            I2=data[:,0]==21    #交易类型
            I3=data[:,0]==22
            C1_values.append(len(data[I1&I2,:]))
            C2_values.append(len(data[I1&I3,:]))
            day_values.append(R[t][0])
            Ad_values.append(Ad[Z])
        if t>0 and t<len(R):
            data=A[R[t-1][1]+1:R[t][1]+1,:]
```

```
        I1=data[:,1]==Ad[Z]
        I2=data[:,0]==21
        I3=data[:,0]==22
        C1_values.append(len(data[I1&I2,:]))
        C2_values.append(len(data[I1&I3,:]))
        day_values.append(R[t][0])
        Ad_values.append(Ad[Z])
    if t==len(R):
        data=A[R[t-1][1]+1:,:]
        I1=data[:,1]==Ad[Z]
        I2=data[:,0]==21
        I3=data[:,0]==22
        C1_values.append(len(data[I1&I2,:]))
        C2_values.append(len(data[I1&I3,:]))
        day_values.append('2015-08-31')#根据不同月份取最后一天数据
        Ad_values.append(Ad[Z])
D={'Ad':Ad_values,'day':day_values,'C1':C1_values,'C2':C2 values,'C':C values}
Data=pd.DataFrame(D)
end = time.clock()
print(end-start)
```

执行结果如图 9-4 所示。

| Index | Ad | day | C1 | C2 |
|---|---|---|---|---|
| 93 | 121 | 2015-08-01 | 12460 | 10168 |
| 94 | 121 | 2015-08-02 | 13133 | 9935 |
| 95 | 121 | 2015-08-03 | 12261 | 9263 |
| 96 | 121 | 2015-08-04 | 12154 | 9776 |
| 97 | 121 | 2015-08-05 | 11628 | 9749 |
| 98 | 121 | 2015-08-06 | 11635 | 9675 |
| 99 | 121 | 2015-08-07 | 12381 | 10417 |
| 100 | 121 | 2015-08-08 | 12913 | 11027 |

图 9-4

### 2. $C$ 的计算

$C$ 表示日客流量，即同一天同一站点的进站和出站人数之和 $C=C1+C2$。示例代码如下：

```
for i in range(0,len(C1_values)):
    summm=C1_values[i]+C2_values[i]
    C_values.append(summm)
#print(C_values)
D={'Ad':Ad_values,'day':day_values,'C1':C1_values,'C2':C2_values,
'C':C_values}
Data=pd.DataFrame(D)
Data.to_excel('8月地铁客流量数据.xlsx')
```

执行结果如图 9-5 所示。

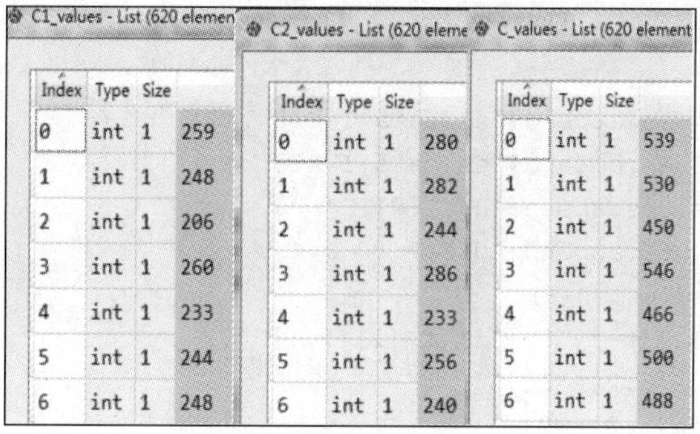

图 9-5

## 3. 指标计算完整代码

下面给出该指标计算的完整代码，方便读者进行学习和研究。完整示例代码如下：

```python
import pandas as pd
import numpy as np
import time
import fun
start = time.clock()
A=pd.read_csv('acc_08_final.csv',sep=',',usecols=[5],nrows=1000)
S=pd.Series(A.iloc[:,0].values)   ##站点
Ad=S.unique()    ##去重  站点
reader=pd.read_csv('acc_08_final.csv',sep=',',chunksize=100000,usecols=[6])
#每月最后一天，没有与之比较的日期，故每月最后一天无法获得，通过取数据集最后一条记录即可
##提取 1 日—30 日日期的数据
R=[]
for A in reader:
    a0=int(A.iloc[0,0][8:10])
    a2=int(A.iloc[len(A)-1,0][8:10])
    if a0!=a2:
      r=fun.find_index(A)
      R.append(r)
    # print(r)
#训练数据的提取以 8 月为例，9 月—11 月修改相应数据即可
A=pd.read_csv('acc_08_final.csv',sep=',',usecols=[4,5])##指定列交易类型和站点
A=A.as_matrix()  #转矩阵
Ad_values=[]  #站点
day_values=[]#日期
C1_values=[]   #进站人数
C2_values=[]#出站人数
C_values=[]
for Z in range(len(Ad)):    #站点循环
    for t in range(len(R)+1):   #时间循环
        if t==0:
            data=A[:R[t][1]+1,:]
            I1=data[:,1]==Ad[Z]    #站点
```

205

```
            I2=data[:,0]==21    #交易类型
            I3=data[:,0]==22
            C1_values.append(len(data[I1&I2,:]))
            C2_values.append(len(data[I1&I3,:]))
            day_values.append(R[t][0])
            Ad_values.append(Ad[Z])
        if t>0 and t<len(R):
            data=A[R[t-1][1]+1:R[t][1]+1,:]
            I1=data[:,1]==Ad[Z]
            I2=data[:,0]==21
            I3=data[:,0]==22
            C1_values.append(len(data[I1&I2,:]))
            C2_values.append(len(data[I1&I3,:]))
            day_values.append(R[t][0])
            Ad_values.append(Ad[Z])
        if t==len(R):
            data=A[R[t-1][1]+1:,:]
            I1=data[:,1]==Ad[Z]
            I2=data[:,0]==21
            I3=data[:,0]==22
            C1_values.append(len(data[I1&I2,:]))
            C2_values.append(len(data[I1&I3,:]))
            day_values.append('2015-08-31')
            Ad_values.append(Ad[Z])
for i in range(0,len(C1_values)):
    summm=C1_values[i]+C2_values[i]
    C_values.append(summm)
#print(C_values)
D={'Ad':Ad_values,'day':day_values,'C1':C1_values,'C2':C2_values,
   'C':C_values}
Data=pd.DataFrame(D)
end = time.clock()
print(end-start)
Data.to_excel('8月地铁客流量数据1.xlsx')
```

所有指标计算执行结果（部分）如图 9-6 所示。

| Index | Ad | day | C1 | C2 | C |
|---|---|---|---|---|---|
| 0 | 157 | 2015-08-01 | 259 | 280 | 539 |
| 1 | 157 | 2015-08-02 | 248 | 282 | 530 |
| 2 | 157 | 2015-08-03 | 206 | 244 | 450 |
| 3 | 157 | 2015-08-04 | 260 | 286 | 546 |
| 4 | 157 | 2015-08-05 | 233 | 233 | 466 |
| 5 | 157 | 2015-08-06 | 244 | 256 | 500 |
| 6 | 157 | 2015-08-07 | 248 | 240 | 488 |

图 9-6

以上是对 8 月的数据包进行数据的提取，9 月—11 月的数据的提取方法同 8 月的数据提取方法，这里我们就不再一一介绍。提取出所有数据之后，我们将数据进行汇总，得出一个新的数据表，并对日期格式进行转换，将有助于我们对日客流量的预测。

## 9.5　数据可视化

通过对数据进行可视化，进一步分析影响日客流量的指标，观察日客流量的变化趋势曲线是否平滑，进站和出站人流量是否受到节假日和周末出行的影响。同样我们也是以 8 月数据为例，对数据进行可视化分析，并依次给出 9 月—11 月的地铁客流量走势图。示例代码如下：

```
import pandas as pd
import numpy as np
import matplotlib.pyplot as plt
path='8 月地铁客流量数据.xlsx'
#path='9 月地铁客流量数据.xlsx'
#path='10 月地铁客流量数据.xlsx'
#path='11 月地铁客流量数据.xlsx'
data=pd.read_excel(path)
zd=data.iloc[:,0]
zd=zd.unique()
##提取站点的日客流量放到列表中
rs=[]
for i in zd:
    tb=data.loc[data['站点']==i,['日期','人数']].sort_values('日期')
    rs.append(tb.iloc[:,1])
x=np.arange(1,len(tb.iloc[:,0])+1)
plt.figure(figsize=(15,10))
plt.rcParams['font.sans-serif']='SimHei'
##对列表中已提取出的数据画出日客流量走势图
for s in rs:
    plt.plot(x,s,marker='*')
    plt.xlabel('日期')
    plt.ylabel('客流量')
    plt.title('8 月地铁客流量走势图')
    #plt.title('9 月地铁客流量走势图')
    #plt.title('10 月地铁客流量走势图')
    #plt.title('11 月地铁客流量走势图')
    plt.legend(sorted(zd))
    plt.xticks([1,5,10,15,20,25,30],tb['日期'].values[[0,4,9,14,19,24,29]],
    rotation=45)
    plt.savefig('myfigure1')
    #plt.savefig('myfigure2')
    #plt.savefig('myfigure3')
    #plt.savefig('myfigure4')
```

执行结果如图 9-7 所示。

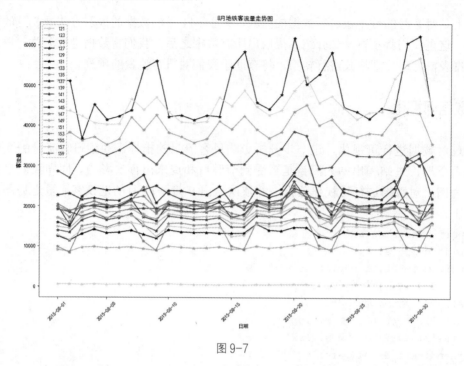

图 9-7

　　图 9-7 所示为根据 8 月的地铁客流量画出的各站点客流量的折线图，由图可以看出，地铁站的日客流量因时段不同出现较大起伏，还可以看出客流量较大的站点分别为 137、139、145、155，因此我们需要为这些站点增加更多的安保人员，避免突发情况造成地铁客流量的拥堵。同理获得 9 月的地铁客流量走势图，如图 9-8 所示。

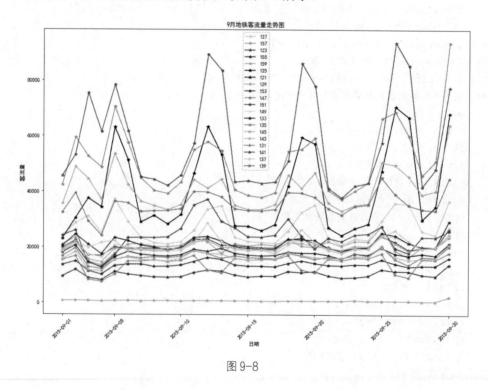

图 9-8

　　图 9-8 所示为根据 9 月的客流量画出的各站点客流量的折线图，由图可以看出，各个地铁站点都出现了较大的客流量起伏。因此，我们可以根据需求为各个站点分配安保人员以及制定交通管控措施，以防地铁出现人群拥挤或滞留现象，引发安全问题，造成巨大的损失。

　　采用相同的方法，我们也分别画出了 10 月和 11 月的地铁客流量走势图，如图 9-9 和图 9-10 所示。

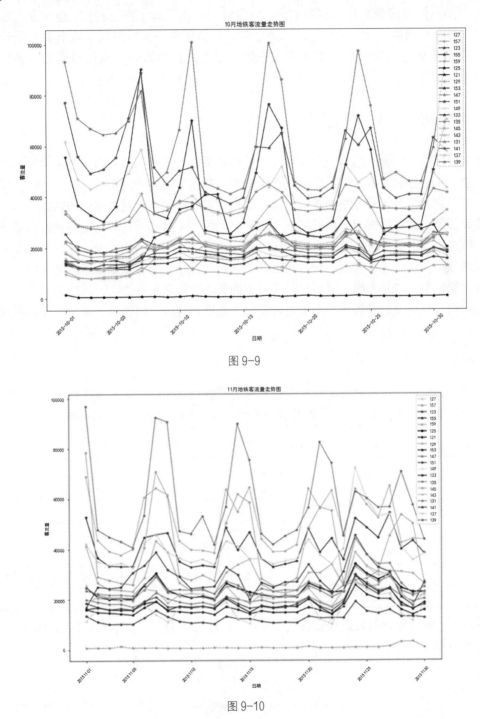

图 9-9

图 9-10

图 9-9 所示为根据 10 月的客流量画出的各站点客流量的折线图，各站点日客流量都有明显的上升趋势。我们考虑到 10 月的十一黄金周，出行人数相对于往常出行人数会明显增多，可以提醒出行旅客注意人身安全，交通管理部门要提前做好交通安全管控措施。图 9-10 所示是根据 11 月的客流量画出的各站点客流量的折线图，由图可知各个站点的日客流量变化趋势回归平稳状态，周末还是有小幅度的起伏，并且出现峰值点。由 8 月—11 月地铁各个站点的客流量走势图可观察出，节假日的客流量同工作日相比，会出现明显的变化趋势，峰值点偏高。为了使不同日期类型的计量数据在一定时间周期内具有可比性和连贯性，我们需要考虑节假日、周末和工作日对日客流量的影响，确保数据的有效性和准确性。

## 9.6 因素分析

由于分析的数据含有趋势成分（有一定的周期成分）序列，可利用 SPSS 中时间序列预测建立指数平滑预测模型分析节假日是否能成为预测模型的影响因素。

时间序列客流量预测方法的基本思路：根据提供的历史客流量数据中的随机成分及变化的规律来预测，通过数据筛选最后提取 2015 年 8 月—11 月各天的总客流量进行指数平滑预测。对筛选出来的数据进行分析，发现在中秋、国庆等节假日和周末出行人数明显偏多，所以本模型分为两部分进行预测：一是利用非节假日的各站点的客流量数据预测 12 月 1 日—7 日的客流量数据；二是考虑非节假日与非周末的各站点客流量对 2015 年 12 月 1 日—7 日客流量的预测。进而分析节假日和周末是否能成为地铁日客流量的影响因素，确保数据预测的准确性。

### 9.6.1 SPSS 进行指数平滑

采用 SPSS 进行指数平滑的前提是按周末、节假日、工作日对数据进行分类，我们采用划分日期类别（1 表示是节假日，0 表示非节假日），并重新划分标签，如表 9-2 所示。

表 9-2　　　　　　　　　　　　　　　　　标签

| 标签 | 指标 |
| --- | --- |
| Ad | 站点 |
| C1 | 进站人数 |
| C2 | 出站人数 |
| day | 日期 |
| If | 划分日期类别（1 表示是节假日，0 表示非节假日） |
| C | 总客流量 |

根据第一部分整理的数据预测得出 2015 年 8 月—11 月只考虑非节假日的客流量，具体预测情况如图 9-11 所示。

| | day | 客流量 | 客流量预测 |
|---|---|---|---|
| 1 | 2015/08/01 | 404345.0 | 416053.9 |
| 2 | 2015/08/02 | 385245.0 | 416357.5 |
| 3 | 2015/08/03 | 411724.0 | 415153.8 |
| 4 | 2015/08/04 | 434094.0 | 416100.6 |
| 5 | 2015/08/05 | 414693.0 | 418711.7 |
| 6 | 2015/08/06 | 423624.0 | 419612.7 |
| 7 | 2015/08/07 | 452168.0 | 421137.6 |

图 9-11

12 月模型预测结果如表 9-3 所示。

表 9-3　　　　　　　　　　　非节假日的客流量的预测

| 日期 | 客流量 |
|---|---|
| 2015/12/01 | 557491 |
| 2015/12/02 | 558704 |
| 2015/12/03 | 559918 |
| 2015/12/04 | 561131 |
| 2015/12/05 | 562344 |
| 2015/12/06 | 563557 |
| 2015/12/07 | 564771 |

实测值和预测值进行对比，如图 9-12 所示。

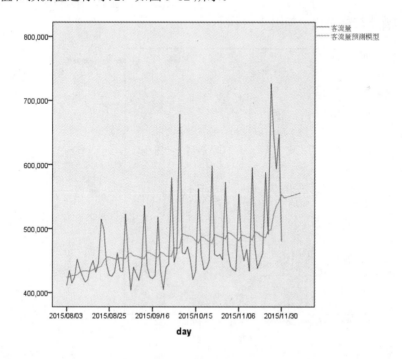

图 9-12

根据第二部分整理的数据，得出图 9-13 所示的 2015 年 8 月—11 月考虑非节假日、非周末的客流量的预测情况。

|  | day | 客流量 | 客流量预测值 |
| --- | --- | --- | --- |
| 1 | 2015/08/03 | 411724.0 | 424210.1 |
| 2 | 2015/08/04 | 434094.0 | 424311.5 |
| 3 | 2015/08/05 | 414693.0 | 426591.4 |
| 4 | 2015/08/06 | 423624.0 | 426750.3 |
| 5 | 2015/08/07 | 452168.0 | 427767.4 |
| 6 | 2015/08/10 | 437227.0 | 431477.3 |
| 7 | 2015/08/11 | 425436.0 | 433362.7 |

图 9-13

12 月模型预测结果如表 9-4 所示。

表 9-4　　　　　　　　　　非节假日、非周末的客流量的预测（12 月）

| 2015/12/01 | 547751 |
| --- | --- |
| 2015/12/02 | 549074 |
| 2015/12/03 | 550397 |
| 2015/12/04 | 551720 |
| 2015/12/05 | 553043 |
| 2015/12/06 | 554366 |
| 2015/12/07 | 555689 |

实测值和预测值进行对比，如图 9-14 所示。

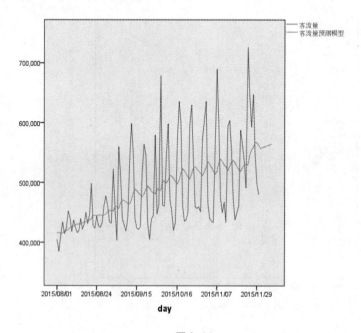

图 9-14

### 9.6.2　因素分析结果

通过非节假日的各站点客流量的数据和非节假日非周末的各站点客流量的数据做出的指数平滑预测得出，在考虑非节假日与非周末这两个因素下得出的预测结果相对于非节假日的各站点客流量的数据预测出来的结果更为接近真实的客流人数，所以本案例需要考虑节假日和周末两因素对客流量的影响，且在神经网络预测模型中也构成一个必要的因素。总数据预测部分数据如表 9-5 所示。

表 9-5　　　　　　　　　　　　总数据预测部分数据

| Ad | C1 | C2 | day | if | C |
| --- | --- | --- | --- | --- | --- |
| 121 | 12460 | 1018 | 20150801 | 1 | 22628 |
| 121 | 13133 | 9935 | 20150802 | 1 | 23068 |
| 121 | 12261 | 9263 | 20150803 | 0 | 21524 |
| 121 | 12154 | 9776 | 20150804 | 0 | 21930 |
| 121 | 11628 | 9749 | 20150805 | 0 | 21377 |
| 121 | 11635 | 9675 | 20150806 | 0 | 21310 |

······

## 9.7　神经网络预测模型的建立

数据获取和训练样本构建由表 9-5 给出，训练样本的特征输入变量用 x 表示，输出变量用 y 表示，测试样本共有 5 个特征数据，共 2440 条训练样本。

神经网络预测模型的建立（一）

（1）训练样本构建示例代码如下：

```
import pandas as pd
data=pd.read_excel('总数据预测.xlsx')
x=data.iloc[:,:5] #提取前 4 列数据
y=data.iloc[:,5]  #客流量数据
```

（2）预测样本构建示例代码如下：

```
import numpy as py
x11=np.array([121,14967,12260,20151201,0])
…
x207=np.array([159,14132,14167,20151207,0])
x11=x11.reshape(1,5)
…
X207=x207.reshape(1,5)
```

其中预测样本的输入特征变量用 x11,x12,…,x207 表示。

（3）神经网络回归模型构建示例代码如下：

```
#导入神经网络回归模块 MLPRegressor
from sklearn.neural_network import MLPRegressor
#利用 MLPRegressor 创建神经网络回归对象 clf
Clf=MLPRegressor(solver='lbfgs',alpha=1e-5,hidden_layer_sizes=8,random_state=1)
#参数说明
```

```
#solver:神经网络优化求解算法
#alpha:模型训练误差，默认为 0.00001
#hidden_layer_sizes: 隐含层神经元个数
#random_state: 默认设置为 1
#调用 clf 对象中的 fit()方法进行网络训练
clf.fit(x,y)
#调用 clf 对象中的 score()方法，获得神经网络回归的拟合优度（判决系数）
rv=clf.score(x,y)
#调用 clf 对象中的 predict()方法可以对测试样本进行预测，获得其测试结果
R11=clf.predict(x11)
R207=clf. predict (x207)
```

## 9.7.1 示例站点客流量预测

根据分析，这里采用神经网络模型构建地铁客流量预测模型，这里以 121 站点客流量的预测为例。示例代码如下：

```
import pandas as pd
data=pd.read_excel('总数据测试.xlsx')
x=data.iloc[:,:5]
y=data.iloc[:,5]
from sklearn.neural_network import MLPRegressor
clf=MLPRegressor(solver='lbfgs',alpha=1e-5,hidden_layer_sizes=8,random_
state=1)
clf.fit(x,y);
rv=clf.score(x,y)
print(rv)
import numpy as np
#121 站点给出实测值
x11=np.array([121,11407,11265,20151201,0]).reshape(1,5)
x12=np.array([121,12655,13553,20151202,0]).reshape(1,5)
x13=np.array([121,13978,11538,20151203,0]).reshape(1,5)
x14=np.array([121,11468,8543,20151204,0]).reshape(1,5)
x15=np.array([121,17612,14650,20151205,1]).reshape(1,5)
x16=np.array([121,24541,18215,20151206,1]).reshape(1,5)
x17=np.array([121,13578,11005,20151207,0]).reshape(1,5)
#预测
R11=clf.predict(x11)
R12=clf.predict(x12)
R13=clf.predict(x13)
R14=clf.predict(x14)
R15=clf.predict(x15)
R16=clf.predict(x16)
R17=clf.predict(x17)
##字典连接
D1={'20151201':R11,'20151202':R12,'20151203':R13,'20151204':R14,
'20151205':R15,
'210151206':R16,'210151207':R17}
Data1=pd.DataFrame.from_dict(D1,orient='index',columns=['121'])
```

执行结果如图 9-15 所示。

Data1 - DataFrame

| Index | 121 |
|---|---|
| 20151201 | 22686.7 |
| 210151202 | 26222.7 |
| 210151203 | 25530.6 |
| 210151204 | 20025.6 |
| 210151205 | 32276.7 |
| 210151206 | 42770.6 |
| 210151207 | 24597.6 |

图 9-15

### 9.7.2 全部站点客流量预测

前文我们给出了基于神经网络的某个站点客流量预测模型和程序实现，下面我们给出全部站点（20 个）2015 年 12 月 1 日—7 日的具体实现方法。示例代码如下：

```
import pandas as pd
import numpy as np
data=pd.read_excel('总数据测试.xlsx')
x=data.iloc[:,:5]
y=data.iloc[:,5]
from sklearn.neural_network import MLPRegressor
clf=MLPRegressor(solver='lbfgs',alpha=1e-5,hidden_layer_sizes=8,
                 random_state=1)
clf.fit(x,y);
rv=clf.score(x,y)
print(rv)
import yuce
f=x.iloc[:,0]
f=f.unique()
zd=np.array(f).reshape(1,20)
b=[]
for g in zd:
  qq=yuce.yuce_zd(x)
  for k in qq:
     for j in k:
        a=clf.predict(j)
        print( str(j[0][0]) + '预测结果为',a)
        b.append(a)
b=pd.DataFrame(b)
```

子函数 yuce_zd()给出了各个站点的数据来分别预测 7 天的日客流量，我们可以在这个函数内添加各个站点的值，依次来给出 123、125、…、159 站点的预测数据。子函数 yuce_zd()定义示例代码如下（子函数存在 yuce.py 文件中）：

```
def yuce_zd(x):
  import numpy as np
  #121
```

```
    x11=np.array([121,11407,11265,20151201,0]).reshape(1,5)
    x12=np.array([121,12655,13553,20151202,0]).reshape(1,5)
    x13=np.array([121,13978,11538,20151203,0]).reshape(1,5)
    x14=np.array([121,11468,8543,20151204,0]).reshape(1,5)
    x15=np.array([121,17612,14650,20151205,1]).reshape(1,5)
    x16=np.array([121,24541,18215,20151206,1]).reshape(1,5)
    x17=np.array([121,13578,11005,20151207,0]).reshape(1,5)
x1=[x11,x12,x13,x14,x15,x16,x17]
#123
    x21=np.array([123,5572,5014,20151201,0]).reshape(1,5)
    x22=np.array([123,6123,5351,20151202,0]).reshape(1,5)
    x23=np.array([123,4213,4921,20151203,0]).reshape(1,5)
    x24=np.array([123,5268,4821,20151204,0]).reshape(1,5)
    x25=np.array([123,5861,5631,20151205,1]).reshape(1,5)
    x26=np.array([123,5722,5545,20151206,1]).reshape(1,5)
    x27=np.array([123,5202,4546,20151207,0]).reshape(1,5)
x2-[x21,x22,x23,x24,x25,x26,x27]
#依次添加各个站点的预测数据
---
x201=np.array([159,15428,13572,20151201,0]).reshape(1,5)
x202=np.array([159,23516,18234,20151202,0]).reshape(1,5)
x203=np.array([159,8235,11645,20151203,0]).reshape(1,5)
x204=np.array([159,13647,13476,20151204,0]).reshape(1,5)
x205=np.array([159,22858,26331,20151205,1]).reshape(1,5)
x206=np.array([159,22971,28102,20151206,1]).reshape(1,5)
x207=np.array([159,14132,14167,20151207,0]).reshape(1,5)
x20=[x201,x202,x203,x204,x205,x206,x207]
qq=[x1,x2,x3,x4,x5,x6,x7,x8,x9,x10,x11,x12,x13,x14,x15,x16,x17,x18,x19, x20]
return qq
```

根据以上思路，我们得出了 20 个站点 2015 年 12 月 1 日—7 日交通-地铁日客流量的数据，执行结果（部分）如图 9-16 所示。

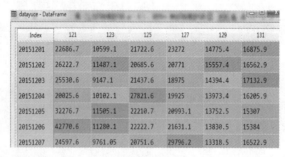

| Index | 121 | 123 | 125 | 127 | 129 | 131 |
|---|---|---|---|---|---|---|
| 20151201 | 22686.7 | 10599.1 | 21722.6 | 23272 | 14775.4 | 16875.9 |
| 20151202 | 26222.7 | 11487.1 | 20685.6 | 20771 | 15557.4 | 16562.9 |
| 20151203 | 25530.6 | 9147.1 | 21437.6 | 18975 | 14394.4 | 17132.9 |
| 20151204 | 20025.6 | 10102.1 | 27821.6 | 19925 | 13973.4 | 16205.9 |
| 20151205 | 32276.7 | 11505.1 | 22210.7 | 20993.1 | 13752.5 | 15307 |
| 20151206 | 42770.6 | 11280.1 | 22222.7 | 21631.1 | 13830.5 | 15384 |
| 20151207 | 24597.6 | 9761.05 | 20751.6 | 29796.2 | 13318.5 | 16522.9 |

图 9-16

### 9.7.3　模型预测结果分析

为了更好地进行预测结果分析，我们根据预测的结果数据进行图形可视化处理。示例代码如下：

神经网络预测模型的建立（二）

```
import matplotlib.pyplot as plt
import seaborn as sns
```

```
datayuce=datayuce.reset_index()
print(datayuce)
#index:日期
datayuce=datayuce.melt(id_vars=['index'],var_name='x',value_name='value')
##var_name:变量名，value_name: 取值
print(datayuce)
plt.figure(figsize=(8,6))
sns.barplot(x='index',y='value',hue='x',data=datayuce,
            color='r',orient='v',estimator=sum,ci=0)
plt.tight_layout()
plt.savefig('预测数据走势图',dpi=300)
```

执行结果如图9-17所示。

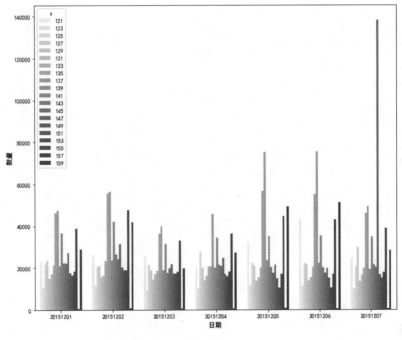

图9-17

　　由12月1日—7日的预测数据画出的图观察得出，站点135与137的客流量普遍较高，地铁工作人员应该在客流量大的站点多安排值班人员进行巡逻，维护站点的现场秩序，以免人员拥挤和发生安全事故。图中2015年12月7日147站点出现不同寻常的高峰客流量，考虑意外因素等情况造成的客流量增多，这一天我们可以提前预警并采取相应的安保措施，保证当天地铁站点的秩序。

## 本章小结

　　本章介绍了地铁日客流量数据的分析，采用二分法对数据进行站点、日期、进站和出站人流量数据的提取，分析2015年8月—11月地铁客流量走势图，得出周末和节假日是影响地铁客流量的关键因素。根据数据探索，我们采用神经网络模型对地铁客流量数据进行数据

分析处理、指标的计算和提取，预测未来 7 天的日客流量数据，为将来地铁实施节流和安保提供可预测的方案。

## 本章练习

基于本章的 11 月地铁刷卡数据，以前 23 天的数据作为训练数据，预测后 7 天各个地铁站点在 6:00—23:00，每个小时的客流量。

第 **10** 章 微博文本情感分析

随着互联网、社交网站的快速发展，社交网络已经成为人们生活中的一部分，例如微博平台。人们可以在微博上发布个人动态、交流信息，包括对商品、服务、美食、电影等的评论信息。这些信息蕴藏着大量商机，比如各商家或平台通过收集各类评论数据，分析用户的情感倾向性，从而判断用户的喜好并向用户推送合适的商品，以提升商品的价值。他们通过对文本评论数据进行情感分析，可以加快产业的发展，提高用户使用的体验。文本情感分析的技术一般分为两类，基于情感词典进行分析和基于深度学习进行分析。无论是哪一种技术，都需要先对原始的样本数据进行异常数据与停用词的删除、分词等相关数据预处理操作，然后选择合适的方法模型。本章采用支持向量机和 LSTM 模型对微博文本进行情感分析，下面将从案例背景、案例目标及其实现思路、数据预处理、模型构建与实现等方面进行详细介绍。

## 10.1 案例背景

文本情感分析也称为倾向性分析或意见挖掘，它运用自然语言处理和文本挖掘等技术来提取原文本数据中蕴含的主观信息。简而言之，文本情感分析就是判断一个文本数据中所表达的态度，如积极的或消极的等。文本情感分析中数据集的来源十分广泛，其中包括网页、微博评论、博客、网络新闻、网上讨论群和社交网站等。本章主要以微博数据集为案例，也适合其他比如商品评论、贴吧讨论等类型数据。

本案例所采用的微博数据集来源网上的 GitHub 社区，有十多万条微博，都带有情感标注，正负向评论约各 5 万条，用来做情感分析的数据集。

对这 10 万左右的微博数据集进行分词、去停用词、转化词向量等预处理步骤，按照 80% 训练、20% 测试进行随机划分，构建基于微博情感分析模型，计算模型的实际预测准确率，为实际应用提供一定的参考价值。

## 10.2 案例目标及实现思路

本案例的主要目标包括掌握中文文本的读取、分词、去停用词等预处理步骤的简单处理技能，掌握中文文本词向量 word embedding 处理的简单计算方法，掌握基于支持向量机的情感分析模型和基于 LSTM 网络的情感分析模型。基本的实现思路如图 10-1 所示。

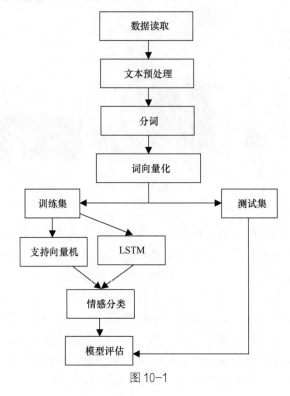

图 10-1

## 10.3　数据预处理

数据预处理过程

　　由于原始的微博文本数据存在一些换行符、空格等异常数据，会影响后期的情感判断，因此需要对原始数据进行预处理。在本节中主要包括数据读取、分词、去停用词和转化词向量化等预处理步骤。

### 10.3.1　数据读取

　　我们先了解一下原始微博文本数据，利用 Pandas 包读取 CSV 格式的文本数据，数据和代码放在同一个文件夹下，并用 dropna()函数，去除空值。示例代码如下：

```
#加载必要 Pandas 的模块
import pandas as pd
#读取文本数据
data = pd.read_csv('weibo_senti_100k.csv')
data = data.dropna()    #去除数据集的空值
data.shape  #输出数据结构
data.head()   # 输出文本数据集的前 5 行
```

执行结果如图 10-2 所示。

　　由以上结果可以看出，处理后的微博文本数据总量是 119 988 条记录，label 列的 1 表示正面评论，0 表示负面评论。微博文本里有中文、英文，还有数字、符号，甚至还有各种各样的表情等，因此需要进行接下来的处理。

图 10-2

## 10.3.2　分词

原始微博文本数据已经准备好，接下来对文本内容进行分词处理。顾名思义，分词就是将一句话或一段话划分成一个个独立的词，目前有大量用于分词的工具，如 jieba、NLTK、thulac 和 PyNLPIR 等。对于中文来说 jieba 分词效果是比较好的，因此本文使用 Python 中的 jieba 库对样本数据进行分词处理，利用 cut()函数实现。

由于 Anaconda 没有集成 jieba 分词库，因此需要安装这个分词库，步骤如下：

（1）打开 Anaconda Prompt，选择开始菜单→Anaconda3→Anaconda Prompt。由于 jieba 库的官方下载速度有可能会很慢，故可以改用下面的仓库镜像。示例代码如下：

```
#conda 命令设置增加 channels 地址，输入清华大学镜像
conda config --add channels
https://mirrors.tuna.tsinghua.edu.cn/anaconda/pkgs/free/
#使上面的网址设置生效
conda config --set show_channel_urls yes
```

执行结果如图 10-3 所示。

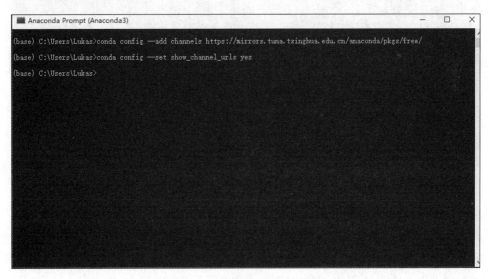

图 10-3

（2）激活在第 6 章介绍的 TensorFlow 环境，选择开始菜单→Anaconda3→Anaconda Prompt，输入代码 activate TensorFlow，激活上面步骤建立的 TensorFlow 环境。注：当不使

用 TensorFlow 时，关闭 TensorFlow 环境，命令为 deactivate，如图 10-4 所示。

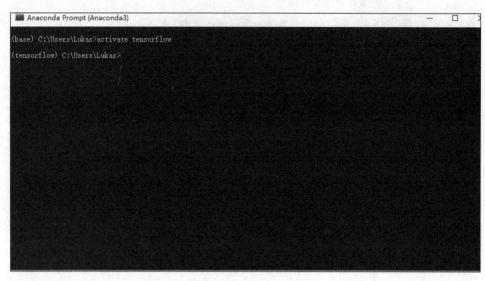

图 10-4

（3）安装 jieba 库，可以用 pip 或者 conda 命令行都行，命令为 pip install jieba 或者 conda install jieba，如图 10-5 所示。

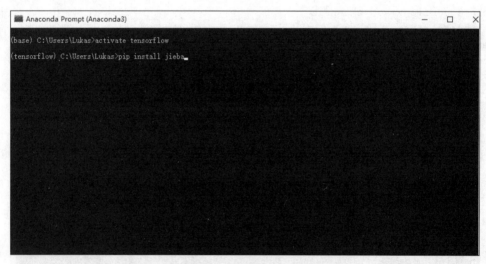

图 10-5

安装完成后，没有红色报错信息即表示成功安装。

（4）jieba 库安装完成。后面用到的比如 wordcloud 等第三方库也可以用此方法安装在建立的 TensorFlow 环境中，只需把上面第 3 个步骤的 pip install jieba 代码的 jieba 换成其他，比如 wordcloud 即可。最后本书用的 Spyder 也需要安装在 TensorFlow 环境中。

jieba 库已经安装完毕，接下来应用该库进行分词。Jieba 库分词的 3 种模式。

（1）精确模式：把文本精确地分开，不存在冗余单词，该模式适合文本分析。

（2）全模式：把文本中所有可能的词语都扫描出来，有冗余，速度快但不能解决歧义。

（3）搜索引擎模式：在精确模式基础上，对长词再次切分，提高召回率，该模式适合用于搜索引擎分词。

 jieba.cut(s,cut_all,HMM) 方法中输入参数的具体含义如下：

（1）s 表示需要分词的字符串。

（2）cut_all 参数用来控制是否采用全模式，cut_all = True，表示用全模式。

（3）HMM 参数用来控制是否使用 HMM 模型返回一个列表类型的分词结果，*HMM*=False 表示不使用。

一般情况，采用默认的 jieba.cut(s)精确模式即可。示例代码如下：

```
import jieba
data['data_cut'] = data['review'].apply(lambda x: list(jieba.cut(x)))
#内嵌自定义函数来分词
data.head()
```

执行结果如图 10-6 所示。

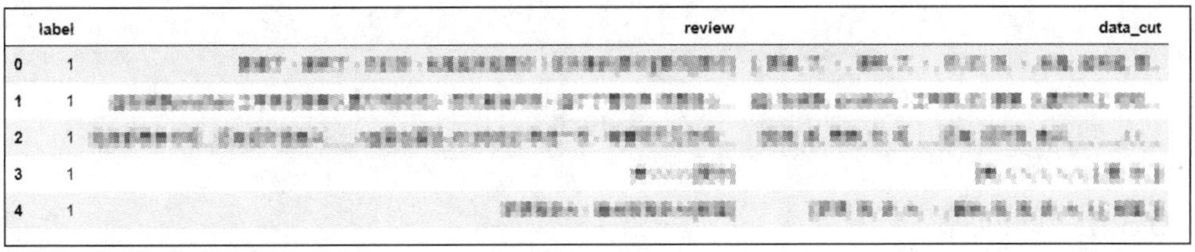

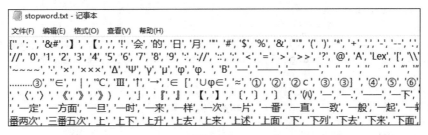

图 10-6

由 data['data_cut']的分词结果可以看出，有很多的标点符号、空格等与情感分析无关的词语，因此接下来进行去停用词。

### 10.3.3 去停用词

停用词是指在信息检索中，为节省存储空间和提高搜索效率，在处理自然语言数据（或文本）之前或之后会自动过滤掉某些字或词，这些字或词被称为停用词（Stop Words），就如图 10-6 所示内容，发现分词之后有很多无用字符或一些助词，包括语气助词、副词、介词、连接词等，通常自身并无明确的意义，只有将其放入一个完整的句子中才有一定作用，如常见的 "的" "在" 等，这些都需去掉，部分停用词如图 10-7 所示。

图 10-7

利用这些停用词，把微博的评论数据清理一遍，放在新建立的 data_after 列，示例代码如下：

```
# 去停用词
# 读取停用词
```

```
with open('stopword.txt','r',encoding = 'utf-8') as f:  #读取停用词文档
    stop = f.readlines()
#对停用词处理
import re
stop = [re.sub(' |\n|\ufeff','',r) for r in stop]    #替换停用词表的空格等
#去停用词
#把分词之后的文本根据停用词表去掉停用词
data['data_after'] = [[i for i in s if i not in stop] for s in data['data_cut']]
data.head()
```
执行结果如图 10-8 所示。

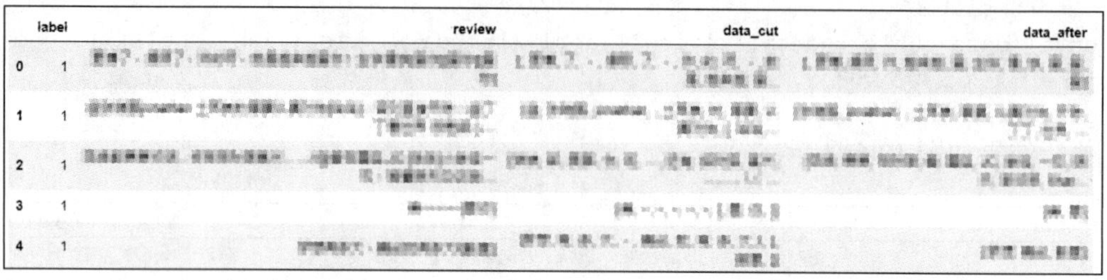

图 10-8

## 10.3.4　词向量

从图 10-8 所示的 data_after 列可以看出，微博数据已经处理得很干净了，尽最大可能保留了原始信息。在自然语言的处理中，需要将语言数据化，以便于机器的识别，从而可进一步使用机器学习算法对数据进行分析。

词向量是将语言中的词转化为向量形式的一种技术，可方便地将一个词转化为一个向量。word2vec 模型是 Google 基于 Distributed Representation 方式开发的词向量模型，利用深度学习思想将词表征为实数值向量的一种高效的算法模型，常运行于聚类、找同义词、词性分析等。本小节用简单的方式实现词向量化，实现思路是先将所有整理后的微博文本整合成一列，再把这些单词按统计出现的次数排序，然后定义转化向量的函数，最后 apply() 方法实现。示例代码如下：

```
#构建词向量矩阵
w = []
for i in data['data_after']:
    w.extend(i)  #将所有词语整合在一起
num_data = pd.DataFrame(pd.Series(w).value_counts()) #计算出所有词语的个数
num_data['id'] = list(range(1,len(num_data)+1))    #把这些数据增加序号
#转化成数字
a = lambda x:list(num_data['id'][x])    #以序号为序定义实现函数
data['vec'] = data['data_after'].apply(a)  #apply（）方法实现
data.head()
```
执行结果如图 10-9 所示。

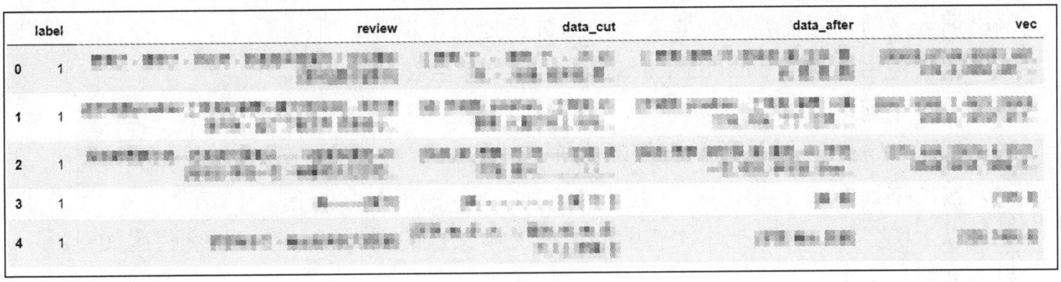

图 10-9

词向量已经完成，接下来利用可视化技术对文本数据进行探讨，这里采用第三方的词云（wordcloud）库进行。wordcloud 是 Python 中一个非常优秀的第三方词云可视化展示库，其工作原理是以词语为基本单位，根据给出的字符串，对词频进行统计，然后以不同的大小显示出来，更加直观和艺术的展示文本。

根据 10.3.1 小节在 TensorFlow 环境中安装好 wordcloud 库。该库把词云当作一个 WordCloud 对象，wordcloud.WordCloud()代表一个文本对应的词云，可以根据文本中词语出现的频率等参数绘制词云，词云的形状、尺寸和颜色都可以设定。具体用法如下。

（1）w=wordcloud.WordCloud()，以 WordCloud 对象为基础进行配置参数、加载文本、输出文件。先配置对象参数，然后加载词云文本，最后输出词云文件，如表 10-1 所示。

表 10-1                              wordcloud 的方法及用法描述

| 方法 | 用法描述 |
| --- | --- |
| w.generate(text) | WordCloud 对象 w 中加载文本 text，如 w.generate(text) |
| w.to_file(filename) | 将词云输出为图像文件，.png 或.jpg 格式，w.to_file("filename.jpg") |

（2）w = wordcloud.WordCloud(参数)，要注意的是输出有中文的时候，使用 WordCloud()指定可以使用的字体，一般在 Windows 操作系统中字体在文件夹: C:\Windows\Fonts 里，可以将其中的字体文件复制到当前的文件夹内或者引用指定该目录字体。其运用的参数及其用法描述如表 10-2 所示。

表 10-2                              参数及其用法描述

| 参数 | 用法描述 |
| --- | --- |
| width | 指定 WordCloud 对象生成图片的宽度，默认 400 像素 |
| height | 指定 WordCloud 对象生成图片的高度，默认 200 像素 |
| min_font_size | 指定词云中字体的最小字号，默认 4 号 |
| max_font_size | 指定词云中字体的最大字号，根据高度调节 |
| font_step | 指定词云中字体字号的步进间隔，默认为 1 |
| font_path | 指定字体文件的路径，默认 None |
| max_words | 指定词云显示的最大单词数量，默认 200 |
| stop_words | 指定词云的排除词列表，即不显示的单词列表 |
| mask | 指定词云形状，默认为长方形，需要引用 imread()函数 |
| background_color | 指定词云图片的背景颜色，默认为黑色 |

输出词云之前，还需要对微博文本数据进行处理，步骤如下：

（1）把去停用词后的 data['data_after'] 词组全部整合在一个列表。

（2）为每个词语计算词频数。

（3）调用 WordCloud()方法，定义好各个参数。

（4）输出词云。

经过以上的步骤，可以把本次实验的微博文本数据的词云画出来。示例代码如下：

```
#构建词云
#加载词云库
from wordcloud import WordCloud
import matplotlib.pyplot as plt
#词频统计
#重组词组
num_words = [''.join(i) for i in data['data_after']] #把所有词组提取出来
num_words = ''.join(num_words)  #词组放在 num_words 上
num_words= re.sub(' ','',num_words)
#计算全部词频
num = pd.Series(jieba.lcut(num_words)).value_counts()
#用 wordcloud 画图
wc_pic = WordCloud(background_color='white',font_path=r'C:\Windows\Fonts\simhei.
ttf').fit_words(num)
plt.figure(figsize=(10,10))  #图片大小定义
plt.imshow(wc_pic)#输出图片
plt.axis('off')#不显示坐标轴
plt.show()
```

执行结果如图 10-10 所示。

图 10-10

## 10.3.5 划分数据集

微博文本数据已经转化成简单的词向量，表示已经完成了文本预处理过程的第一步，接下来将数据划分为训练集与测试集。由于文本与其他数据不一样，需要统一输入句子的长度，这里用 sequence.pad_sequences()方法实现，最后调用 sklearn 包的 train_test_split()函数实现训练集 80%，测试集 20%的划分。示例代码如下：

```
train_X, test_X, train_Y, test_Y = train_test_split(train_data, train_target,
test_size, random_state)
```

参数说明如下：

- train_data：被划分的样本特征集，比如 X。
- train_target：被划分的样本标签，比如 Y。
- test_size：取值范围为 0~1，表示样本占比；如果是整数即样本的数量。
- random_state：是随机数的种子，控制随机状态，有 shuffle 和 stratify 两种。

其中，shuffle：是否打乱数据的顺序，再划分，默认 True。stratify：none 或者 array/series 类型的数据，表示按这列进行分层采样。

这里随机数的种子，本质是该组随机数的编号。在需要重复试验的时候，保证得到一组一样的随机数。示例代码如下：

```
# 数据集划分
from sklearn.model_selection import train_test_split
from keras.preprocessing import sequence

maxlen = 100    #句子长度
vec_data = list(sequence.pad_sequences(data['vec'],maxlen=maxlen))
# 统一文本数据的长度
x,xt,y,yt = train_test_split(vec_data,data['label'],test_size = 0.2,random_state
= 123)    #分割训练集（2-8 原则）
# 转换数据类型
mport numpy as np
x = np.array(list(x))
y = np.array(list(y))
xt = np.array(list(xt))
yt = np.array(list(yt))
```

至此，微博文本预处理已经完成，接下来就可以放到模型中使用了。

## 10.4　支持向量机分类模型

支持向量机（Support Vector Machine，SVM）是一种二分类模型。它的基本模型是定义在特征空间上的间隔最大的线性分类器支持向量机的基本想法是求解能够正确划分训练数据集且几何间隔最大的分离超平面。支持向量机在很多领域成功应用，比如文本分类、图像分类、生物序列分析和生物数据挖掘等领域都有很多的应用。

支持向量机分类
模型

支持向量机算法被视为文本分类中效果较为优秀的一种算法，它是一种建立在统计学理论基础上的机器学习算法。因此本节采用支持向量机对微博文本情感分析数据进行分类。前文已经把数据预处理完毕，运用 sklearn 包的 SVC()函数实现支持向量机分类，其示例代码如下：

```
sklearn.svm.SVC(C=1.0, kernel='rbf', degree=3, gamma=0.0, coef0=0.0,
shrinking=True, probability=False, tol=0.001, cache_size=200, class_weight=None,
verbose=False, max_iter=-1, random_state=None)
```

参数说明如下：

- C：浮点型参数，默认值为 1.0，表示错误项的惩罚系数。C 越大，对分错样本的惩罚程度越大，因此在训练样本中准确率越高，但是泛化能力降低，也即对测试数据的分类准确率降低。相反减小 C，容许训练样本中有一些误分类错误样本，泛化能力强。

- kernel：字符串类型参数，默认值为'rbf '，算法中采用的核函数类型有：'linear'表示线性核函数、'poly'表示多项式核函数、'rbf'表示高斯核函数、'sigmoid'表示 sigmoid 核函数、'precomputed'表示核矩阵。

- degree：整型参数，默认值为 3，这个参数只对多项式核函数有用，表示多项式核函数的阶数。如果给的是其他核函数，则会自动忽略该参数。

- gamma：浮点型参数，默认值为 auto 核函数系数，只对多项式核函数、高斯核函数、sigmoid 核函数有效。如果 gamma 值为 auto，代表该值为样本特征数的倒数。

- coef0：浮点型参数，默认值为 0.0，核函数中的独立项，只有对多项式核函数和 sigmoid 核函数有用。

- shrinking：布尔型参数，默认值为 True，表示是否采用启发式收缩方式。

- probability：布尔型参数，默认值为 False，表示是否启用概率估计。该参数必须在调用 fit()之前启用，并且会使得 fit()方法速度变慢。

- tol：浮点型参数，默认值为 0.001，表示支持向量机的停止训练的误差精度。

- cache_size：浮点型参数，默认值为 200，表示指定训练所需要的内存，以 MB 为单位，默认为 200MB。

- class_weight：字典类型参数或者字符串'balance'，默认值为 None。如果每个类别分别设置不同的惩罚系数 C，则该类别的惩罚系数为 class_weight[i]*C。如果没有设置，则所有类别的惩罚系数 C=1，即前面参数指出的系数 C。如果给定参数为'balance'，则使用 $y$ 的值自动调整与输入数据中的类频率成反比的权重。

- verbose：布尔型参数，默认值为 False，表示是否启用详细输出。在运用 libsvm 中的每个进程运行时设置，如果启用，可能无法在多线程上下文中正常工作。一般情况都设为 False。

- max_iter：整型参数，默认值为–1，表示最大迭代次数。如果为–1，表示不限制。

- random_state：整型参数，默认值为 None，表示伪随机数发生器的种子。

本节采用的核函数为线性分类器，调用 sklearn 库的 classification_report()方法得分类效果，采用最简单的线性分类器，其他均为默认。示例代码如下：

```
from sklearn.svm import SVC
clf = SVC(C=1, kernel = 'linear')  #用线性分类器
clf.fit(x,y)    #模型训练
#调用报告
from sklearn.metrics import classification_report
test_pre = clf.predict(xt)   # 模型预测
report = classification_report(yt,test_pre)    #预测结果
print(report)
```

执行结果如下：

```
           precision    recall  f1-score   support
        0       0.51      0.53      0.52     11895
        1       0.52      0.51      0.51     12103
 accuracy                          0.52     23998
macro avg       0.52      0.52      0.52     23998
weighted avg    0.52      0.52      0.52     23998
```

由以上结果可以看出，准确率为 0.52，分类结果效果不是很好。

## 10.5 基于 LSTM 的分类模型

首先我们采用 TensorFlow 2.0 中的 Keras 模块下的堆叠层模型，构建长短期记忆神经网络模型（LSTM）。由于处理的是文本序列问题，故在处理的时候需要有一个输入层，也叫单词表示层，单词的表示向量可以直接通过训练的方式得到，输入层负责把单词编码为某个向量。

基于 LSTM 网络的
分类模型

其堆叠顺序一般为：输入层（Embedding 层）—隐含层（全连接层和 LSTM 层）—输出层（全连接层和输出层）。其一般理解为：输入层主要确定网络的输入数据形态，隐含层主要是对输入数据提取特征处理，输出层即数据按照网络输出要求进行一维向量化处理（由于是二分类问题，故只需 1 层输出），并通过类似一般神经网络的方式进行全连接并输出预测结果。示例代码如下：

```
#模型构建
model = Sequential()
model.add(Embedding(len(num_data['id'])+1,256))    #输入层，词向量表示层
model.add(Dense(32, activation='sigmoid', input_dim=100))  #全连接层，32 层
model.add(LSTM(128))   #LSTM 层
model.add(Dense(1))   #全连接层-输出层
model.add(Activation('sigmoid'))     #输出层的激活函数
model.summary()   #输出获得模型信息
```

执行结果如下：

```
Model: "sequential_1"
```

| Layer (type) | Output Shape | Param # |
| --- | --- | --- |
| embedding_1 (Embedding) | (None, None, 256) | 51434240 |
| dense_1 (Dense) | (None, None, 32) | 8224 |
| lstm_1 (LSTM) | (None, 128) | 82432 |
| dense_2 (Dense) | (None, 1) | 129 |
| activation_1 (Activation) | (None, 1) | 0 |

```
Total params: 51,525,025
Trainable params: 51,525,025
Non-trainable params: 0
```

通过以上模型结果，我们可以了解模型的各层信息，包括数据的输出形态、训练参数等，从而对模型有一个较为直观的认识。

还可以用 plot_model(model, to_file) 的方法把模型画出来，plot_model(model, to_file='model.png')，这里的 plot_model 接收两个可选参数。

show_shapes：指定是否显示输出数据的形状，默认为 False。

show_layer_names：指定是否显示层名称，默认为 True。

本次实验 show_shapes 为 True。示例代码如下：

```python
#模型的画图表示
import matplotlib.pyplot as plt
import matplotlib.image as mpimg
from keras.utils import plot_model
plot_model(model,to_file='Lstm.png',show_shapes=True)
ls = mpimg.imread('Lstm.png') # 读取和代码处于同一目录下的 Lstm.png
plt.imshow(ls) # 显示图片
plt.axis('off') # 不显示坐标轴
plt.show()
```

执行结果如图 10-11 所示。

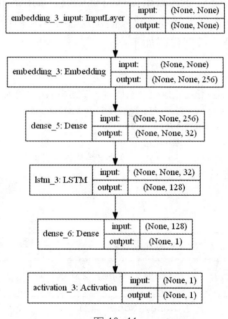

图 10-11

其次，设计模型的优化器、损失函数和评估方法。采用 Adam 优化器，损失函数采用分类交叉熵函数、模型评估方法采用预测精度。示例代码如下：

```python
model.compile(optimizer='adam',
              loss='sparse_categorical_crossentropy',
              metrics=['accuracy'])
```

再次，对模型进行训练及评估。比如对训练数据做 15 次迭代训练，并对测试数据的预测准确率进行评估。示例代码如下：

```python
#训练模型
model.fit(x,y,validation_data=(x,y),epochs=15)
```

执行结果如下：

```
Train on 95990 samples, validate on 95990 samples
Epoch 1/15
95990/95990 [==============================] - 376s 4ms/step - loss: 0.1171 -
accuracy: 0.9623 - val_loss: 0.0679 - val_accuracy: 0.9822
```

```
    Epoch 2/15
    95990/95990 [==============================] - 374s 4ms/step - loss: 0.0723 -
accuracy: 0.9801 - val_loss: 0.0613 - val_accuracy: 0.9821
    Epoch 3/15
    95990/95990 [==============================] - 374s 4ms/step - loss: 0.0596 -
accuracy: 0.9813 - val_loss: 0.0468 - val_accuracy: 0.9827
    Epoch 4/15
    95990/95990 [==============================] - 374s 4ms/step - loss: 0.0472 -
accuracy: 0.9827 - val_loss: 0.0466 - val_accuracy: 0.9825
    Epoch 5/15
    95990/95990 [==============================] - 372s 4ms/step - loss: 0.0414 -
accuracy: 0.9836 - val_loss: 0.0316 - val_accuracy: 0.9869
    Epoch 6/15
    95990/95990 [==============================] - 371s 4ms/step - loss: 0.0356 -
accuracy: 0.9842 - val_loss: 0.0276 - val_accuracy: 0.9863
    Epoch 7/15
    95990/95990 [==============================] - 371s 4ms/step - loss: 0.0302 -
accuracy: 0.9850 - val_loss: 0.0234 - val_accuracy: 0.9871
    Epoch 8/15
    95990/95990 [==============================] - 371s 4ms/step - loss: 0.0268 -
accuracy: 0.9860 - val_loss: 0.0225 - val_accuracy: 0.9882
    Epoch 9/15
    95990/95990 [==============================] - 371s 4ms/step - loss: 0.0250 -
accuracy: 0.9866 - val_loss: 0.0197 - val_accuracy: 0.9888
    Epoch 10/15
    95990/95990 [==============================] - 371s 4ms/step - loss: 0.0234 -
accuracy: 0.9867 - val_loss: 0.0205 - val_accuracy: 0.9888
    Epoch 11/15
    95990/95990 [==============================] - 371s 4ms/step - loss: 0.0222 -
accuracy: 0.9874 - val_loss: 0.0203 - val_accuracy: 0.9891
    Epoch 12/15
    95990/95990 [==============================] - 371s 4ms/step - loss: 0.0218 -
accuracy: 0.9879 - val_loss: 0.0178 - val_accuracy: 0.9894
    Epoch 13/15
    95990/95990 [==============================] - 371s 4ms/step - loss: 0.0201 -
accuracy: 0.9879 - val_loss: 0.0175 - val_accuracy: 0.9895
    Epoch 14/15
    95990/95990 [==============================] - 380s 4ms/step - loss: 0.0197 -
accuracy: 0.9881 - val_loss: 0.0171 - val_accuracy: 0.9895
    Epoch 15/15
    95990/95990 [==============================] - 387s 4ms/step - loss: 0.0192 -
accuracy: 0.9886 - val_loss: 0.0171 - val_accuracy: 0.9895
```

通过以上输出结果，可以看出每次训练迭代的预测准确率，并且训练结束之后获得了最终模型的预测准确率。

最后，利用训练好的模型进行预测对测试数据集进行预测，用 evaluate()方法实现。示例代码如下：

```
#模型验证
loss,accuracy=model.evaluate(xt,yt,batch_size=12)  # 测试集评估
```

```
print('Test loss:',loss)
print('Test accuracy:', accuracy)
```
执行结果如下：
```
23998/23998 [==============================] - 36s 2ms/step
Test loss: 0.20767155957623196
Test accuracy: 0.9594132900238037
```
可以看出，预测的准确率为 0.959，比支持向量机效果好很多。

## 本章小结

本章介绍了微博文本情感分类问题的机器学习算法与深度学习算法。对微博文本处理的预处理包括分词、去停用词、词向量等与处理操作问题，文本预处理完成之后，运用两类模型进行分类。在机器学习方面，我们介绍支持向量机分类模型及其实现，发现其效果不是很好，进而介绍 LSTM 模型，给出其模型搭建情况，分类效果良好。

## 本章练习

试利用本章给的微博文本数据，用朴素贝叶斯分类方法和 CNN 模型来实现微博文本情感分析。

# 第 **11** 章　基于水色图像的水质评价

图像识别，在实现中具有广泛应用，比如人脸识别、指纹识别、机器视觉、安防监控、农产品分拣、医疗诊断等。图像属于非结构化数据，需要使用专门的工具包进行图像读取及数据处理。本章使用 Anaconda 自带的 pillow 包（简称 PIL 包）进行读取及处理，避免了使用更复杂的图像处理工具。对于图像识别，通常有两种处理方法：一种是对图像提取特征后，利用常见的分类模型进行识别，比如支持向量机、神经网络、逻辑回归等；另一种是利用深度学习模型直接对图像进行分类识别，这类模型具有自提取特征的机制，比如卷积神经网络深度学习模型。本章将介绍这两种处理方法。下面将从案例背景、案例目标及实现思路、数据获取、指标计算、模型构建与实现等方面进行详细介绍。

## 11.1　案例背景

图像是广泛存在的一类数据，图像识别在各个领域均有丰富的应用案例。在水养殖业中，水体生态系统中存在着各种浮游植物、动物与各类微生物，其动态平衡尤为重要。一般地，这些大多是通过有经验的专家肉眼观察来进行判断，存在一定的主观性和不易推广应用。本章基于数字图像处理技术和机器学习、深度学习方法，以专家经验为基础对水色图像进行优劣分级，并以专家标注的水色图像作为模型的训练数据集，最终实现对水色图像的快速判别。

本案例将水色分为五类：第 1 类为浅绿色，采集了 51 张图片；第 2 类为灰蓝色，采集了 44 张图片；第 3 类为黄褐色，采集了 78 张图片；第 4 类为茶褐色，采集了 24 张图片；第 5 类为绿色，采集了 6 张图片。图片总数为 203 张，其中图片大小不统一。

对 5 种类型共 203 张图片，按照 80%训练、20%测试进行随机划分，构建基于水色图像的水质分类识别模型，并对测试图片进行分类识别，最后计算模型的预测准确率，从而为实际应用提供一定的参考价值。

## 11.2　案例目标及实现思路

本案例的主要目标包括掌握使用 PIL 包读取图像并进行简单处理的方法、掌握图像的颜色特征提取及计算方法，掌握基于支持向量机的水色图像分类识别模型和基于卷积神经网络的水色图像分类识别模型。基本的实现思路如图 11-1 所示。

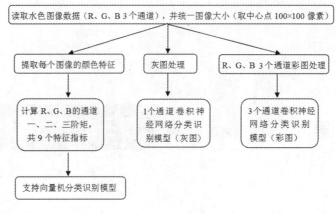

图 11-1

## 11.3 数据获取与探索

首先，我们了解一下原始图片数据文件，方便对图片数据进行批量读取。该图片文件夹数据如图 11-2 所示。

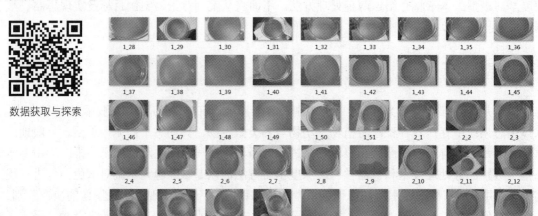

图 11-2

图片文件的命名有一定的规律，图片的命名为 x_x.jpg，下划线前面的数字为水色类别编号，即类别标签，下划线后面的数字为图片编号。

其次，批量读取图片文件路径。可以通过系统中的 listdir() 函数获得文件夹下的所有文件名，并通过文件夹路径字符串和图片文件名的字符串获得指定图片的完整路径，就可以对所有图片文件进行读取和处理了。下面演示获得文件夹下的第 1 张图片完整路径，示例代码如下：

```
import os
file='F:\\新教材资料\\水色图像水质评价\\图片'
d=os.listdir(file)      #所有图片文件名
path=file+'\\'+d[0]     #第一个图片文件的完整路径
print(path)
```

执行结果如下：

F:\新教材资料\水色图像水质评价\图片\1_1.jpg

最后，利用 PIL 包和 matplotlib 绘图包可以进行图片的读取、处理及显示。下面以文件夹下第 1 张图片为例，介绍图片的读取、更改大小、获取 RGB 通道数据、灰度处理、图片显示等基本知识。示例代码如下：

```
from PIL import Image
import numpy as np
img=Image.open(path)   #读取图片，返回数据包括 RGB 通道
img=img.resize((60,60)) #更改图片大小
im=img.split()          #分离 RGBA 通道
R=im[0]
G=im[1]
B=im[2]
img1=img.convert('L')  #转化为灰图
img1=np.array(img1)    #将图像类型转换为整型
import matplotlib.pyplot as plt
plt.imshow(img1,cmap='gray')
plt.show()  #显示灰图
```

执行结果如图 11-3 和图 11-4 所示。

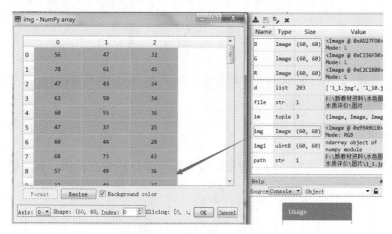

图 11-3

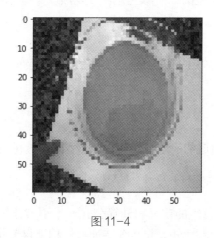

图 11-4

## 11.4 支持向量机分类识别模型

支持向量机分类
识别模型

本节首先提取每个图片的 RGB 通道的一阶、二阶、三阶矩，共 9 个特征指标作为自变量。其次从水色图像文件名中获取其类型编号作为因变量。最后按照 80%训练、20%测试随机划分图像数据集，构建支持向量机分类识别模型，并对测试图像的类型编号进行预测及计算预测准确率。

### 11.4.1 颜色特征计算方法

图像的特征很多，主要包括颜色、纹理、形状和空间关系等。与其他特征相比，颜色特征更为稳健且不敏感，具有较强的鲁棒性。这里主要介绍图片的颜色特征，包括 R、G、B 3 个通道的一阶、二阶、三阶矩。

#### 1．一阶颜色矩

一阶颜色矩采用一阶原点矩，反映图像的整体明暗程度，其公式如下：

$$E_i = \frac{1}{N}\sum_{j=1}^{N} p_{ij}$$

其中，$E_i$ 为第 $i$ 个颜色通道的一阶颜色矩，对于 RGB 图像来说，$i = 1,2,3$，$p_{ij}$ 为第 $j$ 个像素的第 $i$ 个颜色通道的颜色值。

#### 2．二阶颜色矩

二阶颜色矩采用二阶中心矩的平方根，反映图像颜色的分布范围，其公式如下：

$$\sigma_i = \sqrt{\frac{1}{N}\sum_{j=1}^{N}(p_{ij} - E_i)^2}$$

其中，$\sigma_i$ 为第 $i$ 个颜色通道的二阶颜色矩，$E_i$ 为第 $i$ 个颜色通道的一阶颜色矩。

#### 3．三阶颜色矩

三阶颜色矩采用三阶中心矩的立方根，反映图像颜色分布的对称性，其公式如下：

$$s_i = \sqrt[3]{\frac{1}{N}\sum_{j=1}^{N}(p_{ij} - E_i)^3}$$

其中，$s_i$ 为第 $i$ 个颜色通道的三阶颜色矩，$E_i$ 为第 $i$ 个颜色通道的一阶颜色矩。

### 11.4.2 自变量与因变量计算

根据 11.4.1 小节关于颜色矩的定义和计算公式，本小节计算每张图片的 R、G、B 三个颜色通道的一阶、二阶、三阶颜色矩，共 9 个特征指标构造自变量 X。其中在计算 X 的时候，为了统一图像大小及获得具有代表性的像素矩阵,取图像中心点 100 像素×100 像素的矩阵进行计算,同时对像素值进行了标准化处理,即归一化。另外通过图片文件命名规律,截取每个图片的类别编号即可构造因变量 Y。示例代码如下:

```
from PIL import Image
import numpy as np
import os
path='F:\\新教材资料\\水色图像水质评价\\图片'
d=os.listdir(path)                    #获取图片文件夹下所有图像文件名
X=np.zeros((len(d),9))                #预定义自变量,即9个颜色矩特征指标
Y=np.zeros(len(d))                    #预定义因变量,即水色类别
for i in range(len(d)):
  img = Image.open(path+'\\'+d[i])           #读取第 i 张图像
  im= img.split()                            #分离 RGBA 通道
  R=np.array(im[0])/255                       #R 通道(除 255 为像素值归一化)
  #获得图像中心点 100×100 像素的索引范围
  row_1=int(R.shape[0]/2)-50
  row_2=int(R.shape[0]/2)+50
  con_1=int(R.shape[1]/2)-50
  con_2=int(R.shape[1]/2)+50
  R=R[row_1:row_2,con_1:con_2]      #R 通道中心点 100×100 像素
  G=np.array(im[1])/255             #G 通道
  G=G[row_1:row_2,con_1:con_2]      #G 通道中心点 100×100 像素
  B=np.array(im[2])/255             #B 通道
  B=B[row_1:row_2,con_1:con_2]      #B 通道中心点 100×100 像素
  # R,G,B 一阶颜色矩
  r1=np.mean(R)
  g1=np.mean(G)
  b1=np.mean(B)
  # R,G,B 二阶颜色矩
  r2=np.std(R)
  g2=np.std(G)
  b2=np.std(B)
  a=np.mean(abs(R - R.mean())**3)
  b=np.mean(abs(G - G.mean())**3)
  c=np.mean(abs(B - B.mean())**3)
  #R,G,B 三阶颜色矩
  r3=a**(1./3)
  g3=b**(1./3)
  b3=c**(1./3)
  #赋给预定义的自变量 X
  X[i,0]=r1
  X[i,1]=g1
  X[i,2]=b1
  X[i,3]=r2
  X[i,4]=g2
  X[i,5]=b2
  X[i,6]=r3
  X[i,7]=g3
  X[i,8]=b3
```

```
#从图片文件名中，截取图片类型编号，构造因变量，赋给预定义的 Y
png_name=d[i]
I=png_name.find('_',0,len(png_name))
Y[i]=int(png_name[:I])
```

执行结果如图 11-5 所示。

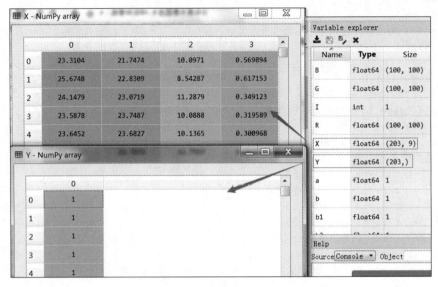

图 11-5

如图 11-5 所示，我们获取了 203 张图片的一阶、二阶、三阶颜色矩共 9 个特征指标数据并构造为自变量($X$)，同样也获得了 203 张图片的类别编号并构造为因变量($Y$)。下面就可以基于 $X$ 与 $Y$，构建支持向量机分类识别模型了。

### 11.4.3 模型实现

基于 11.4.2 小节计算得到的自变量（$X$）与因变量（$Y$）数据，按照 80%训练、20%测试，构建训练数据集和测试数据集，并利用支持向量机分类识别模型进行训练与预测，并计算预测准确率，示例代码如下：

```
#按 80%训练，20%测试，构建训练数据集和测试数据集
from sklearn.model_selection import train_test_split
x_train, x_test, y_train, y_test = train_test_split(X, Y, test_size=0.2,
random_state=4)

from sklearn.svm import SVC
clf = SVC(class_weight='balanced')#类标签平衡策略
clf.fit(x_train, y_train)
y1=clf.predict(x_test) #对测试数据进行预测，并获得预测结果
r=y1-y_test            #预测值与真实值相减
v=len(r[r==0])/len(y1) #预测值与真实值相减为 0，即预测准确，统计其准确率
print('预测准确率： ',v)
```

执行结果如下：

预测准确率：  0.21951219512195122

从预测结果可以看出，利用支持向量机分类识别模型对水色类型识别准确率仅为

21.95%，远远达不到应用的需求。是我们的特征计算出错了呢？还是特征指标数据本身区分度就很低呢？通过分析我们发现，特征指标数据归一化后其取值范围在 0~1，同时确实存在特征指标数据之间区分度较低的情形，如果直接输入支持向量机分类识别模型也会造成彼此之间区分度低，从而造成预测准确率较低。这里对所有特征指标数据都乘以一个适当的常数 $k$，经过测试 $k=40$ 时，获得了较优的预测准确率。将以上的特征指标数据都乘以 40，重新利用支持向量机分类识别模型进行分类识别。示例代码如下：

```python
#按80%训练，20%测试，构建训练数据集和测试数据集
from sklearn.model_selection import train_test_split
x_train, x_test, y_train, y_test = train_test_split(X, Y, test_size=0.2,
                                                    random_state=4)

from sklearn.svm import SVC
clf = SVC(class_weight='balanced')#类标签平衡策略
clf.fit(x_train*40, y_train)
y1=clf.predict(x_test*40) #对测试数据进行预测，并获得预测结果
r=y1-y_test              #预测值与真实值相减
v=len(r[r==0])/len(y1)   #预测值与真实值相减为0，即预测准确，统计其准确率
print('预测准确率：',v)
```

执行结果如下：

```
预测准确率：  0.975609756097561
```

将特征指标数据都乘以 40 之后，其预测精度达到了 97.56%，完全达到了应用需求。实际上在图像识别领域，图像特征的提取与处理是最关键的环节，更决定着模型是否能成功。一般地，图像特征除了颜色特征，还包括纹理、形状等特征，其计算方法的复杂性与适用性要根据实际问题决定。下面我们将介绍一种自身具备特征提取机制的图像识别模型——卷积神经网络识别模型，包括处理灰图和彩图两种形式，希望读者通过本案例能掌握卷积神经网络在图像识别中的基本应用。

## 11.5　卷积神经网络分类识别模型：灰图

本节主要介绍在对水色图像进行灰图处理后，利用卷积神经网络对灰图进行分类识别的方法，包括图片数据处理与模型实现两部分内容。需要说明的是本节和 11.6 节需要在 TensorFlow 环境下安装 Python 的图像处理包 pillow（简称 PIL 包），安装方法参考 6.3.1 小节，即搜索 pillow 包进行安装即可，PIL 包即为 Python 的图像处理包。

卷积神经网络分
类识别模型：灰图

### 11.5.1　数据处理

这里我们构造了卷积神经网络模型所需要的输入数据和输出数据，其中输入数据为所有灰图数据。本例共有 203 张图片，统一取图像中心点 100×100 像素，并灰度化和归一化，则所有灰图数据可以用一个三维数组来存储，其形态为（203,100,100），记为 $X$。输出数据为水色类型，依次为浅绿色、灰蓝色、黄褐色、茶褐色、绿色，类型编号为 0、1、2、3、4，记为 $Y$。

示例代码如下：

```python
import numpy as np
```

```python
import os
from PIL import Image

file='F:\\新教材资料\\水色图像水质评价\\图片'
d=os.listdir(file)              #文件夹所有图片文件名
X=np.zeros((len(d),100,100))    #预定义输入数据
Y=np.zeros(len(d))              #预定义输出数据
for i in range(len(d)):
    img = Image.open(file+'\\'+d[i])  #读取第i张图片
    img=img.convert('L')              #灰度化
    td=np.array(img)                  #转换为数值数组
    #获得图像中心点100*100像素的索引范围
    row_1=int(td.shape[0]/2)-50
    row_2=int(td.shape[0]/2)+50
    con_1=int(td.shape[1]/2)-50
    con_2=int(td.shape[1]/2)+50
    td=td[row_1:row_2,con_1:con_2]
    X[i]=td/255                       #归一化

    #构造输出数据，水色类别编号
    filename=d[i]
    I=filename.find('_',0,len(filename))
    if int(filename[:I])==1:
        Y[i]=0
    elif int(filename[:I])==2:
        Y[i]=1
    elif int(filename[:I])==3:
        Y[i]=2
    elif int(filename[:I])==4:
        Y[i]=3
    else:
        Y[i]=4
```

执行结果如图 11-6 所示。

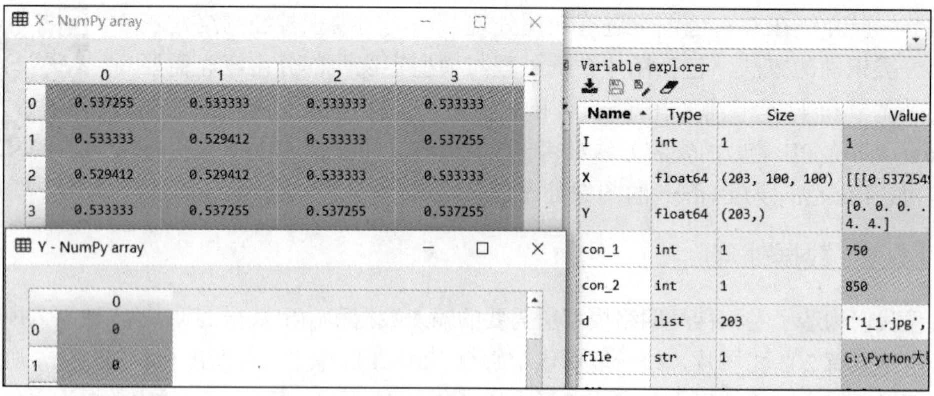

图 11-6

为了更好地评估模型，对模型输入数据（$X$）和输出数据（$Y$）按 80%训练、20%测试，随机划分训练集和测试集，示例代码如下：

```
from sklearn.model_selection import train_test_split
x_train, x_test, y_train, y_test = train_test_split(X, Y, test_size=0.2,
                                                    random_state=4)
```

执行结果如图 11-7 所示。

| rv | float | 1 | 0.6829268292682... |
|---|---|---|---|
| td | uint8 | (100, 100) | [[144 145 144 ...<br>[144 146 144 ... |
| x_test | float64 | (41, 100, 100) | [[[0.54901961 0... |
| x_train | float64 | (162, 100, 100) | [[[0.49019608 0... |
| y1 | int64 | (41,) | [0 0 2 ... 2 2<br>2] |
| y_test | float64 | (41,) | [0. 2. 2. ... 2.<br>2. 1.] |
| y_train | float64 | (162,) | [2. 0. 1. ... 3.<br>3. 2.] |
| yy | float32 | (41, 6) | [[7.3389524e-01... |

图 11-7

## 11.5.2 模型实现

首先，我们采用 TensorFlow2.0 中的 Keras 模块下的堆叠模型，构建多层卷积神经网络识别模型。其堆叠顺序一般为：输入层——隐含层（一个或多个卷积层和池化层的组合）——输出层（展平层、全连接层和输出层）。其一般理解为，输入层主要确定网络的输入数据形态，隐含层主要是对输入数据提取特征（卷积）并降维（池化）处理，输出层即对降维处理后的特征数据按照网络输出要求进行一维向量化（展平）处理，并通过类似一般神经网络的方式进行全连接并输出预测结果。示例代码如下：

```
from tensorflow.keras import layers, models
#构建堆叠模型
model = models.Sequential()
#设置输入形态
model.add(layers.Reshape((100,100,1),input_shape=(100,100)))
#第一个卷积层，卷积神经元个数为32，卷积核大小为3*，默认可省
model.add(layers.Conv2D(32, (3, 3),strides=(1,1),activation='relu'))
#紧接着的第一个池化层，2*2池化，步长为2，默认可省
model.add(layers.MaxPooling2D((2, 2),strides=2))
#第二个卷积层
model.add(layers.Conv2D(64, (3, 3), activation='relu'))
#第二个池化层
model.add(layers.MaxPooling2D((2, 2)))
#第三个卷积层
model.add(layers.Conv2D(64, (3, 3), activation='relu'))
#展平
model.add(layers.Flatten())
#全连接层
model.add(layers.Dense(64, activation='relu'))
#输出层
model.add(layers.Dense(5, activation='softmax'))
#打印获得模型信息
model.summary()
```

执行结果如图 11-8 所示。

```
Model: "sequential_9"

Layer (type)                   Output Shape              Param #
=================================================================
reshape_9 (Reshape)            (None, 100, 100, 1)       0

conv2d_27 (Conv2D)             (None, 98, 98, 32)        320

max_pooling2d_18 (MaxPooling   (None, 49, 49, 32)        0

conv2d_28 (Conv2D)             (None, 47, 47, 64)        18496

max_pooling2d_19 (MaxPooling   (None, 23, 23, 64)        0

conv2d_29 (Conv2D)             (None, 21, 21, 64)        36928

flatten_9 (Flatten)            (None, 28224)             0

dense_18 (Dense)               (None, 64)                1806400

dense_19 (Dense)               (None, 6)                 390
=================================================================
Total params: 1,862,534
Trainable params: 1,862,534
Non-trainable params: 0
```

图 11-8

通过图 11-8 所示的结果，我们可以了解到模型的各层信息，包括数据的输出形态、训练参数等，从而对模型有一个较为直观的认识。

其次，设计模型的优化器、损失函数和评估方法。比如采用 Adam 优化器，损失函数采用分类交叉熵函数、模型评估方法采用预测精度。示例代码如下：

```
model.compile(optimizer='adam',
              loss='sparse_categorical_crossentropy',
              metrics=['accuracy'])
```

然后，对模型进行训练及评估。例如对训练数据做 200 次迭代训练，并对测试数据的预测准确率进行评估。示例代码如下：

```
model.fit(x_train, y_train, epochs=200)
model.evaluate(x_test,  y_test,verbose=2)
```

执行结果如图 11-9 所示。

```
Epoch 194/200
162/162 [==============================] - 1s 7ms/sample - loss: 0.8227 - accuracy: 0.6852
Epoch 195/200
162/162 [==============================] - 1s 7ms/sample - loss: 1.1129 - accuracy: 0.5494
Epoch 196/200
162/162 [==============================] - 1s 7ms/sample - loss: 0.9969 - accuracy: 0.5494
Epoch 197/200
162/162 [==============================] - 1s 7ms/sample - loss: 0.8451 - accuracy: 0.6173
Epoch 198/200
162/162 [==============================] - 1s 7ms/sample - loss: 0.8233 - accuracy: 0.6790
Epoch 199/200
162/162 [==============================] - 1s 7ms/sample - loss: 0.8247 - accuracy: 0.6728
Epoch 200/200
162/162 [==============================] - 1s 7ms/sample - loss: 0.8167 - accuracy: 0.6481
41/41 - 0s - loss: 0.7063 - accuracy: 0.6829
预测准确率：  0.6829268292682927
```

图 11-9

通过图 11-9 所示的结果，我们可以看出每次训练迭代的预测准确率，并且训练结束之后获得了最终模型的预测准确率。最终模型对测试数据集的预测准确率为 0.6829。

最后，可以利用训练好的模型进行预测。例如利用训练好的模型对测试数据集进行预测。示例代码如下：

```
yy=model.predict(x_test)    #获得预测结果概率矩阵
y1=np.argmax(yy,axis=1)     #获得最终预测结果，取概率最大的类标签
r=y1-y_test                 #预测结果与实际结果相减
rv=len(r[r==0])/len(r)      #计算预测准确率
print('预测准确率: ',rv)
```

执行结果如下：

预测准确率:　0.6829

从如上结果我们可以看出，预测的准确率与图 11-9 所示的一致。我们也可以观察预测结果概率矩阵数据，了解其实际形态，方便模型的应用。预测结果概率矩阵如图 11-10 所示。

| ⊞ yy - NumPy array | | | | | | — □ × |
|---|---|---|---|---|---|---|
| | 0 | 1 | 2 | 3 | 4 | 5 |
| 0 | 0.733895 | 0.139061 | 0.117424 | 3.57833e-06 | 0.00961554 | 8.27396e-07 |
| 1 | 0.559554 | 0.19657 | 0.229785 | 3.35625e-05 | 0.0140504 | 6.64023e-06 |
| 2 | 0.038989 | 0.187126 | 0.755453 | 0.00260805 | 0.0157929 | 3.05109e-05 |

图 11-10

第一个测试样本预测结果为类别 0 的概率最大，达到 0.733895。第三个测试样本预测结果为类别 2 的概率也为最大，在 0.755453 以上。

## 11.6　卷积神经网络识别模型：彩图

本节将基于水色图像彩色图片，介绍利用卷积神经网络对彩图进行分类识别的方法，包括图片数据处理与模型实现两部分内容。

### 11.6.1　数据处理

这里我们构造卷积神经网络模型所需要的输入数据和输出数据，其中输入数据为所有彩图数据。本例共有 203 张图片，统一取图像中心点 $100 \times 100$ 像素，共有 R、G、B 三个通道，并对每个通道像素值归一化，与灰图仅有一个通道不同，彩图有 3 个通道，故所有彩图数据可以用一个四维数组来存储，其形态为（203,100,100,3），记为 $X$。输出数据为水色类型，依次为浅绿色、灰蓝色、黄褐色、茶褐色、绿色，类型编号为 0、1、2、3、4，记为 $Y$，与灰图一致。示例代码如下：

卷积神经网络识别模型：彩图

```
import numpy as np
import os
from PIL import Image

file='F:\\新教材资料\\水色图像水质评价\\图片'
d=os.listdir(file)                 #文件夹所有图片文件名
X=np.zeros((len(d),100,100,3))     #预定义输入数据
Y=np.zeros(len(d))                 #预定义输出数据
for i in range(len(d)):
  img = Image.open(file+'\\'+d[i]) #读取第 i 张图片, #img 有 R,G,B 三个通道
```

```
im= img.split()                           #分离 RGB 颜色通道
R=np.array(im[0])                         #R 通道
row_1=int(R.shape[0]/2)-50
row_2=int(R.shape[0]/2)+50
con_1=int(R.shape[1]/2)-50
con_2=int(R.shape[1]/2)+50
R=R[row_1:row_2,con_1:con_2]
G=np.array(im[1])                             #G 通道
G=G[row_1:row_2,con_1:con_2]
B=np.array(im[2])                             #B 通道
B=B[row_1:row_2,con_1:con_2]
#取 R,G,B 通道即可，并归一化
X[i,:,:,0]=R/255
X[i,:,:,1]=G/255
X[i,:,:,2]=B/255

#构造输出数据，水色类别编号
s=d[i]
I=s.find('_',0,len(s))
if int(s[:I])==1:
    Y[i]=0
elif int(s[:I])==2:
    Y[i]=1
elif int(s[:I])==3:
    Y[i]=2
elif int(s[:I])==4:
    Y[i]=3
else:
    Y[i]=4
```

执行结果如图 11-11 所示。

图 11-11

由于 $X$ 为四维数组，Spyder 不支持查看。我们可以通过控制台来对 $X$ 的部分数据进行探索及分析，比如访问第 1 张图片，记为 $X1=X[1]$。操作截图如图 11-12 所示。

图 11-12

与 11.5 节类似，为了评估模型的效果，下面对输入数据（*X*）和输出数据（*Y*），按训练 80%、测试 20%随机划分，示例代码如下：

```
from sklearn.model_selection import train_test_split
x_train, x_test, y_train, y_test = train_test_split(X, Y, test_size=0.2,
                                    random_state=4)
```

执行结果如图 11-13 所示。

| x_test | Array of float64 | (41, 100, 100, 3) | [[[[0.63529412 0.56470588 0.24313725]<br>[0.63137255 0.56470588 0.2431 ... |
| x_train | Array of float64 | (162, 100, 100, 3) | [[[[0.57254902 0.50588235 0.19215686]<br>[0.57254902 0.50588235 0.1921 ... |
| y1 | Array of int64 | (41,) | [0 2 2 ... 2 2 1] |
| y_test | Array of float64 | (41,) | [0. 2. 2. ... 2. 2. 1.] |
| y_train | Array of float64 | (162,) | [2. 0. 1. ... 3. 3. 2.] |

图 11-13

## 11.6.2　模型实现

与 11.5 节类似，我们仍采用 TensorFlow 2.0 中的 Keras 模块下的堆叠模型，构建多层卷积神经网络识别模型，不同的是输入形态的设计。我们可以直接在第一个卷积层设置其输入形态，它为 3 个通道的彩色图片数据。示例代码如下：

```
from tensorflow.keras import layers, models
model = models.Sequential()
#第一个卷积层，卷积神经元个数为 32，卷积核大小为 3×，默认可省
model.add(layers.Conv2D(32, (3, 3),strides=(1,1),activation='relu',
                    input_shape=(100, 100,3)))
#紧接着的第一个池化层，2×2 池化，步长为 2，默认可缺省
model.add(layers.MaxPooling2D((2, 2),strides=2))
#第二个卷积层
model.add(layers.Conv2D(64, (3, 3), activation='relu'))
#第二个池化层
model.add(layers.MaxPooling2D((2, 2)))
#第三个卷积层
model.add(layers.Conv2D(64, (3, 3), activation='relu'))
#展平
model.add(layers.Flatten())
#全连接层
model.add(layers.Dense(64, activation='relu'))
#输出层
model.add(layers.Dense(5, activation='softmax'))
```

模型优化器、损失函数和评估方法，仍然采用 adam 优化器、分类交叉熵函数和预测准确率。示例代码如下：

```
model.compile(optimizer='adam',
            loss='sparse_categorical_crossentropy',metrics=['accuracy'])
```

对于模型评估，我们对训练数据进行 500 次迭代训练，并输出测试数据集的预测准确率，示例代码如下：

```
model.fit(x_train, y_train, epochs=500)
model.evaluate(x_test, y_test, verbose=2)'
```

执行结果如图 11-14 所示。

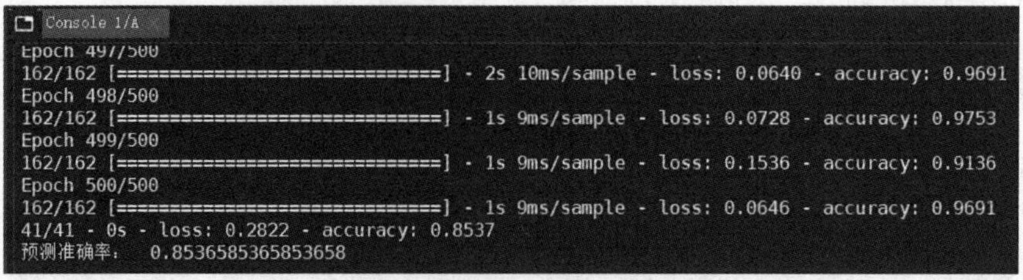

图 11-14

从图 11-14 可以看出，训练迭代 500 次之后，测试数据集的准确率达到了 0.8537。实际上，我们也可以使用模型的 predict 函数对测试数据集进行预测，其预测结果一致。示例代码如下：

```
yy=model.predict(x_test)    #获得预测结果概率矩阵
y1=np.argmax(yy,axis=1)     #获得最终预测结果，取概率最大的类标签
r=y1-y_test                 #预测结果与实际结果相减
rv=len(r[r==0])/len(r)      #计算预测准确率
print('预测准确率: ',rv)
```

执行结果如下：

预测准确率: 0.8536.

通过对比可以发现，利用卷积神经网络识别模型对水色图像进行分类识别的准确度要比特征值未乘系数的支持向量机分类识别模型要高得多，但是在特征值乘以系数 40 之后的支持向量机分类识别模型分类识别准确度更优。实际上，本章案例的特征指标数据区分度较低，而支持向量机分类识别模型经过了优化，并且采用了较为稳定且有针对性的颜色特征，因此支持向量机分类识别模型获得了更好的分类效果。对于卷积神经网络识别模型，本章提供了一个通用型的实现框架，旨在帮助读者掌握利用卷积神经网络进行图像识别的基本技能，更高级的应用及优化方法可参考相关书籍。

# 本章小结

本章介绍了基于水色图像进行分类识别的机器学习方法与深度学习方法。在机器学习方面，我们介绍了图像颜色 R、G、B 这 3 个通道的一阶、二阶、三阶矩特征提取及计算方法，并给出了支持向量机分类识别模型及实现。进一步地，我们介绍了自身具备特征提取机制的深度学习模型，即卷积神经网络识别模型，并给出了基于灰图和彩图的两种实现方式。

# 本章练习

试利用机器学习包中的人脸识别数据集，构建支持向量识别模型和卷积神经网络识别模型。其中，数据集的获取方式参考如下：

```
import sklearn.datasets
a=sklearn.datasets.fetch_olivetti_faces()
```

数据 a 为一个字典，具体值如图 11-15 所示。本数据集包括 40 个人，每个人采集 10 张

人脸图片，图片大小为 64 像素×64 像素的灰度图片，像素值已经归一化处理。data 数据集为 400 张人脸图片按一维数组展平的全像素数据集，是一个二维数组。images 为 400 张人脸图片按原始像素矩阵 64 像素×64 像素的数据集，是一个三维数组。target 为 400 张人脸图片对应 40 个人的编号，即目标类别编号为 0～39。

提示：支持向量机识别模型的输入特征可以使用全像素，也可以对全像素进行特征提取，比如主成分分析提取综合特征或计算其他类型的特征。

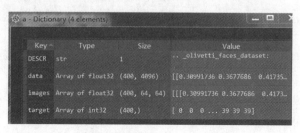

图 11-15

案例篇介绍了 Python 大数据分析与挖掘技术在金融、地理信息、交通、文本、图像等领域的具体应用，但是我们注意到这些案例均是在 Python 开发环境下利用脚本程序实现的，然而实际环境中可视化应用开发必不可少。可视化应用开发一般有两种方式，一种是基于 Web 的网站交互可视化，一种是基于桌面应用软件的交互可视化。由于 Python 大数据应用涉及大量的复杂计算，同时考虑到本课程的特点，我们采用纯 Python 的桌面应用软件开发，即图形图形用户界面（GUI）可视化应用开发。本章以应用为导向，以两个具体案例为准线，介绍可视化应用开发环境的安装及配置、界面设计、程序逻辑编写、生成 exe 文件等基本知识。

## 12.1　水色图像水质评价系统

本节以第 11 章中基于支持向量机的水色图像分类识别模型和程序实现逻辑为基础，设计一个简单的 GUI 可视化应用界面，其实现界面如图 12-1 所示。

水色图像水质评价
系统设计与实现

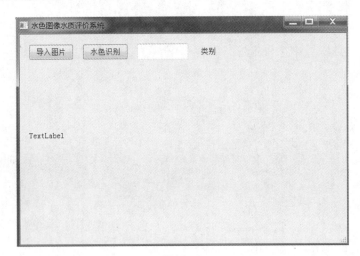

图 12-1

单击"导入图片"按钮，弹出一个文件选择框，选择某个水色图像后，该图像即显示在 TextLabel 框中，单击"水色识别"按钮，对应的水色类别值即显示在空白的文本编辑框中。下面详细介绍其实现及生成 exe 文件的方法。

### 12.1.1 PyCharm 安装

PyCharm 是 Python 的主流项目开发工具之一，本章选用社区版，版本为 2019.3.3，其安装包可以从官网下载，如图 12-2 所示。

图 12-2

下载完成之后，获得 PyCharm 安装包，如图 12-3 所示。

图 12-3

双击"Pycharem-community-2019.3.3"安装包，进入 PyCharm 安装向导界面按照默认设置安装即可，如图 12-4 所示。

单击"Next"按钮，进入下一步安装向导，选择默认安装路径、默认启动文件夹（JetBrains）并单击"Install"按钮，进入安装进度界面，安装结束后，单击"Finish"按钮即可，如图 12-5 所示。

图 12-4

图 12-5

## 12.1.2　创建项目文件夹

在"开始"菜单中打开"JetBrains"文件夹，单击"Pycharm Community Edition 2019.3.3"按钮，启动 PyCharm，如图 12-6 所示。

由于是第一次启动 PyCharm，按照默认的设置即可，如图 12-7 所示。我们可以暂时不导入设置项。

图 12-6

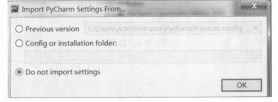

图 12-7

单击"OK"按钮，进入用户设置界面，我们第一次使用 PyCharm 进行项目开发，选择默认的设置即可，如图 12-8 所示。

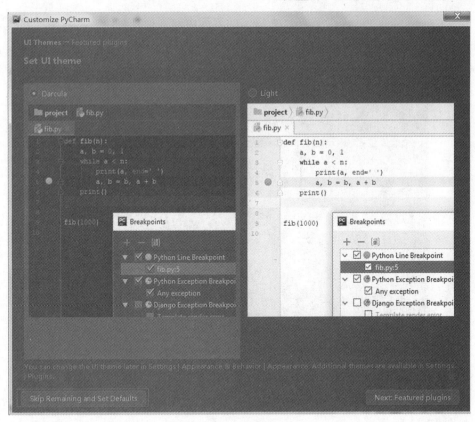

图 12-8

　　单击"Skip Remaining and Set Defaults"按钮，进入项目创建界面。这里我们创建一个新项目，如图 12-9 所示。

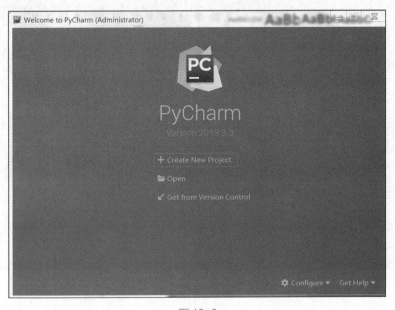

图 12-9

单击"Create New Project"按钮，在显示的界面中输入项目文件夹的路径，可以是已有的文件夹，也可创建一个新的文件夹，如图 12-10 所示。

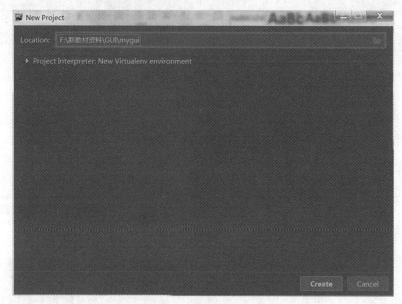

图 12-10

单击"Create"按钮，即可显示在该项目文件夹下的 PyCharm 开发环境和一些默认的文件，如图 12-11 所示。

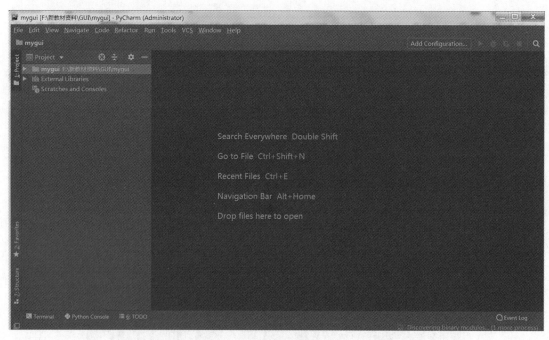

图 12-11

### 12.1.3　配置 QtDesigner 工具

本小节主要介绍如何在 PyCharm 中配置 Anaconda3.5.0.1（Python3.6）的界面设计师（Designer），从而快速完成 PyQt 界面的设计。首先选择"Settings"选项，如图 12-12 所示。

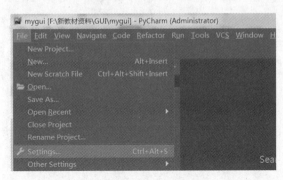

图 12-12

在打开的设置对话框中选择"Tools"→"External Tools"选项，单击"+"按钮，即可弹出外部工具配置对话框，如图 12-13 所示。

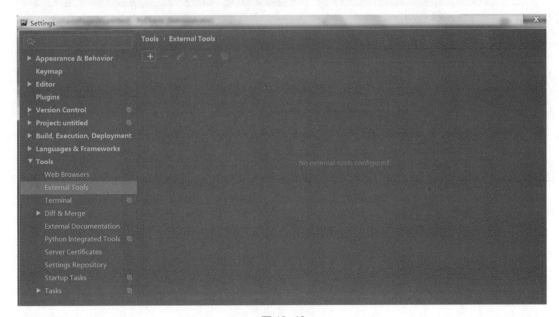

图 12-13

在弹出的外部工具配置对话框中，输入外部工具名称，这里用 QtDesigner 表示，接着输入 Anaconda 安装环境中的 PyQt 界面设计师可执行文件完整路径和工作路径配置参数，如图 12-14 所示。

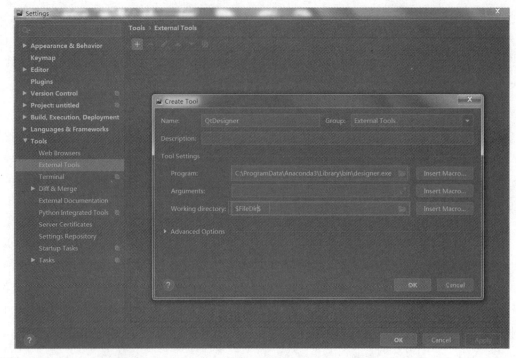

图 12-14

单击"OK"按钮，即可完成 QtDesigner 的配置。如图 12-15 所示，"External Tools"栏中增加了 QtDesigner。

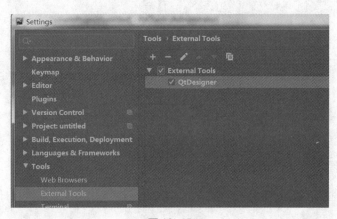

图 12-15

### 12.1.4　配置代码生成工具

与 12.1.3 小节中配置 QtDesigner 工具操作一致，在"External Tools"中继续单击"+"按钮，命名为 PyUCI，其应用程序、输入参数和工具路径的设置如图 12-16 所示。

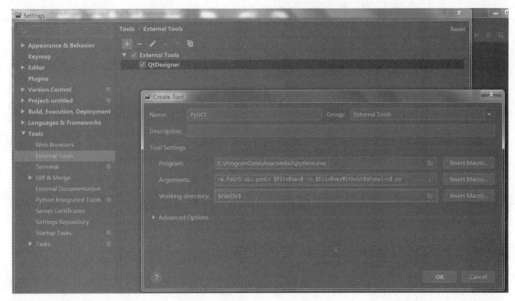

图 12-16

　　单击"OK"按钮后，在"External Tools"栏中又增加了一个选项 PyUCI，如图 12-17 所示。再次单击"OK"按钮，Pycharm 开发环境中就增加了两个外部工具 QtDesigner 和 PyUCI，在以后的项目开发中无须再对这两个外部工具进行配置。

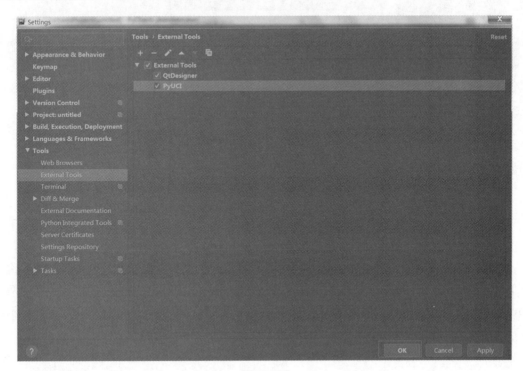

图 12-17

### 12.1.5 系统界面设计

在项目文件夹的 PyCharm 开发环境中，打开配置好的 QtDesigner，如图 12-18 所示。

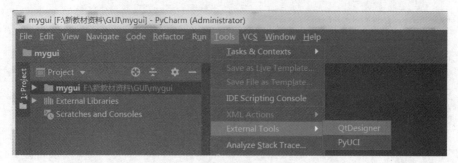

图 12-18

单击 QtDesigner，即可弹出"Qt 设计师"窗口，在该窗口下即可设计水色图像水质评价系统的界面，如图 12-19 所示。

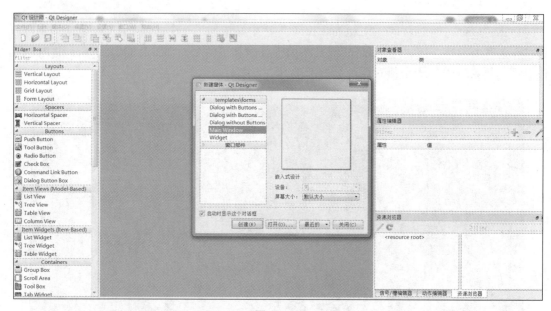

图 12-19

注意：这里使用的是主窗体创建系统界面，图 12-19 中的高亮部分，单击"创建"按钮即弹出主窗体，主窗体命名为"水色图像水质评价系统"，接着从左边的控件栏目中拖曳两个"pushButton"按钮，分别命名为"导入图片""水色识别"，拖曳一个"textEdit"用于显示水色类别，拖曳两个"label"，分别用于表示水色"类别"和显示导入的水色图像，如图 12-20 所示。

图 12-20

单击"保存"按钮，即可保存设计的界面，其文件名与创建的项目文件夹名称相同，文件名后缀为.ui，默认情况下保存在项目文件下，如图 12-21 所示。

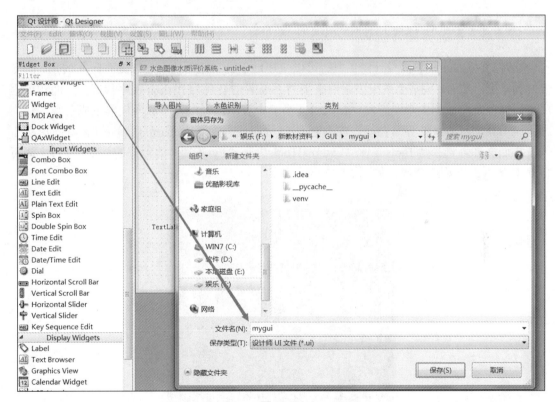

图 12-21

至此界面设计就完成了，而且该界面的 ui 文件已经生成并保存在项目文件夹下，这时可以切换至 PyCharm 环境下，我们已经可以看到界面设计文件 mygui.ui 了，如图 12-22 所示。

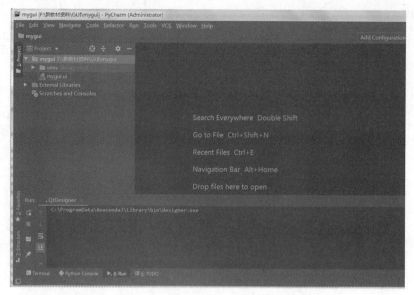

图 12-22

### 12.1.6　系统界面转化为 PyQt5 代码

通过 Qt Designer 界面设计师工具，可以快速地设计 GUI，从而能够提高开发效率、降低开发的难度。然而，完成系统开发最终需要将系统界面转化为 Python 程序代码，从而实现程序逻辑编程及完成相关功能开发。在 12.1.4 小节中我们已经配置了界面代码生成工具，只需利用该工具即可将系统界面自动生成为 Python 程序代码。在 Pycharm 环境下，鼠标右键单击系统界面文件，选择"Tools"→"ExternalTools"→"PyUCI"（配置好的外部工具），即可自动生成 Python 程序代码，如图 12-23 所示。

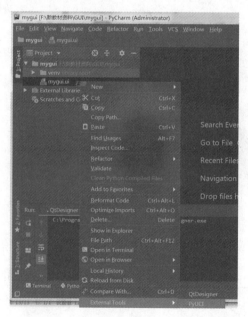

图 12-23

执行完成之后，我们可以在 PyCharm 环境下，看到项目文件夹多出了一个 mygui.py 文件，该文件就是系统界面转换为 Python 程序代码的文件，如图 12-24 所示。双击打开该文件，可以看到该文件其实是一个 Python 类，可以对这个类的内容进行修改，比如根据相关功能的程序实现逻辑，增加定义其执行函数，并将这些函数连接到相关控件的回调函数中，并最终实现功能开发。类修改完成之后，引用该类并实例化对象，最终调用该对象即可完成本系统的开发。

图 12-24

下面我们对这个界面的 Python 类进行简要解读，首先观察这个类的完整代码。示例代码如下：

```python
from PyQt5 import QtWidgets, QtCore, QtGui
class Ui_MainWindow(object):
    def setupUi(self, MainWindow):
        MainWindow.setObjectName("MainWindow")
        MainWindow.resize(666, 417)
        self.centralwidget = QtWidgets.QWidget(MainWindow)
        self.centralwidget.setObjectName("centralwidget")
        self.pushButton = QtWidgets.QPushButton(self.centralwidget)
        self.pushButton.setGeometry(QtCore.QRect(20, 20, 91, 31))
        self.pushButton.setObjectName("pushButton")
        self.label = QtWidgets.QLabel(self.centralwidget)
        self.label.setGeometry(QtCore.QRect(20, 100, 571, 201))
        self.label.setObjectName("label")
        self.pushButton_2 = QtWidgets.QPushButton(self.centralwidget)
        self.pushButton_2.setGeometry(QtCore.QRect(130, 20, 91, 31))
        self.pushButton_2.setObjectName("pushButton_2")
        self.textEdit = QtWidgets.QTextEdit(self.centralwidget)
        self.textEdit.setGeometry(QtCore.QRect(240, 20, 104, 31))
        self.textEdit.setObjectName("textEdit")
        self.label_2 = QtWidgets.QLabel(self.centralwidget)
        self.label_2.setGeometry(QtCore.QRect(370, 20, 71, 31))
        self.label_2.setObjectName("label_2")
```

```
        MainWindow.setCentralWidget(self.centralwidget)
        self.menubar = QtWidgets.QMenuBar(MainWindow)
        self.menubar.setGeometry(QtCore.QRect(0, 0, 666, 26))
        self.menubar.setObjectName("menubar")
        MainWindow.setMenuBar(self.menubar)
        self.statusbar = QtWidgets.QStatusBar(MainWindow)
        self.statusbar.setObjectName("statusbar")
        MainWindow.setStatusBar(self.statusbar)
        self.retranslateUi(MainWindow)
        QtCore.QMetaObject.connectSlotsByName(MainWindow)

    def retranslateUi(self, MainWindow):
        _translate = QtCore.QCoreApplication.translate
        MainWindow.setWindowTitle(_translate("MainWindow", "水色图像水质评价系统"))
        self.pushButton.setText(_translate("MainWindow", "导入图片"))
        self.label.setText(_translate("MainWindow", "TextLabel"))
        self.pushButton_2.setText(_translate("MainWindow", "水色识别"))
        self.label_2.setText(_translate("MainWindow", "类别"))
```

第一行导入的是 PyQt5 相关的包，class 为类的关键字，类名称为 Ui_MainWindow，参数为默认的对象 object。类中定义两个函数，一个为类的初始化函数 setupUi，一个为各控件的命名函数。以上代码都是自动生成的，后续开发过程中可以对其修改或引用。

### 12.1.7　配置项目解释器

默认情况下，PyCharm 的项目解释器仅有 Python 包安装程序，很多开发包需要安装，本章采用 Python 的集成开发环境 Anaconda3.5.0.1，也就是我们第 1 章介绍的 Python 开发环境，只要安装了 Anaconda，直接导入即可。下面详细介绍如何配置 Anaconda 作为项目解释器。

首先打开"Settings"选项，如图 12-25 所示。

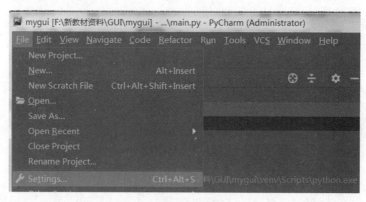

图 12-25

在打开的"Settings"窗口中，找到项目解释器选项，如图 12-26 所示。图中显示了默认情况下，其解释器仅有 pip 安装工具，这种情况下很多开发包需要重新安装。

图 12-26

单击图中的设置图标，即弹出添加项目解释器按钮，如图 12-27 所示。图中的设置图标变成了"Add"按钮图标。

图 12-27

单击"Add"按钮，弹出添加项目解释器界面，选择系统解释器，我们看到刚好就是 Anaconda 下的 Python 可执行文件，如图 12-28 所示。

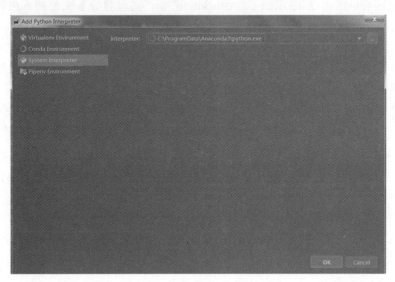

图 12-28

单击"OK"按钮，即可将 Anaconda 的集成开发环境添加到项目解析器下，这时 Anaconda 集成的开发包都可以在这个项目中使用了，从而避免了重新安装项目所需的开发包。如图 12-29 所示，单击"OK"按钮，即可将 Anaconda3.5.0.1 集成的开发包成功添加到项目解析器下。

图 12-29

### 12.1.8　系统功能实现

本系统实现的功能包括单击导入图片按钮（pushButton），弹出图片文件选择对话框（QFileDialog，界面设计之外新增加的控件，用程序创建）选中水色图片，并将图片展示在 label 控件上，接着单击水色识别按钮（pushButton_2），实现对导入图片的水色识别，最终将水色类型识别结果显示在 textEdit 控件上。实现的基本思路如下：

（1）导入图片按钮，需要关联一个函数，我们称这个函数为回调函数，该函数需要完成创建图片文件选择对话框并获得选中图片的具体路径，同时利用 Python 的图像处理库 PIL 中的方法读取该路径下的图片并显示在 label 控件上。

（2）水色识别按钮，也需要关联一个回调函数，该函数实现对水色图像识别模型的训练和预测（识别），其中该模型选用第 11 章中基于支持向量机的水色图像分类识别模型，训练数据即为第 11 章中 203 张水色图像 R、G、B 这 3 个颜色通道的一阶、二阶、三阶矩共 9 个特征（X）和对应的水色类别（Y），数据已经准备好，见项目文件夹中的 X.npy 和 Y.npy。识别的过程为先对导入图片提取 R、G、B 这 3 个颜色通道的一阶、二阶和三阶矩共 9 个特征数据，然而加载训练数据训练支持向量机分类识别模型，同时以导入图片提取的 9 个特征数据作为自变量输入支持向量机分类识别模型进行水色类型预测，最终将预测结果显示在 textEdit 控件上。

#### 1. 导入图片按钮回调函数定义

在系统界面的 Python 类中定义一个函数，命名为 openimage，比如在初始化函数 setupUi 的后面定义这个函数，如图 12-30 所示。

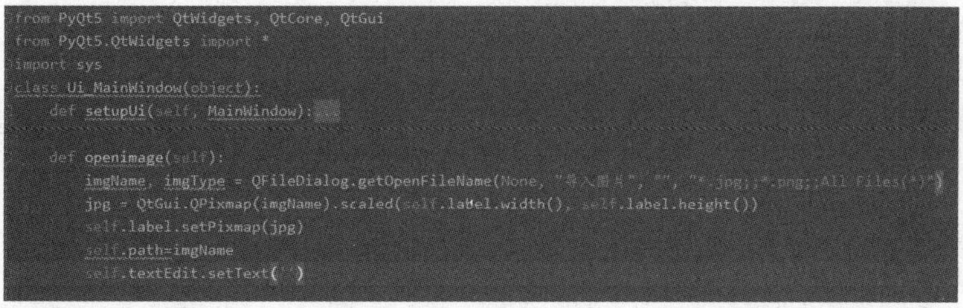

图 12-30

其中 QFileDialog 来源于 PyQt5.QtWidgets，因此需要在类前面添加以下导入命令 from PyQt5.QtWidgets import *。同时导入系统模块 import sys，方便后面对该类的引用。该函数一共有 5 行程序代码。第 1 行代码实现创建文件选择框，并返回选择图片的文件名称和图片类型，由于文件选择框是利用程序代码创建，其父类并不是前面设计界面，也就是说它没有父类，即用 None 表示。第 2 行代码实现选中图片的像素参数设置。第 3 行代码将该图片显示在界面中的 label 控件中。第 4 行代码将该图片文件名保存下来，并设置为界面 Python 类的一个全局变量，用于数据的传递（水色识别函数需要用到该变量）。第 5 行代码设置面额识别显示的文本编辑框为空值，即每次导入图片时对水色类型识别显示的文本编辑框清空。

导入图片按钮回调函数定义好之后，需要将该函数与导入图片按钮的单击事件进行关联，即单击导入图片按钮的时候就触发该函数并执行。关联方法可以在初始化函数 setupUi 的后面输入以下程序代码实现 self.pushButton.clicked.connect(self.openimage)。

### 2．水色识别按钮回调函数定义

在系统界面的 Python 类中再定义一个函数，命名为 svmtest，比如在 openimage 函数后定义这个函数，如图 12-31 所示。

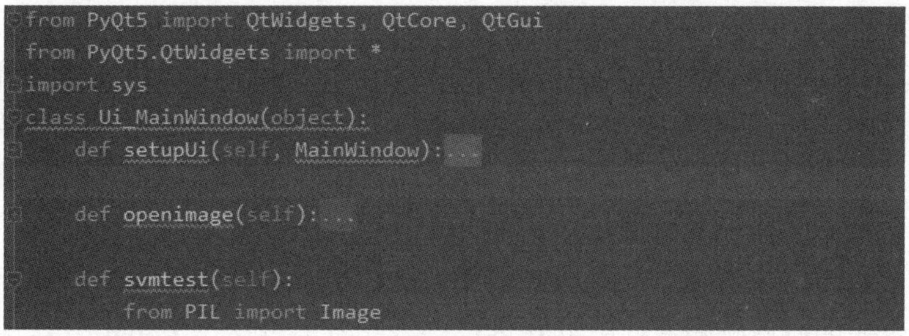

图 12-31

该函数定义的示例代码如下：

```python
def svmtest(self):
    from PIL import Image
    import numpy as np
    path=self.path
    img = Image.open(path)  # 读取图像
    im = img.split()  # 分离 RGB 颜色通道
    R = np.array(im[0]) / 255 * 40  # R 通道
    row_1 = int(R.shape[0] / 2) - 50
    row_2 = int(R.shape[0] / 2) + 50
```

```
con_1 = int(R.shape[1] / 2) - 50
con_2 = int(R.shape[1] / 2) + 50
R = R[row_1:row_2, con_1:con_2]
G = np.array(im[1]) / 255 * 40  # G 通道
G = G[row_1:row_2, con_1:con_2]
B = np.array(im[2]) / 255 * 40  # B 通道
B = B[row_1:row_2, con_1:con_2]
# R,G,B 一阶颜色矩
r1 = np.mean(R)
g1 = np.mean(G)
b1 = np.mean(B)
# R,G,B 二阶颜色矩
r2 = np.std(R)
g2 = np.std(G)
b2 = np.std(B)
a = np.mean(abs(R - R.mean()) ** 3)
b = np.mean(abs(G - G.mean()) ** 3)
c = np.mean(abs(B - B.mean()) ** 3)
# R,G,B 三阶颜色矩
r3 = a ** (1. / 3)
g3 = b ** (1. / 3)
b3 = c ** (1. / 3)
x1=np.array([r1,g1,b1,r2,g2,b2,r3,g3,b3])
from sklearn.svm import SVC
X=np.load('X.npy')
Y = np.load('Y.npy')
clf = SVC(class_weight='balanced')  # 类标签平衡策略
clf.fit(X, Y)
y=clf.predict(x1.reshape(1,len(x1)))
self.textEdit.setText(str(y[0]))
```

该函数的使用方法类似第 11 章，首先导入 Python 图像处理包 PIL 和 NumPy 包；然后通过全局变量 path=self.path 获得当前导入的图片路径，进而读取该图片并获得 R、G、B 这 3 个颜色通道的一、二、三阶矩共 9 个特征数据，记为 x1；最后导入支持向量机分类识别模型，读取训练数据并对模型进行训练，并对导入的图片进行水色类别预测（识别），最终将预测结果显示在水色类别显示文本编辑框（textEdit）中。

水色识别按钮回调函数定义好之后，同样需要与水色识别按钮的单击事件进行关联，即单击水色识别按钮的时候就触发该函数并执行。关联方法可以在初始化函数 setupUi 的后面继续输入以下程序代码实现：self.pushButton_2.clicked.connect(self.svmtest)。

同时，我们还注意到初始化函数 setupUi 的最后，还有一行增加的代码 self.path=''，其实是对导入图片路径全局变量做初始化，避免在没有导入图片的时候直接单击水色识别按钮，这时如果没有做初始化则在执行该回调函数的时候由于没有找到改变量引发程序报错并最终引发系统崩溃。

### 3. 功能实现

定义好回调函数并修改完善界面的 Python 类之后，就可以引用该类进行实例化，并最终完成功能实现。可以通过系统的 _main_ 函数入口实现调用。首先创建一个系统应用，每个 GUI

都有一个系统应用负责运行，然后创建一个主窗体对象。对于主窗体 GUI 来说，前面这两个步骤一般是相对固定的。接下来就可以引用前面设计的界面 Python 类了，并通过类中的初始化函数实现主窗体，最终通过主窗体的 show 属性显示出来。最后一步即退出系统应用，如图 12-32 所示。

```
if __name__=='__main__':
    app=QtWidgets.QApplication(sys.argv)
    MainWindow=QtWidgets.QMainWindow()
    ui_test=Ui_MainWindow()
    ui_test.setupUi(MainWindow)
    MainWindow.show()
    sys.exit(app.exec_())
```

图 12-32

运行 mygui.py 这个文件，即可实现系统界面功能的开发，其效果如图 12-33 所示。图中显示了该水色图像被识别为第 5 类。

图 12-33

## 12.1.9　生成可独立运行的 exe 文件

事实上，前面开发的系统实现并没有脱离 Python 的开发环境独立运行，在现实应用中一般需要将其编译成一个可独立运行的软件系统。下面我们将详细介绍如何将其编译成一个能脱离 Python 开发环境独立运行的软件系统。

### 1. 安装 pyinstaller 编译包

使用 pip installa 安装命令即可安装 pyinstaller 编译包，如图 12-34 所示，可以在 Anaconda Prompt 下实现安装。

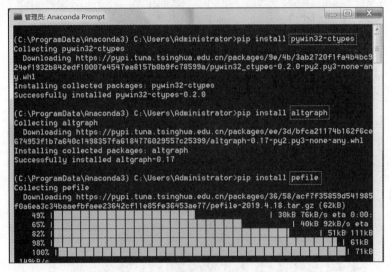

图 12-34

### 2. 安装依赖包

安装好 pyinstaller 编译包之后，还需要安装几个依赖包，它们是 pywin32-ctypes、altgraph、pefile，如图 12-35 所示。

图 12-35

### 3. 生成 exe 文件

首先在 Anaconda Prompt 下利用操作命令切换至当前的项目文件夹路径，其中的项目文件如图 12-36 所示。

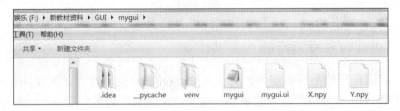

图 12-36

利用命令"pyinstaller-F 需要编译的文件"即可进行编译，其中本项目需要编译的程序文件为 mygui.py，如图 12-37 所示。

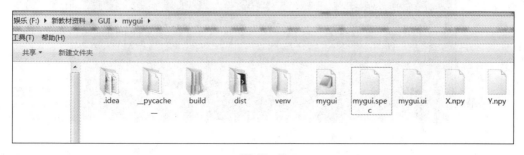

图 12-37

有时候并不能一次性编译成功，比如会出现超出最大递归深度（如图 12-38 所示）、编译成功后运行 exe 文件还可能会缺包等情况（如图 12-39 所示），本节主要介绍这两种常见的错误解决方法。

```
    return visitor(node)
  File "c:\programdata\anaconda3\lib\ast.py", line 257, in generic_visit
    for field, value in iter_fields(node):
RecursionError: maximum recursion depth exceeded
```

图 12-38

```
    exec(bytecode, module.__dict__)
  File "site-packages\sklearn\neighbors\__init__.py", line 6, in <module>
  File "sklearn\neighbors\dist_metrics.pxd", line 48, in init sklearn.neighbors.
ball_tree
  File "sklearn\neighbors\dist_metrics.pyx", line 52, in init sklearn.neighbors.
dist_metrics
ModuleNotFoundError: No module named 'typedefs'
```

图 12-39

实际上，即使编译不成功在项目文件夹下也会产生一个与项目名称相同的.spec 文件，如图 12-40 所示。

| 娱乐 (F:) ▶ 新教材资料 ▶ GUI ▶ mygui ▶ |
| --- |
| 工具(T) 帮助(H) |
| 共享 ▼ 新建文件夹 |

.idea　__pycache__　build　dist　venv　mygui　mygui.spec　mygui.ui　X.npy　Y.npy

图 12-40

该文件可以用 Python 开发环境的 PyCharm 或者 Spyder 打开。解决以上两个问题的方法是对该文件进行修改，比如第一个问题是修改最大递归深度限制，第二个问题是由于某些开发包在编译过程中不兼容编译器，可以对相关的包单独导入，如图 12-41 所示。第 2 行、第 3 行代码是导入系统模块，并设置最大递归深度为 5000。第 11 行代码为单独导入相关包，完整示例代码如下：

```
hiddenimports=['cython','sklearn','sklearn.ensemble','sklearn.neighbors.typedefs
','sklearn.neighbors.quad_tree','sklearn.tree._utils','scipy._lib.messagestream'],
```

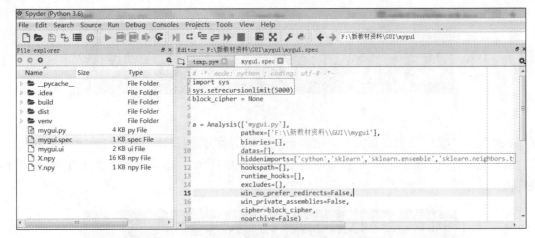

图 12-41

对 mygui.spec 文件修改完成之后，可以利用 pyinstaller 命令对这个文件进行再次编译即可，命令为 pyinstaller -F mygui.spec，如图 12-42 所示。

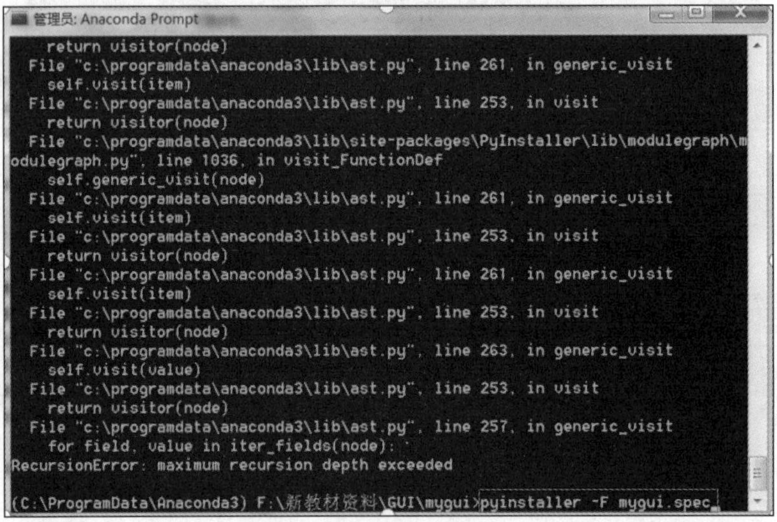

图 12-42

编译成功之后，在项目文件夹下会存在两个文件夹，一个是 bulid，一个是 dist，其中可执行文件就存在 dist 文件夹中，如图 12-43 所示。

图 12-43

　　然而，该 exe 文件还不能独立运行，还需要将开发环境中的 platforms 文件复制至该目录下，该文件一般存放在 Anaconda3 安装路径中的 plugins 文件夹下，如本计算机的完整文件夹路径为 C:\ProgramData\Anaconda3\Library\plugins，同时将项目所需的数据也复制至该目录下，如图 12-44 所示。

图 12-44

　　该文件下的 mygui.exe 就是可以独立运行的系统文件，将该 dist 文件复制至其他没有安装 Python 开发环境的计算机也可以运行。至此，我们的开发和编译任务就完成了。

## 12.2　上市公司综合评价系统

　　本节以第 7 章中基于总体规模与投资效率的上市公司综合评价算法和程序实现逻辑为基础，设计一个简单的可视化应用界面，实现按申银万国行业分类标准和年份（2016—2018），对每个行业中的上市公司按年份进行综合排名，其界面如图 12-45 所示。

上市公司综合评价
系统设计与实现

图 12-45

单击申银万国行业分类标准下的每一个行业，即可获得该行业所有上市公司某个年份的综合排名情况，默认是 2016 年，可以通过下拉框对年份进行选择，并显示对应年份的综合排名结果。上一个案例已经详细介绍了 PyCharm 安装、创建项目文件夹、配置 QtDesigner 和代码生成工具、界面转换为 PyQt5 程序代码、配置项目解释器、生成 EXE 文件的方法等，这些知识在本节同样适用，故本节不再介绍。本节主要介绍其界面设计、系统功能实现及生成 EXE 文件相关内容。

### 12.2.1　界面设计

本案例的界面设计主要包括主窗体、树控件（Tree Widget）、表控件（Table View）和下拉框控件（Combo Box），创建好主窗体之后从左边的控件选择栏中拖曳到其主窗体中即可，其界面设计如图 12-46 所示。

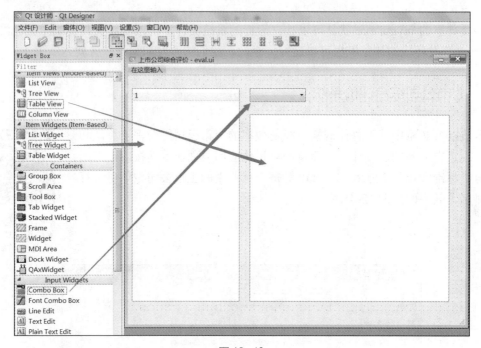

图 12-46

创建好界面的.ui 文件，并生成 PyQt5 代码之后，其项目文件夹如图 12-47 所示。其中本案例的数据包括申银万国行业分类标准表（sw.xlsx），该表可以从申银万国官网上下载。除此之外，还有股票代码基本信息表（stkcode.xlsx）、2016—2018 年的上市公司总体规模与投资效率指标（Data2016.xlsx～Data2018.xlsx），这些数据通过 Tushare 金融大数据社区提供的 API 获取。同时，还有一个额外的.py 文件，就是第 7 章中基于总体规模与投资效率指标的上市公司综合评价方法函数（fun.py），返回综合排名结果，包括代码形式和股票简称形式，与第 7 章一致。

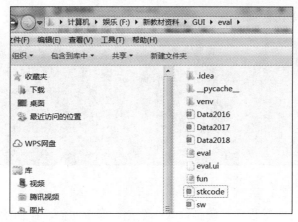

图 12-47

## 12.2.2　系统功能实现

本系统实现的功能包括初始化树结构内容和下拉框内容，在类初始化函数中对其修改即可实现。除此之外还包括树单击事件回调函数实现、下拉框值选中回调函数实现、下拉框值改变回调函数实现和功能实现。下面进行详细介绍。

### 1．初始化树结构和下拉框内容

对树结构初始化内容，可以通过读取申银万国行业分类标准表中的数据，获得所有行业的分类，用一个列表来存放；以"申银万国行业分类"命名为根节点，通过一个循环把所有行业分类名称依次添加到根节点下面。可以在初始化函数中添加的示例代码如下：

```
dsw=pd.read_excel('sw.xlsx')
ind=sw.iloc[:,0].value_counts()
indname=list(ind.index)#所有行业分类名称
root = QTreeWidgetItem(self.treeWidget)
root.setText(0, '申银万国行业分类')
root.setText(1, '0')
for i in range(len(indname)):
    child = QTreeWidgetItem(root)
    child.setText(0, indname[i])
    child.setText(1, str(i))
```

对于下拉框内容的初始化，即添加 2016 年、2017 年、2018 年这 3 个年份作为初始化内容，可以通过以下命令实现。

```
self.comboBox.addItems(['2016', '2017','2018'])
```

### 2．树单击回调函数实现

单击树中的节点，即选中对应的行业分类名称，则在表格控件中显示该行业名称对应年份的综合排名结果。其中默认为 2016 年，也就是说只单击树节点，不执行下拉框选择的情况下，表格控件显示 2016 年的综合排名结果。其中在表格控件中显示选中行业的某个年份综合排名结果，我们单独定义一个函数来实现，这个函数不仅要在树单击回调函数中使用，也要在下拉框选中值的回调函数和更新值的回调函数中使用，这个函数命名为 eval_fun，在界面

**271**

Python 类中定义。树单击回调函数定义如图 12-48 所示。

```
class Ui_MainWindow(object):
    def setupUi(self, MainWindow):

    def selectname(self):
        self.select=1
        self.eval_fun('2016')
        if self.chg_i!='2016':
            self.eval_fun(self.chg_i)
```

图 12-48

图 12-48 所示的第 1 行程序代码是修改一个全局变量的值，在初始化函数后面的初始化定义为 0，这里修改为 1。主要的作用是判断有没有执行树单击操作，如果执行了，则值为 1，否则为 0。第 2 行程序代码是将当前选中行业名称 2016 年（默认）的综合排名结果显示到表格控件中，通过调用 eval_fun 函数实现。第 3 行代码是判断当前下拉框是否选择了非默认值的年份（2017 或 2018），chg_i 其实也是一个全局变量，在初始化函数后面已经做了初始化定义为 2016。第 4 行程序代码，如果下拉框选择了非默认值年份，则显示当前选中行业名称选中年份的综合排名结果到表格控件中。也是通过调用 eval_fun 函数实现。其中 eval_fun 函数定义的示例代码如下：

```
def eval_fun(self,year):
    import fun #导入第 7 章中基于总体规模与投资效率的综合评价函数
    #获得当前的树节点，以便判断当前的行业名称，通过 item.text(0)来获取当前行业名称
    item = self.treeWidget.currentItem()
    data = pd.read_excel('Data'+year+'.xlsx') #读取数据
    #获得当前行业名称的所有上市公司股票代码
    code = []
    for i in range(len(data)):
        code.append(data.iloc[i, 0][:6])
    sw = pd.read_excel('sw.xlsx', dtype=str)
    code1 = list(sw.iloc[sw['行业名称'].values == item.text(0), 1].values)
    #获得当前行业名称的所有上市公司股票代码在 data 中的索引
    index = []
    for c in code1:
        a = c in code
        if a == True:
            index.append(code.index(c))

    #从 data 中筛选出当前行业名称所有上市公司股票代码对应的数据
    dt = data.iloc[index, :]
    #调用第 7 章中基于总体规模与投资效率的综合评价函数，获得综合排名结果
    #其中 s1 为股票代码简称的排名方式，排名结果数据结构为序列，索引为股票简称，值为综合得分
    r = fun.Fr(dt)
    s1 = r[1]

    #如果排名结果数据大于 0，构造一个数据显示模型，类似于二维表，用于显示在表格控件上
    if len(s1) > 0:
        #数据显示模型的行数为 len(s1)，列数为 2
```

```
self.model = QStandardItemModel(len(s1), 2)
#数据显示模型的字段名称
self.model.setHorizontalHeaderLabels(['公司简称', '综合得分排名'])
#循环地实现数据显示模型中的每个值
for row in range(len(s1)):
    for column in range(2):
        if column == 0:
            a = QStandardItem(s1.index[row])
        else:
            a = QStandardItem(str(s1[row]))
        self.model.setItem(row, column, a)#行下标, 列下标, 值（字符串）
```

```
#将数据显示模型设置到表格控件中并显示
self.tableView.setModel(self.model)
```

最后，将树单击回调函数关联到树单击事件函数中，在初始化函数 setupUi()后面通过以下命令来实现：self.treeWidget.clicked.connect(self.selectname)。

### 3．下拉框值选中回调函数实现

下拉框值选中回调函数的功能是在树节点行业名称被选中情况下，将选中年份的综合排名结果显示在表格控件中，也是通过调用 eval_fun()函数来实现的，如图 12-49 所示。

```
def select_value(self,i):
    if self.select!=0:
        self.eval_fun(i)
```

图 12-49

最后也将下拉框值选中回调函数关联到下拉框值选中事件函数中，在初始化函数 setupUi()后面通过以下命令来实现：self.comboBox.activated[str].connect(self.select_value)。这里[str]表示这个值是选中文本，而[int]则为其下标号，后文的值改变回调函数说明同理。

### 4．下拉框值改变回调函数实现

下拉框值改变回调函数的功能是更新当前选择的年份，即更新树单击回调函数实现前文中提到的全局变量 chg_i，如图 12-50 所示。

```
def chg_value(self,i):
    self.chg_i=i
```

图 12-50

最后也将下拉框值改变回调函数关联到下拉框值改变事件函数中，在初始化函数 setupUi()后面通过以下命令来实现：self.comboBox.currentIndexChanged[str].connect(self.chg_value)。

### 5．功能实现

与 12.1.8 小节中的功能实现类似，定义好回调函数并修改完善界面的 Python 类之后，就可以引用该类进行实例化，并最终完成功能实现。其中类前面需要将相关的包导入完整，如图 12-51 所示。

```
from PyQt5 import QtCore, QtGui, QtWidgets
import pandas as pd
from PyQt5.QtWidgets import *
from PyQt5.QtGui import *
import sys


class Ui_MainWindow(object):
    def setupUi(self, MainWindow):
        MainWindow.setObjectName("MainWindow")
```

图 12-51

可以通过系统的_main_函数入口实现调用。首先创建一个系统应用，其次引用前面设计的界面 Python 类，并通过类中的初始化函数实现主窗体，然后通过主窗体的 show 属性显示出来，最后退出系统应用，如图 12-52 所示。

```
if __name__=='__main__':
    app=QtWidgets.QApplication(sys.argv)
    MainWindow=QtWidgets.QMainWindow()
    ui_test=Ui_MainWindow()
    ui_test.setupUi(MainWindow)
    MainWindow.show()
    sys.exit(app.exec_())
```

图 12-52

### 12.2.3　生成 EXE 文件

与 12.1.9 类似，利用命令"pyinstaller -F 需要编译的文件"即可进行编译，本项目需要编译的程序文件为 eval.py，如图 12-53 所示。

```
管理员: Anaconda Prompt

(C:\ProgramData\Anaconda3) C:\Users\Administrator>F:

(C:\ProgramData\Anaconda3) F:\>cd F:\新教材资料\GUI\eval

(C:\ProgramData\Anaconda3) F:\新教材资料\GUI\eval>pyinstaller -F eval.py
```

图 12-53

该项目文件编译成功，编译过程中没有出现类似超出最大递归深度的限制错误，但是运行编译成功的 EXE 文件产生以下错误，如图 12-54 所示。

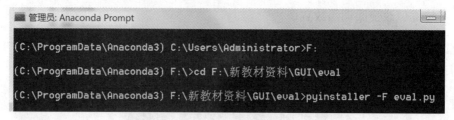

```
  File "sklearn\neighbors\dist_metrics.pxd", line 48, in init sklearn.neighbors.
ball_tree
  File "sklearn\neighbors\dist_metrics.pyx", line 52, in init sklearn.neighbors.
dist_metrics
ModuleNotFoundError: No module named 'typedefs'
```

图 12-54

该错误与 12.1.9 中提到的编译过程中某些开发包不兼容所致，相同的处理方法，即对编译过程中产生的.spec 文件中的 hiddenimports 项修改如下：

hiddenimports=['cython','sklearn','sklearn.ensemble','sklearn.neighbors.typedefs','sklearn.neighbors.quad_tree','sklearn.tree._utils','scipy._lib.messagestream'],

修改完成之后，再次编译该.spec 文件即可，如图 12-55 所示。

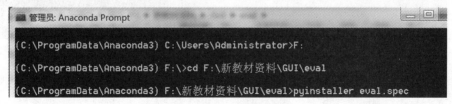

图 12-55

编译完成之后，将项目所需的数据文件及运行所需的开发环境文件 platforms 复制至该目录下即可完成编译，如图 12-56 所示，eval.exe 即为可独立运行的 EXE 文件。

图 12-56

## 本章小结

本章通过两个具体的例子，介绍了利用 PyQt5 进行 GUI 可视化应用开发的一些基本知识，包括开发环境的安装和配置、界面设计和生产 Python 程序代码、主窗体、文件选择对话框控件、按钮控件、标签控件、文本编辑框控件、树控件、下拉框控件、表格控件等常见控件的使用，同时详细介绍了系统功能实现的思路与方法，最后还介绍了生成独立可执行文件的编译方法。事实上，GUI 可视化开发的控件还非常多，其开发应用也更加复杂。本章作为 GUI 可视化应用开发的入门知识，希望起到一定的抛砖引玉作用，更多复杂的应用开发可以参考相关的 PyQt5 开发书籍，同时更重要的是自己动手进行实际开发。

## 本章练习

基于第 9 章的地铁刷卡数据，设计一个可视化界面系统，实现对每个地铁站点每天中各个时段（比如间隔为 1 小时）的进站客流量与出站客流量图形可视化展示。

## 1. 上市公司财务风险预警模型

企业财务风险预警是企业风险预警系统的一个重要组成部分,它能有效的预知部分财务风险。本课题将风险公司记为1,非风险公司记为0,判断标准如下:

(1)连续两年年报显示净利润为负值。

(2)净资产收益率、总资产净利润率为负值。

其影响特征变量为:流动比率、速动比率、现金比率、产权比率、利息保障倍数、盈利现金比率、总资产报酬率、净资产收益率、存货周转率、应收账款周转率、总资产周转率、主营业务鲜明率、资本保值增值率、净资产增长率,依次表示为x1~x14。

其中:

现金比率= 货币资金÷ 流动负债;

盈利现金比率= 经营活动的现金净流量÷ 净利润;

主营业务鲜明程度= 主营业务利润÷ |净利润|。

请利用2018年的财务指标相关数据,构建基于BP神经网络的财务风险预警模型。

## 2. 基于GPS行车数据的常规运输线路识别

今有AA00002、AB00006、AD00003、AD00013、AD00053、AD00083、AD00419、AF00098、AF00131、AF00373共10辆车的GPS行车数据,其数据字段说明如附表1所示。对行车数据进行预处理,找出每辆车的常规运输线路图,并利用地理信息可视化包Folium在地图上绘制出来。

附表1 GPS行车数据字段说明

| 序号 | 字段名称 | 指标说明 | 说明 |
|------|---------|---------|------|
| 1 | vehicleplatenumber | 车牌号码 | |
| 2 | device_num | 设备号 | |
| 3 | direction_angle | 方向角 | 范围:0~359(方向角指从定位点的正北方向起,以顺时针方向至行驶方向间的水平夹角) |
| 4 | lng | 经度 | 东经 |
| 5 | lat | 纬度 | 北纬 |

| 序号 | 字段名称 | 指标说明 | 说明 |
|------|----------|----------|------|
| 6 | acc_state | ACC 状态 | 点火（1）/熄火（0） |
| 7 | right_turn_signals | 右转向灯 | 灭（0）/开（1） |
| 8 | left_turn_signals | 左转向灯 | 灭（0）/开（1） |
| 9 | hand_brake | 手刹 | 灭（0）/开（1） |
| 10 | foot_brake | 脚刹 | 无（0）/有（1） |
| 11 | location_time | 采集时间 | |
| 12 | gps_speed | GPS 速度 | 单位：km/h |
| 13 | mileage | GPS 里程 | 单位：km |

注：数据来源于 2019 年第七届泰迪杯数据挖掘挑战赛 C 题。

### 3．基于聚类分析的地铁站点功能分类研究

利用第 9 章中的地铁刷卡数据，统计每个站点每天各时段（比如间隔为 1 小时）的进站客流量和出站客流量，并分析各时段的客流量分布特征，同时根据各个站点的客流量特征指标数据进行聚类分析，最终基于聚类结果对站点进行功能性分类，比如居住导向型、就业导向型、职住交错型、交错偏居住型、交错偏就业型、交通枢纽型、景区型等。

### 4．上市公司新闻标题情感识别

今有从新闻中爬取的三万多条上市公司新闻标题数据，且每条新闻均标注了情感（消积极、中性、消极），同时有一千多条待分类的新闻标题。试构建支持向量机模型与 RNN 深度学习模型，利用已经标注好的新闻标题数据进行训练，同时对待分类的新闻标题进行分类。

### 5．基于卷积神经网络的岩石图像分类识别

今有砾岩（Conglomerate）、安山岩（Andesite）、石灰岩（Limestone）、石英岩（Quartzite）和花岗岩（Granite）5 种岩石图片，每张图片的大小不一。本课题提供训练数据集和测试数据集，具体见本书的电子资源包。试构建卷积神经网络模型，利用训练数据集进行训练，并对测试数据集进行分类识别。

### 6．基于财务与交易数据的量化投资分析系统设计与实现

参考第 7 章中基于财务与交易数据的量化投资分析相关原理、方法、程序应用及数据，利用学习的知识，设计一个简单的量化投资分析系统。

[1] Jiawei Han，Micheline Kamber. 数据挖掘概念与技术[M]. 范明, 孟小峰, 译. 2 版. 北京：机械工业出版社，2017.

[2] 吴礼斌, 李柏年, 张孔生, 等. MATLAB 数据分析方法[M]. 北京：机械工业出版社, 2012.

[3] 黑马程序员. Python 快速编程入门[M]. 北京：人民邮电出版社, 2017.

[4] 张良均, 王路, 谭立云, 等. Python 数据分析与挖掘实战[M]. 北京：机械工业出版社, 2015.

[5] Fabio Nelliz. Python 数据分析实践[M]. 杜春晓, 译. 北京：人民邮电出版社, 2016.

[6] 丁鹏. 量化投资——策略与技术[M]. 北京：电子工业出版社, 2012.

[7] 司守奎, 孙兆亮. 数学建模算法与应用[M]. 2 版. 北京：国防工业出版社, 2016.

[8] 卓金武, 李必文, 魏永生, 等. MATLAB 在数学建模中的应用[M]. 2 版.北京：北京航空航天大学出版社, 2011.

[9] Wes McKinney. 利用 Python 进行数据分析[M]. 唐学韬, 等译. 北京：机械工业出版社, 2013.

[10] 刘宇宙. Python 3. 5 从零开始学[M]. 北京：清华大学出版社, 2017.

[11] 田波平, 王勇, 郭文明, 等. 主成分分析在中国上市公司综合评价中的作用[J]. 数学的实践与认识, 2004,34(4):74-80.

[12] 张玉川, 张作泉. 支持向量机在股票价格预测中的应用[J]. 北京交通大学学报, 2007,31(6):73-76

[13] Tom M. Mitchell. 机器学习[M]. 曾华军, 张银, 等译. 北京：机械工业出版社, 2008.

[14] 高惠璇. 应用多元统计分析[M]. 北京：北京大学出版社, 2005.

[15] Vladimir N.Vapnik. 统计学习理论的本质[M]. 张学工, 译. 北京:清华大学出版社, 2000.

[16] 张伟林. 基于深度学习的地铁短时客流预测方法研究[D]. 北京:中国科学院大学, 2019.

[17] 黄小龙. 基于改进BP 神经网络的市际客运班线客流预测研究[D]. 哈尔滨: 哈尔滨工业大学, 2019.